高等职业教育教材

牵引供电规程与规则

张桂林　主编
张道俊　主审

中国铁道出版社有限公司

2021年·北京

内 容 简 介

本书是根据全国铁道职业教育教学指导委员会2020年发布的《高等职业学校铁道供电技术专业建设指导标准》中的课程标准编写的。本书结合电气化铁路牵引供电设备运用、检修和事故处理中所遵循的规章制度，系统地阐述了接触网、牵引变电所及铁路电力安全工作规则及铁路交通事故调查处理规则、事故抢修规则等的规定，从应用角度出发，以培养学生职业能力为主线，以学习情境为载体，将电气化铁路供电技术中的典型工作任务提炼为教学项目，使理论教学和实践操作训练融为一体，实现于实践中掌握安全知识，更好地提高职业院校学生从事供电生产工作所必需的安全素质。

本书可作为高等职业院校铁道供电技术专业的教学用书，也可作为铁路供电岗位职工的培训教材。

图书在版编目(CIP)数据

牵引供电规程与规则/张桂林主编. —北京：中国铁道出版社有限公司，2021.10

ISBN 978-7-113-28395-7

Ⅰ.①牵… Ⅱ.①张… Ⅲ.①牵引供电系统-规程-高等职业教育-教材 Ⅳ.①TM922.3-65

中国版本图书馆CIP数据核字(2021)第189243号

书 名：牵引供电规程与规则
作 者：张桂林

策 划：阚济存
责任编辑：阚济存　**编辑部电话：**（010）51873133　**电子信箱：**td51873133@163.com
封面设计：曾 程
责任校对：孙 玫
责任印制：高春晓

出版发行：中国铁道出版社有限公司（100054，北京市西城区右安门西街8号）
网 址：http：//www.tdpress.com
印 刷：三河市兴达印务有限公司
版 次：2021年10月第1版 2021年10月第1次印刷
开 本：787 mm×1 092 mm 1/16 **印张：**16.75 **字数：**420千
书 号：ISBN 978-7-113-28395-7
定 价：45.00元

前　言

电气化铁路是一种现代化的铁路运输工具，同使用内燃、蒸汽机车牵引的铁路相比，具有技术和经济上的优越性，能大幅度提高运输能力、节约能源，降低运输成本；有利于保护环境，并能增加安全可靠程度，尤其是高速电气化铁路的发展程度已被当成一个国家综合实力和现代化程度的重要评判指标。由此高速电气化铁路建设正在我国兴起一个新的发展浪潮，社会对铁路相关专业人才的需求巨大，给电气化铁道类专业的职业教育发展带来了良好的契机。高等职业学校的毕业生作为电气化铁路交通行业的新生后备力量，在学校学习期间就应培养良好的职业安全素养，这既是铁路企业的内在需求，也是人才培养的重要内容。本书是基于高等职业学校开设铁路交通供电安全教育课程的教学需要，为系统培养学生的安全知识和安全素养而编写的。

本书以培养职业安全素养为主线，遵循职业教育特点与人的认知规律，结合中国电气化铁路牵引供电系统和电力施工、维修现场典型作业项目，按照什么是安全、如何保证安全、如何应急救援这一顺序来组织相关内容。全书共分为12个学习情境，分别包括：职业安全与紧急救护、运行与值班、高空作业、停电作业、带电作业、远离带电部分的作业、作业区防护、签发工作票、设备巡视检查、倒闸作业、试验和测量、事故管理等内容。本书以普速铁路牵引变电所、接触网、铁路电力安全工作规则（规程）为主，结合典型案例系统地介绍了中国电气化铁路供电领域施工、维修现场必须遵守的各项安全规定和非正常情况下的应急处理规定，并对高速铁路特有的条款进行说明和注解。本书课后综合练习有配套答案，如有需要请与编辑部联系索取。

本书由张桂林担任主编，刘光辉、郑华峰任副主编。由中国铁路郑州局集团有限公司正高级工程师张道俊主审。参加本书编写工作的有：郑州铁路职业技术学院张桂林（学习情境1、2、3、10）、刘光辉（学习情境11、12）、梁晨（学习情境7、8、9），中国铁路郑州局集团有限公司郑华峰（编写学习情境4、5、6）。

在本书编写过程中，我们参阅了大量的教材、手册及网络资料，在此对这些文献、资料的作者（或单位）表示衷心的感谢！

我们真诚地希望广大教师、学员在使用本册教科书的过程中提出宝贵意见，并将这些意见和建议及时反馈给我们，共同完成职业教育教材建设工作。

编　者

2021年7月

目　录

学习情境1　职业安全与紧急救护 …… 1

1　理论学习部分 …… 1

1.1　国家颁布的相关安全生产和铁路的法律法规 …… 1

1.2　铁路系统规程与规则 …… 4

2　操作技能部分 …… 8

2.1　紧急救护基础知识 …… 8

2.2　触电急救 …… 9

综合练习 …… 19

学习情境2　运行与值班 …… 21

1　理论学习部分 …… 21

1.1　牵引变电所有关运行与值班的规定 …… 21

1.2　接触网有关运行的一般规定 …… 26

1.3　铁路电力有关运行的一般规定 …… 30

2　操作技能部分 …… 31

2.1　牵引变电所(或电力变、配电所)值班 …… 31

2.2　接触网工区值班 …… 33

2.3　铁路电力工区值班 …… 34

综合练习 …… 35

学习情境3　高空作业 …… 37

1　理论学习部分 …… 37

1.1　牵引变电所高空作业有关规定 …… 37

1.2　接触网高空作业规定 …… 37

1.3　铁路电力登高作业有关规定 …… 42

2　操作技能部分 …… 45

2.1　高空作业安全用具 …… 45

2.2　高空作业工机具 …… 48

2.3　车梯使用技能训练 …… 56

2.4　登杆技能训练 …… 58

综合练习 …… 60

学习情境4 停电作业 …… 61

1 理论学习部分 …… 61

1.1 停电 …… 61
1.2 验电 …… 67
1.3 装设接地线 …… 71
1.4 设置标示牌及防护遮栏 …… 78
1.5 作业命令的办理 …… 81

2 操作技能部分(接触网验电接地) …… 84

2.1 工器具介绍 …… 84
2.2 接触网技能训练(验电接地) …… 86
综合练习 …… 90

学习情境5 带电作业 …… 91

1 理论学习部分 …… 91

1.1 牵引变电所内带电作业 …… 91
1.2 接触网间接带电作业 …… 96
1.3 铁路电力设备带电作业 …… 99

2 操作技能部分 …… 99

2.1 绝缘工器具 …… 99
2.2 绝缘电阻摇测技能训练 …… 101
综合练习 …… 105

学习情境6 远离带电部分的作业 …… 106

1 理论学习部分 …… 106

1.1 牵引变电所远离带电部分作业的规定 …… 106
1.2 接触网远离作业规定 …… 107
1.3 铁路电力邻近带电作业和不停电的作业 …… 107

2 操作技能部分 …… 110

2.1 接地电阻表(ZC-8型) …… 110
2.2 钳形接地电阻表(ETCR2000系列) …… 113
综合练习 …… 119

学习情境7 作业区防护 …… 120

1 理论学习部分 …… 120

1.1 作业区防护的意义 …… 120

1.2　接触网检修作业区防护 …… 120
1.3　铁路防护栅栏内电力设备作业 …… 121
1.4　联络员、现场防护人员安全职责 …… 122

2　操作技能部分 …… 122

2.1　信号显示 …… 122
2.2　接触网作业防护设置 …… 123
2.3　停电作业标准化防护用语训练 …… 128
2.4　间接带电作业标准化防护用语训练 …… 130
2.5　《行车设备施工登记簿》填记要求、填记格式 …… 132
综合练习 …… 135

学习情境8　签发工作票 …… 137

1　理论学习部分 …… 137

1.1　保证安全的组织措施 …… 137

2　实践技能部分 …… 150

2.1　不同工种对工作票的填用要求 …… 150
2.2　正确签发牵引变电所工作票 …… 154
2.3　正确签发接触网工作票 …… 161
2.4　正确签发铁路电力停电工作票、倒闸作业票 …… 166
综合练习 …… 172

学习情境9　设备巡视检查 …… 173

1　理论学习部分 …… 173

1.1　牵引变电所设备巡视和检查 …… 173
1.2　接触网设备巡视和检查 …… 174
1.3　铁路电力设备巡视和检查 …… 177

2　操作技能部分 …… 178

2.1　接触网巡视技能训练基本条件说明 …… 178
2.2　安全及其他 …… 178
2.3　巡视观察点与记录 …… 178
2.4　巡视结果的处理 …… 179
综合练习 …… 179

学习情境10　倒闸作业 …… 181

1　理论学习部分 …… 181

1.1　牵引变电所倒闸 …… 181
1.2　接触网的倒闸作业 …… 182

1.3 铁路电力的倒闸作业 …… 184

2 操作技能部分 …… 185

2.1 接触网倒闸作业技能训练 …… 185
2.2 牵引变电所停电、送电倒闸作业技能训练 …… 186
综合练习 …… 189

学习情境 11 试验和测量 …… 190

1 理论学习部分 …… 190

1.1 牵引变电所关于试验和测量工作的安全规定 …… 190
1.2 接触网关于试验和测量工作的安全规定 …… 191
1.3 铁路电力关于试验和测量工作的安全规定 …… 193

2 操作技能部分(电气试验) …… 195

2.1 电气试验的基本要求 …… 195
2.2 电气试验组织措施 …… 196
2.3 电气试验的安全措施 …… 198
2.4 安全工器具试验 …… 202
2.5 分段绝缘器试验与测量 …… 208
综合练习 …… 210

学习情境 12 事故管理 …… 212

1 理论学习部分 …… 212

1.1 铁路交通事故调查处理规则 …… 212
1.2 电气化铁路接触网故障抢修规则 …… 225
1.3 常见接触网故障判断查找方法 …… 231
1.4 常见接触网故障抢修方案 …… 232
1.5 牵引变电所故障(事故)处理 …… 238
1.6 牵引变电所设备事故应急处置方案 …… 239
1.7 列车事故配合救援中的接触网处置 …… 247

2 操作技能部分 …… 247

2.1 事故原因分析 …… 247
2.2 事故调查处理的基本原则 …… 252
2.3 事故原因分析基本程序 …… 252
2.4 事故分析报告格式 …… 253
2.5 牵引供电、电力故障速报和故障分析报告 …… 253
综合练习 …… 257

参考文献 …… 259

学习情境1　职业安全与紧急救护

随着我国国民经济的不断发展，电气化铁路也得到了迅速的发展，电气化区段逐步延伸，供电设备日渐更新，特别近年来高速电气化铁路的建设，要求加强铁路供电系统的工作，进一步提高科学管理水平和工作效率，更好地为运输生产服务。同时，电气化铁路的发展使得电气化设备运营管理工作面临更加严峻的“三高”(高空、高电压、高速)危险。

为保证铁路设备和员工人身安全，国家颁布了相关的法律、法规，铁路部门制定了相关的规程、规则，从事牵引供电工作的人员必须严格执行有关规定。因此应加大法律、法规和规则的学习，强化安全意识，树立“安全第一”的思想，确保人身和设备的安全，把铁路电气化事业推向一个新阶段。

铁路供电系统包括牵引供电、电力等多部门，涉及通用工种和铁路特有工种，劳动安全培训、教育的范围广；由于涉及铁路交通供电等行业管理，劳动安全的组织环节较多、安全技术措施需不断完备，安全风险管理的任务比较突出。

从事牵引供电工作的劳动者对国家颁布的相关安全生产和铁路的法律法规、国家铁路部门历年所颁布的电气化铁路方面的规程规则必须有所了解，掌握国家法律法规所赋予自己的权利和相对应的义务，同时必须严格掌握重点的法规、规则，用法规、规则指导安全生产。

1　理论学习部分

1.1　国家颁布的相关安全生产和铁路的法律法规

我国现行的有关安全生产的专门法律有《中华人民共和国安全生产法》《中华人民共和国消防法》《中华人民共和国道路交通安全法》《中华人民共和国海上交通安全法》《中华人民共和国矿山安全法》等；与安全生产相关的法律主要有《中华人民共和国刑法》《中华人民共和国职业病防治法》《中华人民共和国铁路法》《中华人民共和国劳动法》《中华人民共和国工会法》《中华人民共和国公路法》《中华人民共和国民用航空法》《中华人民共和国建筑法》《中华人民共和国电力法》等。

1.1.1　《中华人民共和国安全生产法》

《中华人民共和国安全生产法》是为了加强安全生产工作，防止和减少生产安全事故，保障人民群众生命和财产安全，促进经济社会持续健康发展而制定的。《中华人民共和国安全生产法》首版于2002年6月29日第九届全国人民代表大会常务委员会第二十八次会议通过，2002年11月1日实施。经过历次修订，最新版于2021年6月10日修订并公布，自2021年9月1日起施行。

《中华人民共和国安全生产法》的颁布实施，使我国安全生产管理工作走上了法治的轨道。

我国电气化铁路运输要做到“有法可依,有法必依,执法必严,违法必究”,就要认真学习、严格执行、依法实践安全生产。

最新版《中华人民共和国安全生产法》共七章114条,其内容相当丰富。其中第三章“从业人员的安全生产权利义务”规定了从业人员依法获得合同保障权;劳动安全、职业危害的知情权;安全生产工作建议权;安全生产批评权、检举控告权;拒绝违章指挥、强令冒险作业权;在紧急情况下应急处置权等权利。同时从业人员也应依法履行遵章守纪、服从管理的义务;正确佩戴和使用劳动防护用品的义务;学习掌握安全生产知识和增强事故预防、应急处理能力的义务;发现隐患或不安全因素有报告和处理的义务等。

《中华人民共和国安全生产法》第五十八条规定:“从业人员应当接受安全生产教育和培训、掌握本职工作所需的安全生产知识,提高安全生产技能,增强事故预防和应急处理能力。”教育与培训是安全生产方面的一项基础性工作,是提高从业人员安全生产技能,掌握安全生产基础知识和专业技术知识的一个重要途径。安全生产重要目的之一是保护作业现场的从业人员,同时,安全生产目标的落实最终要依靠现场的从业人员。因此,从业人员的安全素质是企业安全生产及其保障程度的基础要素。

人员操作的可靠性和安全性与个人的安全意识、文化意识、思维方法、文化素质、技术水平、个性特征和心理状态等都存在着密切的关系。因此提高从业人员的安全素质是预防事故的最根本的措施。加强从业人员的安全教育与培训,提高从业人员的生产安全技能、以保证其在工作过程中提高工效,安全操作。

从业人员安全教育和培训的主要内容应包括:安全生产的方针政策教育;安全生产法规教育;一般生产技术及安全技术知识教育;专业安全生产技术知识教育;安全生产技能训练;事故案例教育;三级安全教育;转岗,调换工种和“四新”(新工艺、新材料、新设备、新产品)安全教育;复工教育;特殊工种培训教育;全员安全教育及生产经营单位日常性教育及其他教育等。

1.1.2 《中华人民共和国刑法》

《中华人民共和国刑法》首版于1979年7月1日第五届全国人民代表大会第二次会议通过并实施,经过历次修订,最新版于2020年12月26日修正并公布施行。《中华人民共和国刑法》的第一百三十一至一百三十九条,一百四十六条,三百九十七条等都与安全生产有关。

例如《中华人民共和国刑法》规定,行为人故意或者过失实施危害或者足以危害不特定多数人的生命、健康或者重大公私财产安全的行为就是危害公共安全的犯罪行为。

所谓过失犯罪,依刑法第十五条规定:“应当预见自己的行为可能发生危害社会的结果,因为疏忽大意而没有预见,或者已预见而轻信能避免,以致发生这种结果的,是过失犯罪”。因此,我们在安全生产方面,切不可疏忽大意或存侥幸心理,以致犯罪。

我们知道,凡是重大生产安全事故,都会给人民群众造成不应有的伤亡和财产的重大损失,在经济上、政治上和社会上都会带来恶劣的影响。对造成重大生产安全事故的责任人的过失追究刑事责任,是维护国家法律的尊严,是维护人民群众根本利益的需要。依照司法解释,凡造成死亡一人或重伤三人以上或直接经济损失五万元以上的,都属于符合重大安全事故的立案条件,都有可能被依法追究刑事责任。

1.1.3 《中华人民共和国职业病防治法》

《中华人民共和国职业病防治法》是为了预防、控制和消除职业病危害,防治职业病,保护劳动者健康和相关权益，促进经济发展，根据宪法而制定的。首版于2001年10月27日第九届全国人民代表大会常务委员会第二十四次会议通过，2002年5月1日开始实施。经过历次修订，最新版于2018年12月29日修正并公布施行。

保护好自己，就是对工作的负责任，就是最安全的负责任。作为一名劳动者要能够积极学习、宣传职业病防治知识，能够带动本单位和身边劳动者践行健康工作方式和生活方式；能够拒绝违章作业，发现职业病危害因素及时报告，提醒身边同事纠正不健康行为方式。

根据《中华人民共和国职业病防治法》第三条规定："职业病防治工作坚持预防为主、防治结合的方针，实行分类管理、综合治理。"

《中华人民共和国职业病防治法》第三十九条规定："劳动者享有下列职业卫生保护权利：获得职业卫生教育、培训；获得职业健康检查、职业病诊疗、康复等职业病防治服务；了解工作场所产生或可能产生的职业病危害因素、危害后果和应当采取的职业病防护措施；要求用人单位提供符合防治职业病要求的职业病防护设施和个人使用的职业病防护用品，改善工作条件；对违反职业病防治法律、法规以及危及生命健康的行为提出批评、检举和控告；拒绝违章指挥和强令进行没有职业病防治措施的作业；参与用人单位职业卫生工作的民主管理，对职业病防治工作提出意见和建议。"

《中华人民共和国职业病防治法》第三十四条规定："……劳动者应当学习和掌握相关的职业卫生知识，遵守职业病防治法律、法规、规章和操作规程，正确使用、维护职业病防护设备和个人使用的职业病防护用品，发现职业病危害事故隐患应当及时报告……。"

《中华人民共和国职业病防治法》第四十三条规定："职业病诊断应当由取得《医疗机构执业许可证》的医疗卫生机构承担。"第四十六条规定："职业病诊断，应当综合分析下列因素：病人的职业史；职业危害接触史和现场危害调查与评价；临床表现以及辅助检查结果等。"

依据《中华人民共和国职业病防治法》的规定，这里总结出轨道交通运营生产岗位主要存在的职业病危害因素(表1-1)。

表1-1　轨道交通运营生产岗位主要存在的职业病危害因素

序　号	岗　　位	主要职业危害因素
1	车辆检修岗位	粉尘、噪声、化学毒物(苯系物)、射频辐射
2	车辆维修设备岗位	粉尘、噪声
3	工建维修岗位	粉尘、噪声
4	通号维修岗位	工频电磁场
5	机电维修岗位	噪声、工频电磁辐射
6	自动化维修岗位	噪声、工频电磁辐射、油漆
7	供电维修岗位	粉尘、噪声、工频电磁辐射
8	车站岗位	射频辐射、工频辐射
9	乘务岗位	粉尘、噪声、工频电磁辐射、射频辐射
10	调度中心岗位	工频电磁辐射

1.1.4　《中华人民共和国铁路法》

《中华人民共和国铁路法》是为了保障铁路运输和铁路建设的顺利进行，适应社会主义现代化建设和人民生活的需要而制定的法律。首版于 1990 年 9 月 7 日第七届全国人民代表大会常务委员会第十五次会议通过并公布，1991 年 5 月 1 日实施。经过历次修订，最新版于 2015 年 4 月 24 日修正并公布施行。

《中华人民共和国铁路法》共有六章七十四条，主要内容有：①国家铁路实行高度集中、统一指挥的运输管理体制；重点发展国家铁路，大力支持地方铁路的发展。②关于铁路运输企业，规定铁路运输企业应当保证旅客和货物运输的安全，做到列车正点到达；明确规定铁路运输企业与旅客、托运人之间的权利义务关系；铁路旅客票价，货物、包裹、行李的运价，以及运杂费的收费项目与收费标准的拟定和报批、审定的权限。③关于铁路建设，规定铁路发展规划应当根据国民经济和社会发展以及国防建设的需要制订，并与其他方式的交通运输发展规划相协调；新建和改建的技术要求应当符合国家标准或者行业标准；铁路建成后，必须依照国家基本建设程序的规定，经验收合格，方能交付正式使用。④关于铁路安全与保护，规定必须保证铁路运输设施完好，保障旅客与货物运输安全；铁路公安机关与地方公安机关分工负责保护铁路治安秩序；还规定地方人民政府对铁路沿线危害行车安全的情况进行处理的责任。⑤关于法律责任，处理违反本法规定适用的刑法有关条款。

例如：《中华人民共和国铁路法》第七十一条明确指出铁路职工玩忽职守、违反规章制度造成铁路运营事故的，滥用职权、利用办理运输业务之便谋取私利的，给予行政处分；情节严重、构成犯罪的，依照刑法有关规定追究刑事责任。

1.2 铁路系统规程与规则

2014 年《中国铁路总公司铁路技术规章制度管理办法》（铁总科技〔2014〕38 号）发布，规定基本技术规章称为规程、系统规章为规则。按此规定，牵引变电所安全工作规则、接触网安全工作规则、电力安全工作规则等分别是供电系统牵引变电所、接触网、电力的专业规章，因此应称为规则。例如：1982、1999、2007 版接触网安全工作规则名称均为《接触网安全工作规程》；2014 年《高速铁路接触网安全工作规则》（铁总运〔2014〕21 号）发布时称为规则；2017 年中国铁路总公司对 2007 版《接触网安全工作规程》进行修订，发布成《普速铁路接触网安全工作规则》。为避免歧义和误解，下文中对于因未及时修订而依然有效、名为规程的专业规章仍继续沿用旧称为规程。

从事铁路供电的人员必须对中国国家铁路集团有限公司（包括铁道部、中国铁路总公司）历年来所颁布的依然有效的有关电气化铁路方面的规程、规则有所了解，对于重点的规程、规则必须严格掌握，用规程、规则指导安全生产。

铁路系统所执行的有关电气化铁路安全规程、规则如下：

1.2.1 《铁路技术管理规程》

《铁路技术管理规程》（以下简称《技规》）由高速铁路和普速铁路两部分组成，是铁路技术管理的基本技术规章，是铁路各部门、各单位从事运输生产时，必须遵守的基本原则。铁路各部门、各单位制定的规程、规范、规则、细则、标准和办法等都必须符合《铁路技术管理规程》的规定。

《铁路技术管理规程》包括技术设备、行车组织、信号显示、对工作人员的要求等四个方面的内容。其中技术设备方面的内容包括线路桥隧、信号、联锁、闭塞、调度指挥设备、信息系统、站场、机车车辆以及供电、供水设备等;行车组织方面的内容包括行车组织的基本要求、编组列车、调车工作、行车闭塞法、列车运行等。

1.2.2 《牵引变电所安全工作规程》《牵引变电所运行检修规程》

为了搞好牵引变电所安全运行和检修工作,提高牵引变电所的设备质量、供电质量和管理水平,以适应现代化铁路的发展需要,铁道部于1999年9月1日颁布实施《牵引变电所安全工作规程》(铁运〔1999〕101号),2015年1月22日中国铁路总公司颁布实施《高速铁路牵引变电所安全规则》(铁总运〔2015〕48号,技术规章编号TG/GD 121—2015)、《高速铁路牵引变电所运行检修规则》(铁总运〔2015〕50号,技术规章编号TG/GD 122—2015)。

1.2.3 《普速铁路接触网安全工作规则》《普速铁路接触网运行维修规则》

为了接触网安全运行和检修工作的需要,提高接触网的设备质量和管理水平,以适应现代化铁路的发展需要,中国铁路总公司于2017年4月1日起施行《普速铁路接触网安全工作规则》(铁总运〔2017〕25号,技术规章编号TG/GD 115—2017)、《普速铁路接触网运行维修规则》(铁总运〔2017〕9号,技术规章编号TG/GD 116—2017),2014年8月9日颁布实施《高速铁路接触网安全工作规则》(铁总运〔2014〕221号,技术规章编号TG/GD 108—2014),2015年12月31日颁布实施《高速铁路接触网运行维修规则》(铁总运〔2015〕362号,技术规章编号TG/GD 124—2015)。

1.2.4 《铁路电力安全工作规程》《铁路电力管理规则》

为了搞好铁路电力的安全运行和检修工作,提高电力的设备质量、供电质量和管理水平,以适应现代化铁路的发展需要,铁道部于1999年9月1日颁布实施《铁路电力安全工作规程》《铁路电力管理规则》(铁运〔1999〕103号),中国铁路总公司于2015年1月22日颁布实施《铁路电力安全工作规程补充规定》(铁总运〔2015〕51号)、《高速铁路电力管理规则》(铁总运〔2015〕49号)。

1.2.5 《电气化铁路有关人员电气安全规则》

为了贯彻执行国务院发布的有关安全规定精神,保证人民生命财产安全,适应电气化铁路发展以及新建电气化线路送电通车的安全宣传要求,中国铁路总公司发布实施《电气化铁路有关人员电气安全规则》(铁运〔2013〕60号)。该《规则》要求对通往电气化区段的乘务人员、押运人员及电气化铁路沿线路内外职工、城乡广大人民群众组织传达学习和广为宣传,为有效地预防触电伤亡事故发生,保证铁路运输安全。

1.2.6 《普速铁路供电调度规则》《高速铁路供电调度规则》

为统一全国铁路供电调度管理,规范供电调度工作制度,充分发挥供电调度作用,确保供电安全,铁道部特制定《普速铁路供电调度规则》(铁运〔2012〕286号,技术规章编号TG/GD 103—2012),自2013年1月1日起施行。普速铁路供电调度规则适用于普速铁路的供电调度管理工作,是供电调度管理的基本规则。

2017年中国铁路总公司在铁道部规范性文件《高速铁路供电调度暂行规则》(铁运〔2012〕285号)的基础上,制定的《高速铁路供电调度规则》(铁总运〔2017〕12号)内容符合有关法律法规精神和铁路运输实际，体现了近年来铁路技术的发展和设备的进步，在质量和安全方面的管理规定更为全面和具体，强化了高速铁路供电调度管理工作，有利于铁路发展和保障铁路安全。

1.2.7 《铁路交通事故应急救援和调查处理条例》《铁路交通事故调查处理规则》《铁路交通事故应急救援规则》

《铁路交通事故应急救援和调查处理条例》是为了加强铁路交通事故的应急救援工作，规范铁路交通事故调查处理，减少人员伤亡和财产损失，保障铁路运输安全和畅通，根据《中华人民共和国铁路法》和其他有关法律的规定制定的条例。该《条例》经 2007 年 6 月 27 日国务院第 182 次常务会议通过，2007 年 7 月 11 日中华人民共和国国务院令第 501 号公布，2007 年 9 月 1 日起施行的文件；根据 2012 年 11 月 9 日中华人民共和国国务院令第 628 号公布、自 2013 年 1 月 1 日起施行的《国务院关于修改和废止部分行政法规的决定》修正，分总则、事故等级、事故报告、事故应急救援、事故调查处理、事故赔偿、法律责任、附则等内容。

铁道部为及时准确调查处理铁路交通事故，严肃追究事故责任，防止和减少铁路交通事故的发生，又依据《铁路交通事故应急救援和调查处理条例》制定了《铁路交通事故调查处理规则》(2007 年 8 月 28 日铁道部令第 30 号公布，自 2007 年 9 月 1 日起施行)。

铁道部为了规范和加强铁路交通事故的应急救援工作，最大限度地减少人员伤亡和财产损失，尽快恢复铁路运输秩序，依据《铁路交通事故应急救援和调查处理条例》及国家有关规定，制定《铁路交通事故应急救援规则》(2007 年铁道部第 32 号)，自 2007 年 9 月 1 日起施行。

1.2.8 《电气化铁路接触网事故抢修规则》《高速铁路接触网故障抢修规则》

为了保证铁路的安全运行，一旦接触网发生故障，能迅速出动，及时抢修，尽快地恢复供电和行车，最大限度地减小事故损失和对运输的干扰，铁道部自 1989 年 10 月 17 日发布实施《电气化铁路接触网事故抢修规则》(铁机〔1989〕126 号，现场简称《抢规》)，2009 年对此规则修订更新后颁布实施《电气化铁路接触网故障抢修规则》(〔2009〕39 号)指导普速铁路接触网故障抢修工作，2014 年中国铁路总公司又颁布实施《高速铁路接触网故障抢修规则》(〔2014〕53 号，技术规章编号 TG/GD 106—2014)指导高速铁路接触网故障抢修工作。

1.2.9 《高速铁路设计规范》《铁路电力牵引供电设计规范》《铁路电力牵引供电工程施工质量验收标准》《高速铁路电力牵引供电工程施工质量验收标准》等

2016 年国家铁路局发布的《铁路电力牵引供电设计规范》(TB 10009—2016)自 2016 年 9 月 1 日起实施。该规范是对 2005 版《铁路电力牵引供电设计规范》的全面修订。该规范认真总结了我国铁路电力牵引供电工程设计和运行管理经验、充分借鉴了相关科研成果和国内外相关标准，进一步明确了铁路牵引供电方式、牵引变压器容量、牵引变电所选址、牵引供电调度和远动系统、接触网及支持结构等设计标准，适用于单相工频、接触网标称电压为 25 kV 标准轨距铁路电力牵引供电工程设计。

2014 年国家铁路局发布的《高速铁路设计规范》(TB 10621—2014)集成了近 20 个专业领

域的技术要求，形成了速度范围为250～350 km/h，涵盖不同速度等级、不同速度列车共线运行、适应不同自然环境（冻土、黄土等）的高速铁路设计标准，是高速铁路建设最基本、最重要的行业技术标准。其中的《高速铁路设计规范》（电力牵引供电部分）的编制以科学发展观为指导，贯彻铁路建设新理念，瞄准世界一流水平，坚持原始创新、集成创新和引进消化吸收再创新，广泛收集了与高速铁路（客运专线）设计有关的技术文件资料，系统总结了京津、合宁、合武、石太等高速铁路的经验，认真吸取了武广、郑西等高速铁路的建设、施工、设计、国际咨询等成果，大力开展了有针对性的科研攻关和试验测试，结合京津、武广、合武等线的联调联试工作，对规范的有关参数进行了现场验证，为我国高速铁路建设和中国铁路"走出去"提供了强有力的技术保障和支撑。

2018年国家铁路局发布的《铁路电力牵引供电工程施工质量验收标准》（TB 10421—2018）和《高速铁路电力牵引供电工程施工质量验收标准》（TB 10758—2018）自2019年2月1日起实施。《铁路电力牵引供电工程施工质量验收标准》和《高速铁路电力牵引供电工程施工质量验收标准》分别是在《铁路电力牵引供电工程施工质量验收标准》（TB 10421—2003）、《高速铁路电力牵引供电工程施工质量验收标准》（TB 10758—2010）的基础上，总结吸纳了近年来铁路电力牵引供电工程建设、运营管理的实践经验和科研成果，借鉴了国内外相关验收标准，并广泛征求意见，经审查修订而成。两个标准均分6章，主要包括总则、术语、基本规定、牵引变电所、接触网、供电调度及远动系统等。《铁路电力牵引供电工程施工质量验收标准》适用于设计时速200 km及以下铁路电力牵引供电工程施工质量的验收，《高速铁路电力牵引供电工程施工质量验收标准》适用于高速铁路电力牵引供电工程施工质量的验收。

1.2.10　《铁路安全管理条例》

铁路是我国国民经济和社会发展的重要基础设施，国家高度重视铁路安全工作，《铁路安全管理条例》是为了加强铁路安全管理，保障铁路运输安全和畅通，保护人身安全和财产安全而制定的法规。早在1989年，国务院就制定公布了《铁路运输安全保护条例》，2004年又对该条例进行了全面修订，对于保障铁路运输安全发挥了重要作用。2013年7月24日经重新修订发布的《铁路安全管理条例》由国务院第18次常务会议通过，自2014年1月1日起施行。

1.2.11　《铁路营业线施工安全管理办法》

为加强铁路营业线施工安全管理，确保行车、人身和施工安全，根据《中华人民共和国安全生产法》《中华人民共和国铁路法》《铁路安全管理条例》等法律、行政法规和相关规定，铁道部发布施行《铁路营业线施工安全管理办法》（铁办〔2008〕190号）、《铁路营业线施工安全管理补充办法》（铁运〔2010〕51号和铁运〔2011〕63号），2012年重新修订为《铁路营业线施工安全管理办法》（技术规章编号 TG/CW 106—2012），自2013年1月1日起施行。2021年国家铁路局重新修订了《铁路营业线施工安全管理办法》（国铁运输监〔2021〕31号）自2021年12月1日起施行。

1.2.12　《高速铁路供电安全检测监测系统（6C系统）总体技术规范》

为确保高速铁路供电设备运行安全，指导高速铁路供电安全检测监测体系建设，提升供电系统安全保障能力，2012年铁道部在学习和借鉴国内外铁路接触网检测的先进方法，广泛吸收我国铁路供电设备检测和监测的经验，并结合我国高速铁路供电系统的特点，提出《高速铁路供电安全检测监测系统(6C系统)总体技术规范》，并公布执行。

此外铁道部、中国铁路总公司还以文件形式下发了涉及牵引供电的如《铁路暴风雨雪雾等恶劣天气应急预案(暂行)》(铁运〔2008〕236号)、《高速铁路突发事件应急预案(试行)》(铁运〔2012〕33号)、《铁路无线电管理规则》(国无管〔1996〕6号)等规则供供电运行检修中执行。

在后文的学习情境中(以普速铁路为主，并结合高速铁路)重点对牵引变电所、接触网和铁路电力的安全工作规则(或规程)进行讲解。

2　操作技能部分

2.1　紧急救护基础知识

在工作和生活中，也许会发生各种意外。面对意外伤害事故，我们要保持冷静的头脑，采取正确的紧急救护措施，将伤害降低到最低程度。

紧急救护的基本原则是在现场采取积极措施，保护伤员的生命，减轻伤情，减少痛苦，并根据伤情需要，迅速与医疗急救中心(医疗部门)联系救治。急救成功的关键是动作快，操作正确。任何拖延和操作错误都会导致伤员伤情加重或死亡。

要认真观察伤员全身情况，防止伤情恶化。发现伤员意识不清、瞳孔扩大无反应、呼吸、心跳停止时，应立即在现场就地抢救，用心肺复苏法支持呼吸和循环，对脑、心重要脏器供氧。心脏停止跳动后，只有分秒必争地迅速抢救，救活的可能才较大。

现场工作人员都应定期接受培训，学会紧急救护法，会正确解脱电源，会心肺复苏法，会止血、会包扎，会转移搬运伤员，会处理急救外伤或中毒等(图1-1)。

图1-1　触电急救培训

生产现场和经常有人工作的场所应配备急救箱，存放急救用品，并应指定专人经常检查、补充或更换。

2.2　触电急救

触电急救应分秒必争，一经明确心跳、呼吸停止的，立即就地迅速用心肺复苏法进行抢救，并坚持不断地进行，同时及早与医疗急救中心（医疗部门）联系，争取医务人员接替救治。在医务人员未接替救治前，不应放弃现场抢救，更不能只根据没有呼吸或脉搏的表现，擅自判定伤员死亡，放弃抢救。只有医生有权做出伤员死亡的诊断。与医务人员接替时，应提醒医务人员在触电者转移到医院的过程中不得间断抢救。

2.2.1　迅速脱离电源

触电急救，首先要使触电者迅速脱离电源，越快越好。因为电流作用的时间越长，伤害越重。

脱离电源，就是要把触电者接触的那一部分带电设备的所有开关（断路器）、刀闸（隔离开关）或其他断路设备断开；或设法将触电者与带电设备脱离开。在脱离电源过程中，救护人员也要注意保护自身的安全。触电者未脱离电源前，救护人员不准直接用手触及伤员，因为有触电的危险。如触电者处于高处，应采取相应措施，防止该伤员脱离电源后自高处坠落形成复合伤和再次触及其他有电线路的可能。

1. 低压触电者脱离电源的方法

（1）如果触电地点附近有电源开关或电源插座，可立即拉开开关或拔出插头，断开电源。但应注意到拉线开关或墙壁开关等只控制一根线的开关，有可能因安装问题只能切断中性线而没有断开电源的相线。

（2）如果触电地点附近没有电源开关或电源插座（头），可用有绝缘柄的电工钳或有干燥木柄的斧头切断电线，断开电源。

（3）当电线搭落在触电者身上或压在身下时，可用干燥的衣服、手套、绳索、皮带、木板、木棒等绝缘物作为工具，拉开触电者或挑开电线，使触电者脱离电源。

（4）如果触电者的衣服是干燥的，又没有紧缠在身上，可以用一只手抓住他的衣服，拉离电源。但因触电者的身体是带电的，其鞋的绝缘也可能遭到破坏，救护人不得接触触电者的皮肤，也不能抓他的鞋。

（5）若触电发生在低压带电的架空线路上或配电台架、进户线上，对可立即切断电源的，则应迅速断开电源，救护者迅速登杆或登至可靠地方，并做好自身防触电、防坠落安全措施，用带有绝缘胶柄的钢丝钳、绝缘物体或干燥不导电物体等工具将触电者脱离电源。救护人员也可站在绝缘垫或干木板上，绝缘自己进行救护。

2. 高压触电者脱离电源的方法

（1）立即通知有关供电单位或用户停电。有条件时可用相应电压等级的绝缘工具（戴绝缘手套、穿绝缘靴、并用绝缘棒）按顺序拉开电源开关或熔断器。

（2）用适合该电压等级的绝缘工具（戴绝缘手套、穿绝缘靴、并用绝缘棒）解脱触电者。救护人员在抢救过程中应注意保持自身与周围带电部分必要的安全距离。

（3）抛挂足够截面、适当长度的裸金属短路线使线路短路接地，迫使保护装置跳闸动作，断开电源。注意抛挂金属线之前，应先将金属线的一端固定可靠接地（将短路线一端固定在铁塔或接地引下线上），然后另一端系上重物抛掷，注意抛挂的一端不可触及触电者和其他人。另外，抛挂者抛出线后，要迅速离开接地的金属线 8 m 以外或双腿并拢站立，防止跨步电压伤人。在抛挂短路线时，应注意防止电弧伤人或断线危及人员安全。

3. 脱离电源后救护者应注意的事项

(1)触电者触及断落在地上的带电高压导线，如尚未确证线路无电，救护人员在未做到安全措施(如穿绝缘靴或临时双脚并紧跳跃地接近触电者)前，不能接近断线点至 8～10 m 范围内，防止跨步电压伤人。救护人不可直接用手、其他金属及潮湿的物体作为救护工具，而应使用适当的绝缘工具。救护人最好用一只手操作，以防自己触电。触电者脱离带电导线后，应迅速带至 8～10 m 以外的地方立即开始触电急救。只有在确定线路已经无电，才可在触电者离开触电导线后，立即就地进行急救。

(2)防止触电者脱离电源后可能的摔伤，特别是当触电者在高处的情况下，应考虑防止坠落的措施。即使触电者在平地，也要注意触电者倒下的方向，注意防摔。救护者也应注意救护中自身的防坠落、摔伤措施。

(3)救护者在救护过程中特别是在杆上或高处抢救伤者时，要注意自身和被救者与附近带电体之间的安全距离，防止再次触及带电设备。电气设备、线路即使电源已断开，对未做安全措施挂上接地线的设备也应视作有电设备。救护人员登高时应随身携带必要的绝缘工具和牢固的绳索等。

(4)如事故发生在夜间，应设置临时照明灯，以便于抢救，避免意外事故，但不能因此延误切除电源和进行急救的时间。

4. 现场就地急救

触电者脱离电源以后，现场救护人员应迅速对触电者的伤情进行判断，对症抢救。同时设法联系医疗急救中心(医疗部门)的医生到现场接替救治。要根据触电伤员的不同情况，采用不同的急救方法。

(1)触电者神志清醒、有意识，心脏跳动，但呼吸急促、面色苍白，或曾一度电休克、但未失去知觉。此时不能用心肺复苏法抢救，应将触电者抬到空气新鲜，通风良好的地方躺下，安静休息 1～2 h，让他慢慢恢复正常。天凉时要注意保温，并随时观察呼吸、脉搏变化。条件允许，送医院进一步检查。

(2)触电者神志不清，判断意识无，有心跳，但呼吸停止或极微弱时，应立即用仰头抬颏法，使气道开放，并进行口对口人工呼吸。此时切记不能对触电者施行心脏按压。如此时不及时用人工呼吸法抢救，触电者将会因缺氧过久而引起心跳停止。

(3)触电者神志丧失，判定意识无，心跳停止，但有极微弱的呼吸时，应立即施行心肺复苏法抢救。不能认为尚有微弱呼吸，只需做胸外按压，因为这种微弱呼吸已起不到人体需要的氧交换作用，如不及时人工呼吸即会发生死亡，若能立即施行口对口人工呼吸法和胸外按压，就能抢救成功。

(4)触电者心跳、呼吸停止时，应立即进行心肺复苏法抢救，不得延误或中断。

(5)触电者和雷击伤者心跳、呼吸停止，并伴有其他外伤时，应先迅速进行心肺复苏急救，然后再处理外伤。

(6)发现杆塔上或高处有人触电，要争取时间及早在杆塔上或高处开始抢救。触电者脱离电源后，应迅速将伤员扶卧在救护人的安全带上(或在适当地方躺平)，然后根据伤者的意识、呼吸及颈动脉搏动情况来进行前(1)～(5)项不同方式的急救。应提醒的是高处抢救触电者，迅速判断其意识和呼吸是否存在是十分重要的。若呼吸已停止，开放气道后立即口对口(鼻)吹气 2 次，再测试颈动脉，如有搏动，则每 5 s 继续吹气 1 次；若颈动脉无搏动，可用空心拳头叩击心前区2次，促使心脏复跳。为使抢救更为有效，应立即设法将伤员营救至地面，并继续按心肺复苏法坚持抢救。下放杆塔上或高处触电者具体操作方法如图1-2所示。

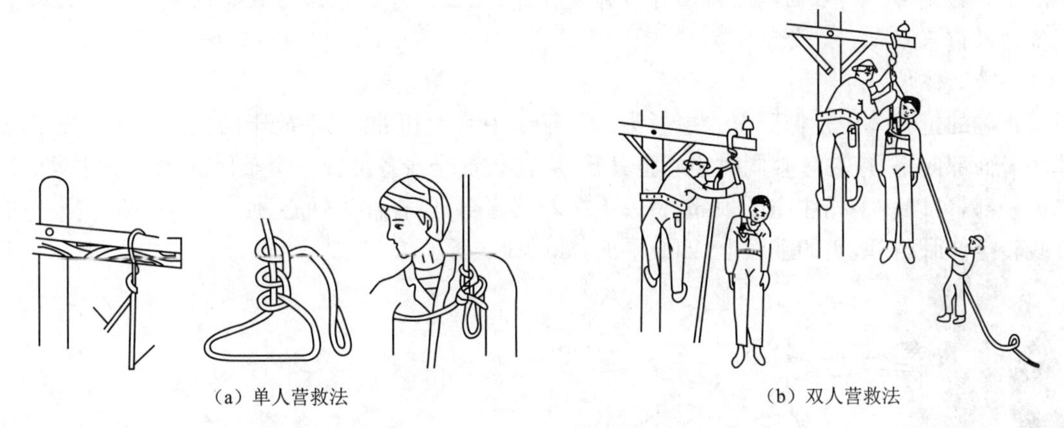

(a) 单人营救法　　(b) 双人营救法

图1-2 下放杆塔上或高处触电者

①单人营救法[图1-2(a)]。首先在杆上安装绳索，将绳子的一端固定在杆上，固定时绳子要绕2～3圈，绳子的另一端放在伤员的腋下，绑的方法要先用柔软的物品垫在腋下，然后用绳子绕1圈，打3个结，绳头塞进伤员腋旁的圈内并压紧，绳子的长度应为杆的1.2～1.5倍，最后将伤员的脚扣和安全带松开，再解开固定在电杆上的绳子，缓缓将伤员放下。

②双人营救法[图1-2(b)]。该方法基本与单人营救方法相同，只是绳子的另一端由杆下人员握住缓缓下放，此时的绳子要长一些，应为杆高的2.2～2.5倍，营救人员要协调一致，防止杆上人员突然松手，杆下人员没有准备而发生意外。

(7)触电者衣服被电弧光引燃时，应迅速扑灭其身上的火源，着火者切忌跑动，方法可利用衣服、被子、湿毛巾等扑火，必要时可就地躺下翻滚，使火扑灭。

(8)现场触电抢救，对采用肾上腺素等药物应持慎重态度。如没有必要的诊断设备和足够的把握，不得乱用。在医院内抢救触电者时，由医务人员经医疗仪器设备诊断，根据诊断结果决定是否采用。

2.2.2 伤员脱离电源后的处理

首先需要判断伤员意识、呼救和伤员体位放置；然后判断伤员呼吸情况，判断伤员无呼吸时处以通畅气道与人工呼吸；判断伤员脉搏情况，判断伤员无脉搏时处以胸外心脏按压。

1.判断伤员有无意识的方法

(1)轻轻拍打伤员肩部，高声喊叫："喂！你怎么啦？"，如图1-3所示。

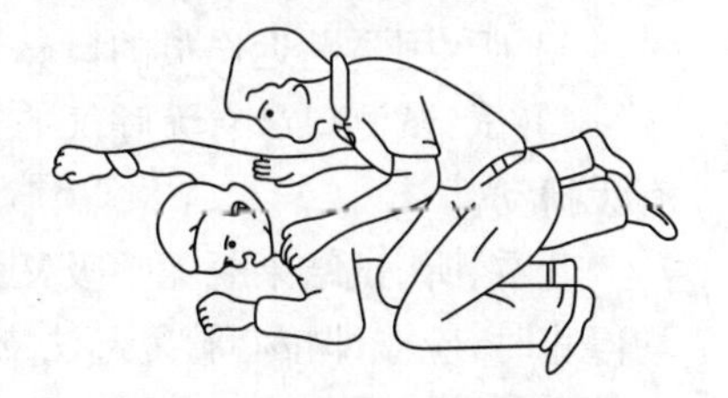

图1-3 判断伤员有无意识

(2)如认识，可直呼喊其姓名。有意识，立即送医院。

(3)眼球固定、瞳孔散大，无反应时，立即用手指甲掐压人中穴、合谷穴约5 s。注意：以上3步动作应在10 s以内完成，不可太长，伤员如出现眼球活动、四肢活动及疼痛感后，应即停止掐压穴位，拍打肩部不可用力太重，以防加重可能存在的骨折等损伤。

2.呼救

一旦初步确定伤员意识丧失，应立即招呼周围的人前来协助抢救，哪怕周围无人，也应该大叫“来人啊！救命啊！”，如图 1-4 所示。

注意：一定要呼叫其他人来帮忙，因为一个人作心肺复苏术不可能坚持较长时间，而且劳累后动作易走样。叫来的人除协助作心肺复苏外，还应立即打电话给救护站或呼叫受过救护训练的人前来帮忙。

3. 放置体位

正确的抢救体位是仰卧位。患者头、颈、躯干平卧无扭曲，双手放于两侧躯干旁。如伤员摔倒时面部向下，应在呼救同时小心将其转动，使伤员全身各部成一个整体。尤其要注意保护伤员颈部，可以一手托住伤员颈部，另一手扶着其肩部，以脊柱为轴心，使伤员头、颈、胸平稳地直线转至仰卧，在坚实的平面上，四肢平放，如图 1-5 所示。

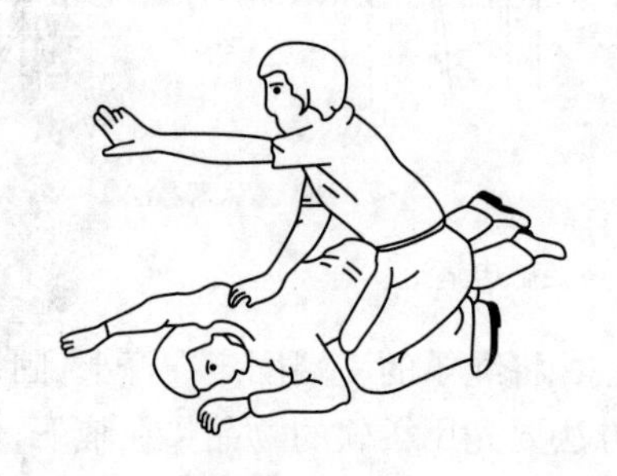

图 1-4　呼救

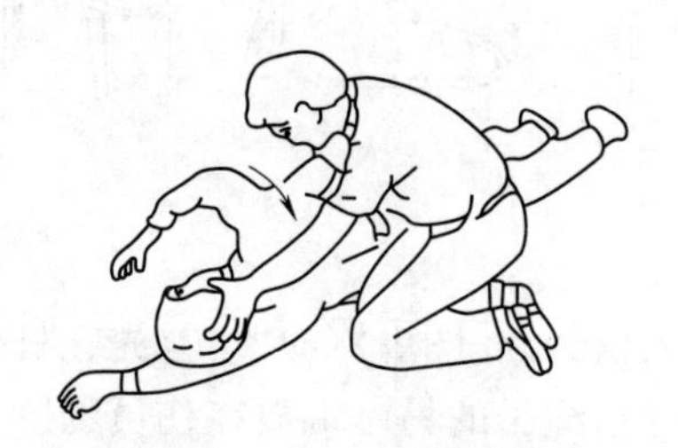

图 1-5　放置伤员

注意：抢救者跪于伤员肩颈侧旁，将其手臂举过头，拉直双腿，注意保护颈部。解开伤员上衣，暴露胸部（或仅留内衣），冷天要注意使其保暖。

4. 呼吸、心跳情况的判定

触电伤员如意识丧失，应在 10 s 内用看、听、试的方法判定伤员呼吸、心跳情况，如图 1-6 所示。

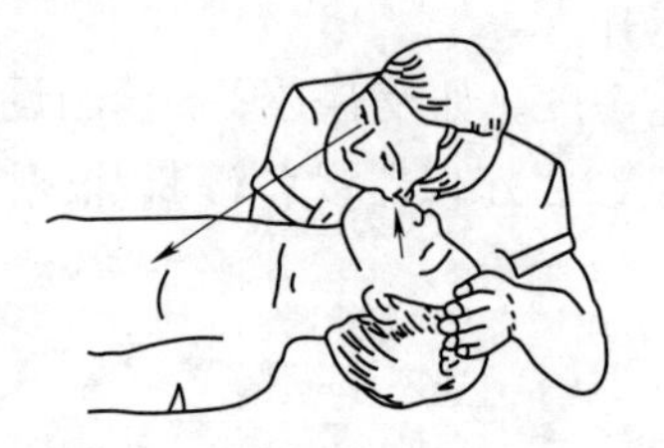

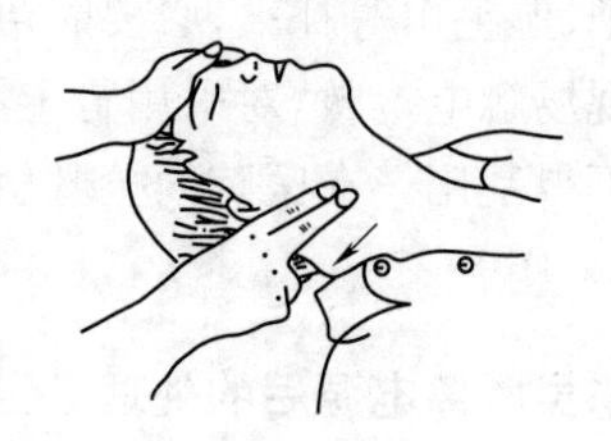

图 1-6　看、听、试

（1）看：看伤员的胸部、腹部有无起伏动作。

（2）听：用耳贴近伤员的口鼻处，听有无呼气声音。

（3）试：试测口鼻有无呼气的气流。再用两手指轻试一侧（左或右）喉结旁凹陷处的颈动脉有无搏动。

若看、听、试结果既无呼吸又无颈动脉搏动，可判定呼吸、心跳停止。触电伤员呼吸和心跳均停止时，应立即按心肺复苏法支持生命的三项基本原则，正确进行就地抢救：

a. 通畅气道；

b. 口对口（鼻）人工呼吸；

c. 胸外按压（人工循环）。

5. 通畅气道

触电伤员呼吸停止，重要的是始终确保气道通畅。如发现伤员口内有异物，可将其身体及头部同时侧转，迅速用一个手指或用两手指交叉从口角处插入，取出异物；操作中要注意防止将异物推到咽喉深部。

通畅气道可采用仰头抬颏法[图 1-7(a)]。用一只手放在触电者前额，另一只手的手指将其下颌骨向上抬起，两手协同将头部推向后仰，舌根随之抬起，气道即可通畅。仰头抬颏法及判断气道是否通畅如图 1-7(b)(c)所示。

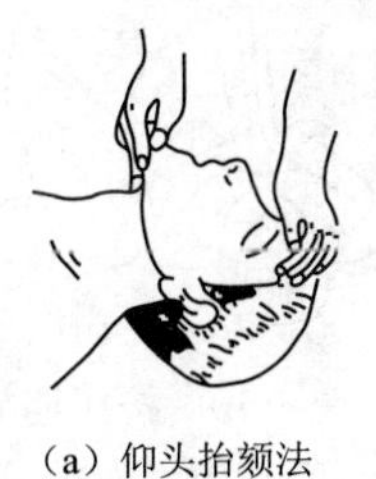

(a) 仰头抬颏法

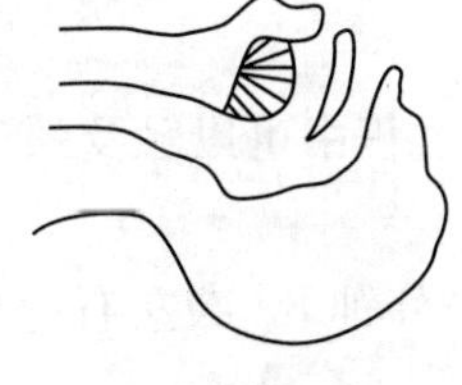

(b) 气道通畅

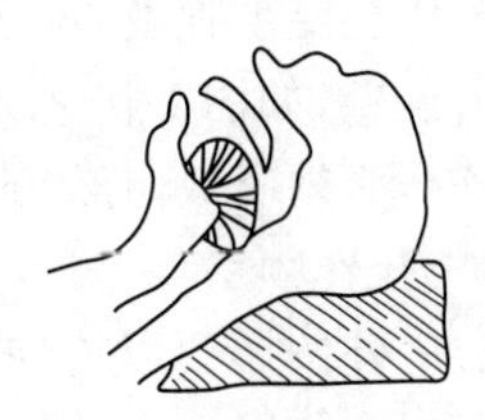

(c) 气道阻塞

图 1-7　仰头抬颏法及气道状况

注意：严禁用枕头等物垫在伤员头下，头部抬高前倾，会更加重气道阻塞，且使胸外按压时流向脑部的血流减少，甚至消失；手指不要压迫伤员颈前部、颏下软组织，以防压迫气道，颈部上抬时不要过度伸展，有假牙托者应取出。儿童颈部易弯曲，过度抬颈反而使气道闭塞，因此不要抬颈牵拉过甚。

6. 口对口(鼻)人工呼吸(图 1-8)

当判断伤员确实不存在呼吸时，应即进行口对口(鼻)的人工呼吸，其具体方法是：

(1)在保持伤员气道通畅的同时，救护人员用放在伤员额上的手的手指捏住伤员鼻翼，救护人员深吸气后，与伤员口对口紧合，在不漏气的情况下，先连续大口吹气两次，每次 1～1.5 s。如两次吹气后试测颈动脉仍无博动，可判断心跳已经停止，要立即同时进行胸外按压。

(2)除开始时大口吹气两次外，正常口对口(鼻)呼吸的吹气量不需过大，以免引起胃膨胀。吹气和放松时，要注意伤员胸部应有起伏的呼吸动作。吹气时如有较大阻力，可能是头部后仰不够，应及时纠正。

(3)触电伤员如牙关紧闭，可口对鼻人工呼吸。口对鼻人工呼吸吹气时，要将伤员嘴唇紧闭，防止漏气。

7. 胸外按压

(1)正确的按压位置是保证胸外按压效果的重要前提。确定正确按压位置的步骤：

a. 右手的食指和中指沿触电伤员的右侧肋弓下缘向上，找到肋骨和胸骨接合处的中点。

b. 两手指并齐，中指放在切迹中点(剑突底部)，食指平放在胸骨下部。

c. 另一只手的掌根紧挨食指上缘，置于胸骨上，即为正确按压位置，如图 1-9 所示。

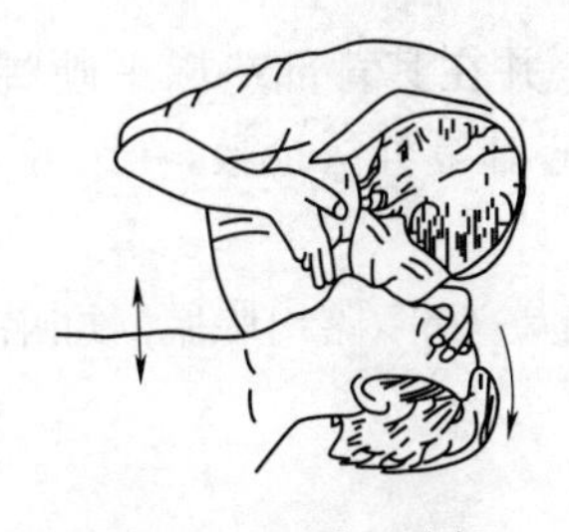

图 1-8　口对口吹气

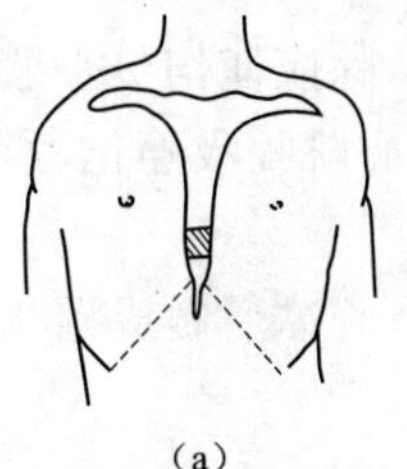

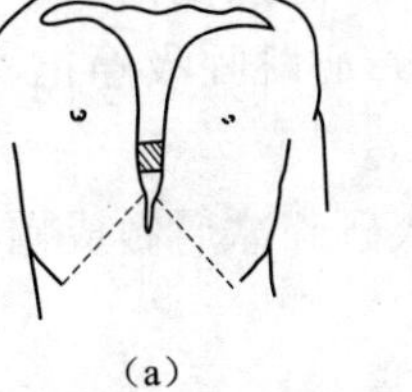

(a)

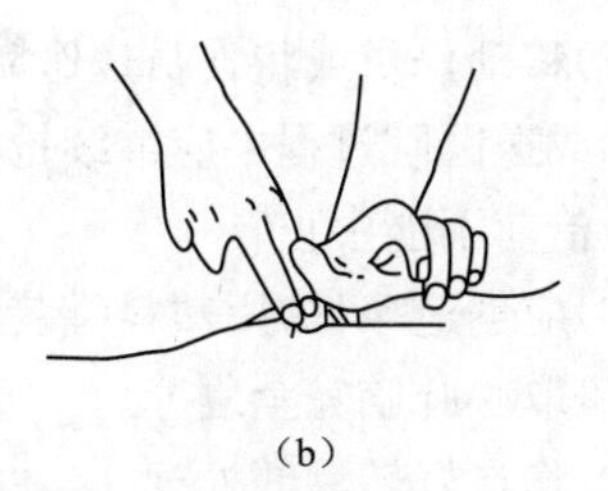

(b)

图 1-9　正确的按压位置

(2)正确的按压姿势是达到胸外按压效果的基本保证。正确的按压姿势：

a.使触电伤员仰面躺在平硬的地方，救护人员立或跪在伤员一侧肩旁，救护人员的两肩位于伤员胸骨正上方，两臂伸直，肘关节固定不屈，两手掌根相叠，手指翘起，不接触伤员胸壁。

b.以髋关节为支点，利用上身的重力，垂直将正常成人胸骨压陷3～5 cm(儿童和瘦弱者酌减)。

c.压至要求程度后，立即全部放松，但放松时救护人员的掌根不得离开胸壁，如图1-10所示。

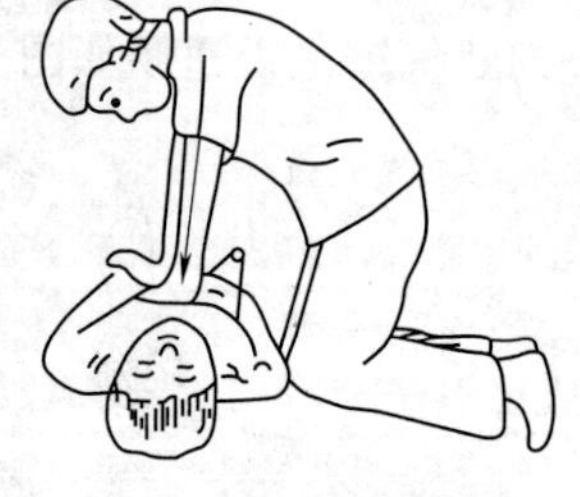

图1-10　按压姿势与用力方法

按压必须有效，有效的标志是按压过程中可以触及颈动脉搏动。

(3)操作频率

a.胸外按压要以均匀速度进行，每分钟80次左右，每次按压和放松的时间相等；

b.胸外按片与口对口(鼻)人工呼吸同时进行时节奏为：单人抢救时，每按压15次后吹气2次(15∶2)，反复进行，双人抢救时，每按压5次后由另一人吹气1次(5∶1)，反复进行。

8.抢救过程中的再判定

(1)按压吹气1 min后(相当于单人抢救时做了4个15∶2压吹循环)，应用看、听、试方法在5～7 s时间内完成对伤员呼吸和心跳是否恢复的再判定。

(2)若判定颈动脉已有搏动但无呼吸，则暂停胸外按压，而再进行2次口对口人工呼吸，接着每5 s吹气一次(即每分钟12次)。如脉搏和呼吸均未恢复，则继续坚持心肺复苏法抢救。

(3)在抢救过程中，要每隔数分钟再判定一次，每次判定时间均不得超过5～7 s。在医务人员未接替抢救前，现场抢救人员不得放弃现场抢救。

9.抢救过程中伤员的移动与转院(图1-11)

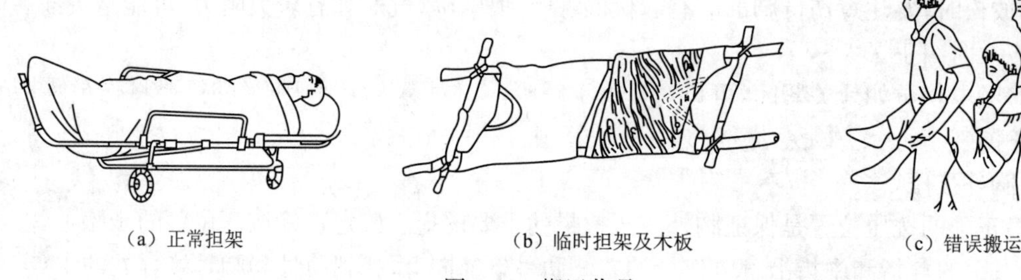

(a) 正常担架　　(b) 临时担架及木板　　(c) 错误搬运

图1-11　搬运伤员

(1)心肺复苏应在现场就地坚持进行，不要为方便而随意移动伤员，如确有需要移动时，抢救中断时间不应超过30 s。

(2)移动伤员或将伤员送医院时，除应使伤员平躺在担架上并在其背部垫以平硬阔木板。在移动或送医院过程中应继续抢救，心跳呼吸停止者要继续用心肺复苏法抢救，在医务人员未接替救治前不能中止。

(3)应创造条件，用塑料袋装入砸碎冰屑做成帽状包绕在伤员头部，露出眼睛，使脑部温度降低，争取心肺脑完全复苏。

10.伤员好转后的处理

如伤员的心跳和呼吸经抢救后均已恢复，可暂停心肺复苏法操作。但心跳呼吸恢复的早期有可能再次骤停，应严密监护，不能麻痹，要随时准备再次抢救。

初期恢复后，神志不清或精神恍惚、躁动，应设法使伤员安静。

11. 心肺复苏术（即人工呼吸、胸外按压）的有效指标

心肺复苏术操作是否正确，主要靠平时严格训练，掌握正确的方法。而在急救中判断复苏是否有效，可以根据以下五方面综合考虑：

(1)瞳孔。复苏有效时，可见伤员瞳孔由大变小。如瞳孔由小变大、固定、角膜混浊，则说明复苏无效。

(2)面色（口唇）。复苏有效，可见伤员面色由紫绀转为红润，如若变为灰白，则说明复苏无效。

(3)颈动脉搏动。按压有效时，每一次按压可以摸到一次搏动，如若停止按压，搏动亦消失，应继续进行心脏按压；如若停止按压后，脉搏仍然跳动，则说明伤员心跳已恢复。

(4)神志。复苏有效，可见伤员有眼球活动，睫毛反射与对光反射出现，甚至手脚开始抽动，肌张力增加。

(5)出现自主呼吸。伤员自主呼吸出现，并不意味可以停止人工呼吸。如果自主呼吸微弱，仍应坚持口对口呼吸。

12. 电击伤伤员的心脏监护

被电击伤并经过心肺复苏抢救成功的电击伤员，都应让其充分休息，并在医务人员指导下进行不少于 48 h 的心脏监护。因为伤员在被电击过程中，由于电压、电流、频率的直接影响和组织损伤而产生的高钾血症，以及由于缺氧等因素，引起的心肌损害和心律失常，经过心肺复苏抢救，在心跳恢复后，有的伤员还可能会出现“继发性心脏跳停止”，故应进行心脏监护，以对心律失常和高钾血症的伤员及时予以治疗。

13. 现场心肺复苏抢救程序

对前面详细介绍的各项操作，现场心肺复苏术应进行的抢救步骤可归纳如图 1-12 所示。

14. 转移和终止

(1)转移

在现场抢救时，应力争抢救时间，切勿为了方便或让伤员舒适去移动伤员，从而延误现场抢救的时间。

现场心肺复苏应坚持不断地进行，抢救者不应频繁更换，即使送往医院途中也应继续进行。鼻导管给氧绝不能代替心肺复苏术。如需将伤员由现场移往室内，中断操作时间不得超过 7 s；通道狭窄、上下楼层、送上救护车等的操作中断不得超过 30 s。

将心跳、呼吸恢复的伤员用救护车送医院时，应在伤员背部放一块宽阔适当的硬板，以备随时进行心肺复苏。将伤员送到医院而专业人员尚未接手前，仍应继续进行心肺复苏。

(2)终止

何时终止心肺复苏是一个涉及医疗、社会、道德等方面的问题。不论在什么情况下，终止心肺复苏，决定于医生，或医生组成的抢救组的首席医生，否则不得放弃抢救。高压或超高压电击的伤员心跳、呼吸停止，更不应随意放弃抢救。

2.2.3 创伤急救

2.2.3.1 创伤急救的基本要求

1. 创伤急救原则上是先抢救，后固定，再搬运，并注意采取措施，防止伤情加重或污染。需

要送医院救治的，应立即做好保护伤员措施后送医院救治。急救成功的条件是：动作快，操作正确。任何延迟和误操作均可加重伤情，并可导致死亡。

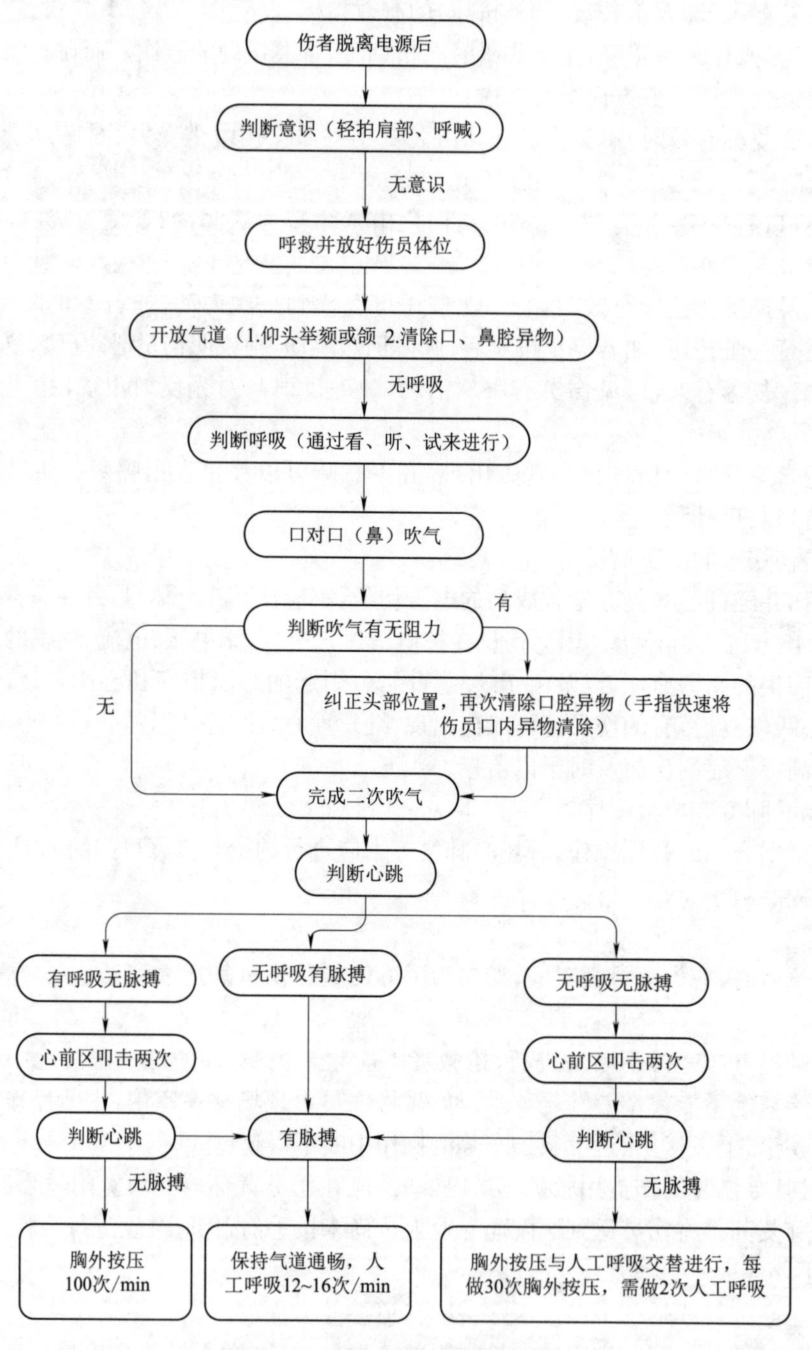

图 1-12　现场心肺复苏的抢救程序

2. 抢救前先使伤员安静躺平，判断全身情况和受伤程度，如有无出血、骨折和休克等。

3. 外部出血立即采取止血措施，防止失血过多而休克。外观无伤，但呈休克状态，神志不清，或昏迷者，要考虑胸腹部内脏或脑部受伤的可能性。

4. 为防止伤口感染，应用清洁布片覆盖。救护人员不得用手直接接触伤口，更不得在伤口内填塞任何东西或随便用药。

5. 搬运时应使伤员平躺在担架上，腰部束在担架上，防止跌下。平地搬运时伤员头部在后，上楼、下楼、下坡时头部在上，搬运中应严密观察伤员，防止伤情突变。

2.2.3.2　止血

1. 伤口渗血用较伤口稍大的消毒纱布数层覆盖伤口，然后进行包扎。若包扎后仍有较多渗血，可再加绷带适当加压止血。

2. 伤口出血呈喷射状或鲜红血液涌出时，立即用清洁手指压迫出血点上方(近心端)，使血流中断，并将出血肢体抬高或举高，以减少出血量。

3. 用止血带或弹性较好的布带等止血时，应先用柔软布片或伤员的衣袖等数层垫在止血带下面，再扎紧止血带以刚使肢端动脉搏动消失为度。上肢每 60 min，下肢每 80 min 放松一次，每次放松 1～2 min。开始扎紧与每次放松的时间均应书面标明在止血带旁，如图 1-13 所示。

扎紧时间不宜超过 4 h。不要在上臂中 1/3 处和窝下使用止血带，以免损伤神经。若放松时观察已无大出血可暂停使用。

严禁用电线、铁丝、细绳等当作止血带使用。

4. 高处坠落、撞击、挤压可能有胸腹内脏破裂出血。受伤者外观无出血但常表现面色苍白，脉搏细弱，气促，冷汗淋漓，四肢厥冷，烦躁不安，甚至神志不清等休克状态，应迅速躺平，抬高下肢，如图 1-14 所示，保持温暖，速送医院救治。若送院途中时间较长，可给伤员饮用少量糖盐水。

图 1-13　止血带

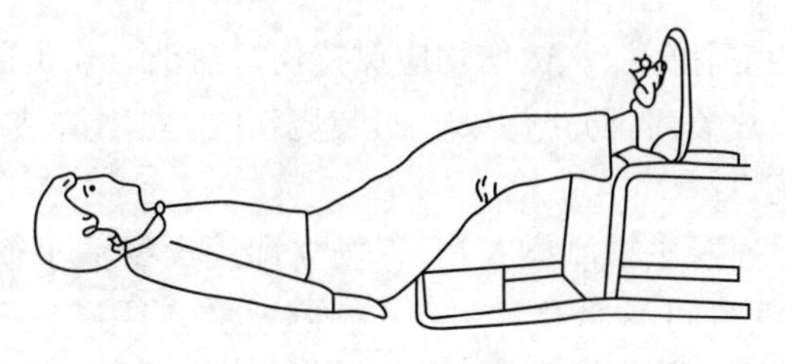

图 1-14　抬高下肢

2.2.3.3　骨折急救

1. 肢体骨折可用夹板或木棍、竹竿等将断骨上、下方两个关节固定，如图 1-15 所示，也可利用伤员身体进行固定，避免骨折部位移动，以减少疼痛，防止伤势恶化。

(a) 上肢骨折固定

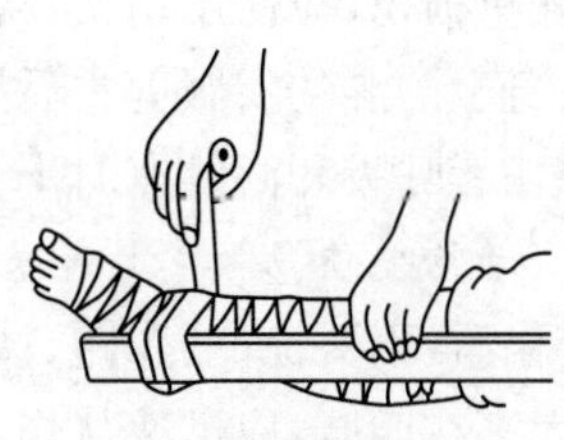

(b) 下肢骨折固定

图 1-15　骨折固定方法

开放性骨折，伴有大出血者，应先止血，再固定，并用干净布片覆盖伤口，然后速送医院救治。切勿将外露的断骨推回伤口内。

2. 怀疑有颈椎损伤时，在使伤员平卧后，用沙土袋(或其他代替物)放置头部两侧使颈部固定不动，如图 1-16 所示。必须进行口对口呼吸时，只能采用抬颏使气道通畅，不能再将头部后仰移动或转动头部，以免引起截瘫或死亡。

3. 腰椎骨折应将伤员平卧在平硬木板上，并将腰椎躯干及两侧下肢一同进行固定预防瘫痪，如图 1-17 所示。搬动时应数人合作，保持平稳，不能扭曲。

图 1-16　颈椎骨折固定

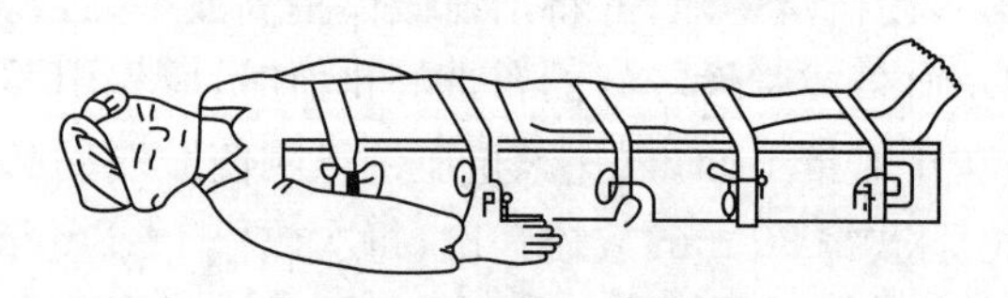

图 1-17　腰椎骨折固定

2.2.3.4　颅脑外伤

1. 应使伤员采取平卧位，保持气道通畅，若有呕吐，应扶好头部和身体，使头部和身体同时侧转，防止呕吐物造成窒息。

2. 耳鼻有液体流出时，不要用棉花堵塞，只可轻轻拭去，以利降低颅内压力。也不可用力擤鼻，排除鼻内液体或将液体再吸入鼻内。

3. 颅脑外伤时，病情可能复杂多变，禁止给予饮食，速送医院诊治。

2.2.3.5　烧伤急救

1. 电灼伤、火焰烧伤或高温气、水烫伤均应保持伤口清洁。伤员的衣服鞋袜用剪刀剪开后除去。伤口全部用清洁布片覆盖，防止污染。四肢烧伤时，先用清洁冷水冲洗，然后用清洁布片或消毒纱布覆盖送医院。

2. 强酸或碱灼伤应迅速脱去被溅染衣物，现场立即用大量清水彻底冲洗，要彻底，然后用适当的药物给予中和；冲洗时间不少于 10 min；被强酸烧伤应用 5%碳酸氢钠(小苏打)溶液中和；被强碱烧伤应用 0.5%～5%醋酸溶液或 5%氯化铵或 10%枸橼酸液中和。

3. 未经医务人员同意，灼伤部位不宜敷搽任何东西包括药物。

4. 送医院途中，可给伤员多次少量口服糖盐水。

2.2.3.6　冻伤急救

1. 冻伤使肌肉僵直，严重者深及骨骼，在救护搬运过程中动作要轻柔，不要强使其肢体弯曲活动，以免加重损伤，应使用担架，将伤员平卧并抬至温暖室内救治。

2. 将伤员身上潮湿的衣服剪去后用干燥柔软的衣服覆盖，不得烤火或搓雪。

3. 全身冻伤者呼吸和心跳有时十分微弱，不应误认为死亡，应努力抢救。

2.2.3.7　动物咬伤急救

1. 毒蛇咬伤后，不要惊慌、奔跑、饮酒，以免加速蛇毒在人体内扩散。

(1)咬伤大多在四肢，应迅速从伤口上端向下方反复挤出毒液，然后在伤口上方(近心端)用布带扎紧，将伤肢固定，避免活动，以减少毒液的吸收。

(2)有蛇药时可先服用，再送往医院救治。

2. 犬咬伤

(1)犬咬伤后应立即用浓肥皂水冲洗伤口至少 15 min，同时用挤压法自上而下将残留伤口内唾液挤出，然后再用碘酒涂搽伤口。

(2)少量出血时，不要急于止血，也不要包扎或缝合伤口。

(3)尽量设法查明该犬是否为“疯狗”，对医院制订治疗计划有较大帮助。

2.2.3.8　溺水急救

1.发现有人溺水应设法迅速将其从水中救出，呼吸心跳停止者用心肺复苏法坚持抢救。曾受水中抢救训练者在水中即可抢救。

2.口对口人工呼吸因异物阻塞发生困难，而又无法用手指除去时，可用两手相叠，置于脐部稍上正中线上(远离剑突)迅速向上猛压数次，使异物退出，但也不用力太大。

3.溺水死亡的主要原因是窒息缺氧。由于淡水在人体内能很快经循环吸收，而气管能容纳的水量很少，因此在抢救溺水者时不应因“倒水”而延误抢救时间，更不应仅“倒水”而不用心肺复苏法进行抢救。

2.2.3.9　高温中暑急救

1.烈日直射头部，环境温度过高，饮水过少或出汗过多等可以引起中暑现象，其症状一般为恶心、呕吐、胸闷、眩晕、嗜睡、虚脱，严重时抽搐、惊厥甚至昏迷。

2.应立即将病员从高温或日晒环境转移到阴凉通风处休息。用冷水擦浴，湿毛巾覆盖身体，电扇吹风，或在头部置冰袋等方法降温，并及时给员口服盐水。严重者送医院治疗。

2.2.3.10　有害气体中毒急救

1.气体中毒开始时有流泪、眼痛、呛咳、咽部干燥等症状，应引起警惕。稍重时会头痛、气促、胸闷、眩晕。严重时会引起惊厥昏迷。

2.怀疑可能存在有害气体时，应即将人员撤离现场，转移到通风良好处休息。抢救人员进入险区应戴防毒面具。

3.已昏迷病员应保持气道通畅，有条件时给予氧气吸入。呼吸心跳停止者，按心肺复苏法抢救，并联系医院救治。

4.迅速查明有害气体的名称，供医院及早对症治疗。

综合练习

1.单项选择题

(1)(　　)是救活触电者的首要因素。

A.请医生急救　　B.送医院

C.向上级报告　　D.使触电者快速脱离电源

(2)在高温场所，作业人员出现体温在39 ℃以上，突然昏倒，皮肤干热、无汗等症状，应该判定其为(　　)。

A.感冒　　B.重症中暑　　C.中毒

(3)对受伤人员进行急救的第一步应该是(　　)。

A.观察伤者有无意识　　B.对出血部位进行包扎

C.进行心脏按压

(4)进行口对口人工呼吸时，以下(　　)表述是错误的。

A.吹气时，要用手捏住伤者的鼻子　　B.每次吹气之间应有一定的间隙

C. 每分钟吹气次数不得超过10次

(5)以下物品中(　　)不能用作止血带。

A. 铁丝　　B. 领带　　C. 毛巾

(6)发现人员触电,首先应采取的措施是(　　)。

A. 呼叫救护人员　　B. 切断电源或使伤者脱离电源

C. 进行人工呼吸

(7)当被烧伤时,正确的急救方法应该是(　　)。

A. 以最快的速度用冷水冲洗烧伤部位　　B. 立即用嘴吹灼伤部位

C. 包扎后去医院诊治

(8)有异物刺人头部或胸部时,以下(　　)急救方法不正确。

A. 快速送往医院救治　　B. 用毛巾等物将异物固定住,不让其乱动

C. 马上拔出,进行止血

(9)头部发生创伤的人员,在接受医生检查前,采取下列急救措施中,(　　)是不正确的。

A. 尽量减少不必要的活动　　B. 给伤者服止痛片止痛

C. 运送途中应把伤者的头转向一侧,便于清除呕吐物

(10)对于脊柱受伤的伤员,采取下列运送方法中,(　　)搬运是正确的。

A. 一人背负运送　　B. 二人抬运,一个抱头,一个抬腿

C. 多人搬运,保持伤员身体平直,动作均衡

2. 判断题

(1)心脏按压与人工呼吸不能同时进行,必须先进行人工呼吸,再进行心脏按压。(　　)

(2)在选用止血方法时,不管是大出血,还是一般出血都应首先选用压止。(　　)

(3)冻伤患者急救时,可让患者多多喝酒。(　　)

(4)当有刀子、木棒等物刺入腹部时,在急救时应立即拔除,然后再送往医院救治。(　　)

(5)腹部受伤的患者,如果没有医生的许可,不要饮水和进食。(　　)

(6)对于骨折伤员,可以给其口服止痛片等,以减轻伤者的痛苦。(　　)

(7)浓硫酸洒在皮肤上,应该用干净布或卫生纸将硫酸粘下,并迅速用大量凉水冲洗皮肤。(　　)

(8)身上着火后,应迅速用灭火器灭火。(　　)

(9)身上着火被熄灭后,应马上把粘在皮肤上的衣物脱下来。(　　)

(10)避免手部皮肤接触有机溶剂,应佩戴胶皮手套及用防腐蚀金属容器盛装溶剂。(　　)

3. 简答与综合题

(1)对重症中暑者,应如何急救?

(2)拨打急救电话应该讲清的事项有哪些?

(3)某日,小王在车间工作,突然室内的灯泡熄灭了。小王认为是灯泡坏了,就踩着一张铁制的高凳去换灯泡。在换灯泡的过程中,小王不小心碰到了灯口的金属部位而触电。旁边的小李发现后及时切断了灯泡开关,小王则从凳子上摔了下来。小李连忙过来查看,发现小王头部受伤流血,人事不省,头部流血不多。请问应该如何对小王进行现场急救?

学习情境 2　运行与值班

1　理论学习部分

1.1　牵引变电所有关运行与值班的规定

1.1.1　一般规定

《牵引变电所安全工作规程》是为了在牵引变电所(包括开闭所、分区所、AT 所、分相所，除特别指出外以下皆同)的运行和检修工作中确保人身、行车和设备安全而制定的，适用于电气化铁道牵引变电所的运行、检修和试验。各有关部门要经常进行安全技术教育，组织有关人员认真学习和熟悉牵引变电所安全工作规程，不断提高安全技术水平，切实贯彻执行牵引变电所安全工作规程的规定。

1. 牵引变电所的电气设备自第一次受电开始即认定为带电设备。牵引变电所带电设备的一切作业，均必须按牵引变电所安全工作规程的规定严格执行。

2. 从事牵引变电所运行和检修工作的有关人员，必须实行安全等级制度，经过考试评定安全等级，取得安全合格证之后(安全合格证格式和安全等级的规定，分别见图 2-1 和表 2-1)，方准参加牵引变电所运行和检修工作。每年定期按表 2-2 要求进行年度安全考试和签发安全合格证。

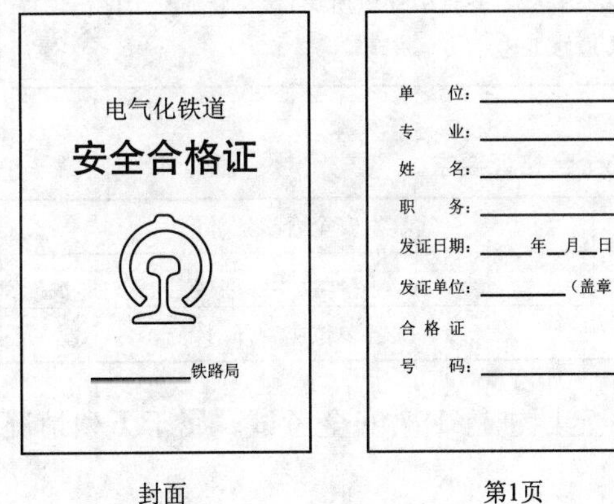

封面　　第1页

日期	考试原因	职务	安全等级	评分	主考人（签章）

第2至第6页

注 意 事 项

1.执行工作时，要取得本证。

2.本证只限本人使用，不得转让或借给他人。

3.无考试成绩、无主考人签章者，本证无效。

4.本证如有丢失，补发时必须重新考试。

第7页

图 2-1　电气化铁道安全合格证

(说明：合格证尺寸为宽 65 mm、长 95 mm，配以红色塑料封面)

表 2-1　普速铁路牵引变电所工作人员安全等级的规定

等级	允许担当的工作	必须具备的条件
一级	进行停电检修较简单的工作	新工人经过教育和学习，初步了解在牵引变电所内安全作业的基本知识
二级	1. 助理值班员； 2. 停电作业； 3. 远离带电部分的作业	1. 担当一级工作半年以上； 2. 具有牵引变电所运行、检修或试验的一般知识； 3. 了解《牵引变电所安全工作规程》； 4. 根据所担当的工作掌握电气设备的停电作业和助理值班员工作； 5. 能处理较简单的故障； 6. 会进行紧急救护
三级	1. 值班员； 2. 停电作业和远离带电部分作业的工作领导人； 3. 进行带电作业； 4. 高压试验的工作领导人	1. 担任二级工作 1 年以上； 2. 掌握牵引变电所运行、检修或试验的有关规定； 3. 熟悉《牵引变电所安全工作规程》； 4. 根据所担当的工作掌握电气设备的带电作业和值班员的工作； 5. 能领导作业组进行停电和远离带电部分的作业； 6. 会处理常见故障
四级	1. 牵引变电所工长； 2. 检修或试验工长； 3. 带电作业的工作领导人； 4. 工作票签发人	1. 担任三级工作 1 年以上； 2. 熟悉牵引变电所运行、检修和试验的有关规定； 3. 根据所担当的工作熟悉下列中的有关部分：值班员的工作，电气设备的检修和试验； 4. 能领导作业组进行高压设备的带电作业； 5. 能处理较复杂的故障
五级	1. 领工员、供电调度人员； 2. 技术主任、副主任、有关技术人员； 3. 段长、副段长、总工程师、副总工程师	1. 担当四级工作 1 年以上，技术员及以上的各级干部具有中等专业学校或相当于中等专业学校及以上的学历者(牵引供电专业)可不受此限； 2. 熟悉并会解释牵引变电所运行、检修和安全工作规程及有关检修工艺

表 2-2　牵引变电所签发安全合格证要求

应试人员	签发安全合格证部门
单位领导干部	上级业务主管部门
运行检修人员	各单位主管部门

3. 从事牵引变电所运行和检修工作的人员，每年定期进行 1 次安全考试。属于下列情况的人员，要事先进行安全考试。

(1)开始参加牵引变电所运行和检修工作的人员。

(2)职务或工作单位变更时，仍从事牵引变电所运行和检修工作并需提高安全等级的人员。

(3)中断工作连续 3 个月以上仍继续担当牵引变电所运行和检修工作的人员。

4. 对违反牵引变电所安全工作规程受处分的人员，必要时降低其安全等级，需要恢复原来的安全等级时，必须重新经过考试。

5. 未按规定参加安全考试和取得安全合格证的人员，必须经当班的值班员准许，在安全等级不低于二级的人员监护下，方可进入牵引变电所的高压设备区。

6. 牵引变电所的值班人员及检修工，要每 2 年进行 1 次身体检查，对不适合从事牵引变电所运行和检修作业的人员要及时调整。

7. 雷电时禁止在室外设备以及与其有电气连接的室内设备上作业。遇有雨、雪、雾、风（风力在五级以上）的恶劣天气时，禁止进行带电作业。

8. 高空作业人员要系好安全带，戴好安全帽。在作业范围内的地面作业人员也必须戴好安全帽。

高空作业时要使用专门的用具传递工具、零部件和材料等，不得抛掷传递。

9. 作业使用的梯子要结实、轻便、稳固并按规定（该项规定参见"学习情境 11：试验和测量"中表 11-1"常用工具机械试验标准"部分）进行试验。

当用梯子作业时，梯子放置的位置要保证梯子各部分与带电部分之间保持足够的安全距离，且有专人扶梯。登梯前作业人员要先检查梯子是否牢靠，踢脚要放稳固，严防滑移；梯子上只能有 1 人作业。

使用人字梯时，必须有限制开度的拉链。

10. 在牵引变电所内搬动梯子、长大工具、材料、部件时，要时刻注意与带电部分保持足够的安全距离。

11. 使用携带型火炉或喷灯时，不得在带电的导线、设备以及充油设备附近点火。作业时其火焰与带电部分之间的距离：电压为 10 kV 以下者不得小于 1.5 m，电压为 10 kV 以上者不得小于 3 m。

12. 每个高压分间及室外每台隔离开关的锁均应有两把钥匙，由值班员保管 1 把，交接班时移交下一班；另 1 把放在控制室内固定的地点。

各高压分间以及各隔离开关的钥匙均不得相互通用。

当有权单独巡视设备的人员或工作票中规定的设备检修人员需要进入高压分间巡视或检修时，值班员可将其保管的高压分间的钥匙交给巡视人员或作业组的工作领导人，巡视结束和每日收工时值班员要及时收回钥匙，并将上述过程记入值班日志中。

除上述情况，高压分间钥匙，不得交给其他人保管或使用。

13. 在全部或部分带电的盘上进行作业时，应将有作业的设备与运行设备以明显的标志隔开。

14. 供电调度员下达的倒闸和作业命令除遇有危及人身及设备安全的紧急情况外，均必须有命令编号和批准时间；没有命令编号和批准时间的命令无效。

15. 牵引变电所自用电变压器、额定电压为 27.5 kV 及以上的设备，其倒闸作业以及撤除或投入自动装置、远动装置和继电保护，除特殊情况（指需供电调度下令进行倒闸作业的断路器和隔离开关，遇有危及人身安全的紧急情况，值班人员可先行断开有关的断路器和隔离开关，再报告供电调度，但再合闸时必须有供电调度员的命令）外，均必须有供电调度的命令方可操作。

额定电压为 27.5 kV 以下的设备，其倒闸作业以及撤除或投入自动装置和继电保护，须经牵引变电所工长或值班员准许方可操作，并将倒闸作业（撤除或投入自动装置、远动装置和继电保护）的时间、原因、准许人的姓名记入值班日志中。对供给非牵引负荷用电的设备，在倒闸作业前还要由值班员通知用户，必要时办理停送电手续(具体办法由铁路局制定)。

16. 停电的甚至是事故停电的电气设备，在断开有关电源的断路器和隔离开关并按规定做好安全措施前，任何人不得进入高压分间或防护栅内，且不得触及该设备。

17. 牵引变电所发生高压(对地电压为 250 V 以上)接地故障时，在切断电源之前，任何人与接地点的距离：室内不得小于 4 m；室外不得小于 8 m。

必须进入上述范围内作业时，作业人员要穿绝缘靴，接触设备外壳和构架时要戴绝缘手套。作业人员进入电容器组围栅内或在电容器上工作时，要将电容器逐个放电并接地后方准作业。

18 牵引变电所要按规定配备消防设施和急救药箱。当电气设备发生火灾时，要立即将该设备的电源切断，然后按规定采取有效措施灭火。

在牵引变电所内作业时，严禁用棉纱(或人造纤维织品)、汽油、酒精等易燃物擦拭带电部分，以防起火。

【典型案例 2-1】

××年 3 月 22 日，某变电所值班员在 2 号交流盘清扫设备，当用毛刷清扫 2 号交流盘 11 号备用空气开关的电源侧时，毛刷的金属部分与空气开关的电源接线端子相碰，造成设备短路，导致 2 号交流盘 11 号空气开关烧坏，盘面烧坏，直流盘交流失压，变电所自用电变压器停电 4 小时 28 分。

案例分析：

交流盘设备清扫过程中值班员安全意识差，作业中使用的工具未采取绝缘措施；此外值班员还违反牵引变电所安全工作规则规定，在二次回路清扫灰尘时，无安全监护人，单独作业。为避免此类事故的再次发生，需要加强安全教育，强化安全工作的意识；作业前预想不安全的隐患，工作中认真仔细。

1.1.2 牵引变电所值班(高铁牵引变电所和开闭所设值守)

1. 牵引变电所值班员的安全等级不低于三级；助理值班员的安全等级不低于二级。

2. 当班值班员不得签发工作票和参加检修工作；当班助理值班员可参加检修工作，但必须根据值班员的要求能随时退出检修组。助理值班员在值班期间受当班值班员的领导；当参加检修工作时，听从作业组工作领导人的指挥。

3. 采用远动系统并具备无人值班条件的开闭所、分区所、AT 所可无人值班，具体办法由铁路局制定。

4. 高铁牵引变电所和开闭所每班宜设值守人员两名，由安全等级不低于三级的值班员担任。值守人员负责监视设备运行状态、应急故障处理和安全保卫。

高铁分区所、AT 所无人值守。必要时(如倒闸或检修作业时)由安全等级不低于三级的运行检修人员临时担任值守人员。

5. 有人值班(值守)的牵引变电所发生设备故障时，值班(值守)人员应及时、准确向供电调度汇报现场故障信息，在供电调度的指挥下进行应急处理，尽快恢复送电。

6. 无人值班(值守)的牵引变电所发生设备故障时，供电调度应通过远动操作，切除故障点，尽快恢复送电；远动不能操作时，通知设备运行维护管理单位处理，尽快恢复送电。

7. 牵引变电所须配备必要的安全用具，有人值班(值守)牵引变电所还须配备必要的工器具、仪器仪表。配备原则见表 2-3 至表 2-5 牵引变电所安全用具、工具、仪器仪表配备原则。

表 2-3　标准牵引变电所须配备的安全用具数量

序号	设备名称及规格	规格、参数	单位	牵引变电所	AT 所	分区所
1	绝缘安全帽		顶	4	2	4
2	绝缘靴		双	4	2	4
3	绝缘手套(含存储袋)		双	4	2	4
4	安全带		条	4	2	4
5	绝缘人字梯	8 m	架	2	1	2
6	绝缘人字梯	2 m	架	2	1	2
7	绝缘升降梯	8 m	架	2	1	2
8	强光泛光工作灯		个	4	2	4
9	接地线	8 m, 25 mm^2	根	12	12	12
10	接地杆	二节、3 m,带护套中钩	根	12	12	12
11	接地线	15 m, 50 mm^2	根	12	12	12
12	接地杆	三节、5.1 m,带护套中钩	根	12	12	12
13	验电器	220 kV,4356	支	2		
14	声光验电器	接触式,27.5 kV	支	2	2	2
15	声光验电器	接触式,10 kV	支	2	2	2
16	防毒面具		个	2	2	2
17	防护服		套	2	2	2
18	伸缩式防护栏(带警示标)		台	2	1	1

表 2-4　有人值班(值守)牵引变电所须配备相应的工具数量

序号	设备名称及规格	规格、参数	单位	牵引变电所	AT 所	分区所
1	抢修照明灯具	全方位自动泛光工作灯、遥控探照灯、磁吸式 LED 工作灯等共 8 项	套	1		
2	数显扭力扳手		把	1		
3	充电式液压钳	B135-UC	台	1		
4	充电式液压切刀	B-TFC2	台	1		
5	充电式压接钳	B62	台	1		
6	充电式电缆切刀	B-TC095	台	1		
7	充电式螺帽切除器	B-TD1724	把	2		
8	数显力矩扳手	TZCEM	把	2		
9	力矩扳手	410-530	套	2		
10	电动组合工具		套	2		
11	手扳葫芦	1.5 T、3 T、5 T	把	3		
12	充电式液压电缆切刀	B-TC051	把	1		
13	电烙铁		台	2		

续上表

序号	设备名称及规格	规格、参数	单位	牵引变电所	AT所	分区所
14	充电式导线切刀		套	1		
15	冲击钻	5～18 mm	套	1		
16	22件工具套装	92-010-23	套	2		
17	梅花扳手	6～27 mm,09905	套	1		
18	力矩扳手	NB-22.5G,5～25 N·m	把	2		
19	套筒头	6-10、8-14	套	1		
20	力矩扳手	NB-50G,15～50 N·m	把	2		
21	套筒头	8-14、10-17、12-19	套	2		
22	力矩扳手	NB-200,50～200 N·m	把	2		
23	套筒头	16-24	套	2		
24	套筒扳手(配套筒头)	8～32 mm,09906	把	3		
25	活扳手	350 mm	把	2		

表2-5　有人值班(值守)牵引变电所须配备相应的仪器仪表数量

序号	设备名称及规格	规格、参数	单位	牵引变电所	AT所	分区所
1	数字式万用表		块	2		
	指针式万用表		块	2		
2	数字式钳形电流表		块	2		
3	相序表		块	2		
4	手动/电动绝缘电阻表	500-1 000-2 500-5 000 V	块	4		
5	地阻表		套	1		
6	红外线热成像仪		套	1		
7	数字高倍望远镜		台	2		
8	手持激光测距仪		台	1		
9	SF_6气体泄漏检测仪(定性)		台	2		

1.2　接触网有关运行的一般规定

1.在普速铁路接触网运行和检修工作中,为确保人身、行车和设备安全,制定了《普速铁路接触网安全工作规则》。

2.从事普速铁路接触网工作各单位(包括普速铁路接触网设备管理、维修和从事普速铁路接触网施工的单位)应经常进行安全技术教育,组织有关人员认真培训和学习普速铁路接触网安全工作规则,切实贯彻执行普速铁路接触网安全工作规则的各项规定。

3.各级管理部门应建立健全各岗位责任制,抓好各管理岗位、作业岗位基础工作,依靠科技进步,积极采用新技术、新工艺、新材料,不断提高和改善普速铁路接触网的安全工作和装备水平,确保人身和设备安全。

4.《普速铁路接触网安全工作规则》适用于工频、单相、25 kV交流、列车运行速度200 km/h

以下铁路(仅运行动车组的线路除外)接触网的安全运行和检修工作。

各铁路局(公司)应根据本规则规定的内容,结合具体情况制定细则,并报上级主管部门核备。

5. 普速铁路所有接触网设备,自第一次受电开始即认定为带电设备。之后,接触网上的一切作业,必须按普速铁路接触网安全工作规则的规定严格执行。

同样,高速铁路(含 200 km/h 及以上铁路、200 km/h 以下仅运行动车组列车铁路,及相关联络线和动车走行线)所有的接触网设备,自第一次受电开始即认定为带电设备。之后,接触网上的一切作业,必须按高速铁路接触网安全工作规则的规定严格执行。

高速铁路防护栅栏内进行的接触网作业,还必须遵守下列规定:

(1)必须在上下行线路同时封锁,或本线封锁、邻线限速 160 km/h 及以下条件下进行。需进入铁路防护栅栏内进行接触网作业的人员,必须在得到驻调度所(驻站)人员同意后方准进入。

(2)进、出铁路防护栅栏时,必须清点人员,并及时锁闭防护网门,防止人员遗漏及闲杂人员进入。

(3)作业组所有的工具物品和安全用具均须粘贴反光标识,在使用前均须进行状态、数量检查,符合要求方准使用。进、出铁路防护栅栏时对所携带和消耗后的机具、材料数量认真清点核对,不得遗漏在线路或铁路防护栅栏内。核对检查确认方式由各铁路局自定。

6. 从事普速铁路接触网运行和检修工作的人员,实行安全等级制度,经过考试评定安全等级,取得“普速铁路供电安全合格证”之后(安全合格证格式和安全等级的规定,分别见图 2-2 和表 2-6),方准参加与所取得的安全等级相适应的工作。每年定期按表 2-7 要求进行一次安全考试并签发“普速铁路供电安全合格证”(从事高速铁路接触网运行和检修工作的人员,实行安全等级制度,需经过考试评定安全等级,取得“高速铁路供电安全合格证”)。

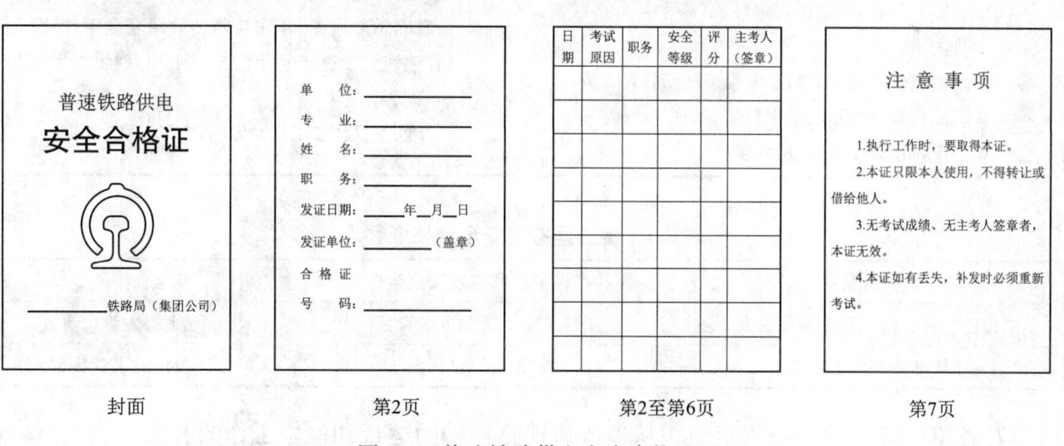
普速铁路供电
安全合格证
______铁路局(集团公司)

封面

单　位:______
专　业:______
姓　名:______
职　务:______
发证日期:____年__月__日
发证单位:______(盖章)
合格证
号　码:______

第2页

日期	考试原因	职务	安全等级	评分	主考人(签章)

第2至第6页

注 意 事 项

1.执行工作时,要取得本证。

2.本证只限本人使用,不得转让或借给他人。

3.无考试成绩、无主考人签章者,本证无效。

4.本证如有丢失,补发时必须重新考试。

第7页

图 2-2　普速铁路供电安全合格证

(合格证尺寸为宽 65 mm、长 95 mm,配以红色塑料封面)

表 2-6　普速铁路接触网工作人员安全等级的规定

等级	允许担当的工作	必须具备的条件
一级	地面简单的作业(如推扶车梯、拉绳清扫基础帽等)	1. 新职人员经过教育和学习,初步了解电气化铁道安全、作业的基础知识。 2. 了解接触网地面作业的规定和要求

续上表

等级	允许担当的工作	必须具备的条件
二级	1.各种地面上的作业。 2.不拆卸零件的高空作业(如清扫绝缘子、支柱涂漆、涂号码牌、验电、装设接地线等)。 3.巡视工作	1.参加接触网运行和检修工作3个月以上。 2.掌握接触网高空作业一般安全知识和技能。 3.掌握接触网停电作业接地线的规定和要求,熟悉作业区防护信号的显示方法
三级	1.各种高空和停电作业。 2.间接带电作业。 3.隔离(负荷)开关倒闸作业。 4.防护(联络员、现场防护员)工作。 5.要令人及倒闸作业、停电作业、验电接地监护人	1.参加接触网运行和检修工作1年以上;具有技工学校或相当于技工学校及以上学历(供电专业)的人员可以适当缩短。 2.熟悉接触网停电和间接带电作业的有关规定。 3.具有接触网高空作业的技能,能正确使用检修接触网用的工具、材料和零部件。 4.具有列车运行的基本知识,熟悉作业区防护的规定及信联闭知识。 5.能进行触电急救
四级	1.各种高空、停电和间接带电作业的工作票签发人、工作领导人及监护人。 2.工长	1.担当三级工作1年以上。 2.熟悉掌握《普速铁路接触网安全工作规则》内容。 3.能领导作业组进行停电和间接带电作业
五级	1.车间主任、副主任。 2.技术科长(主任)、副科长(副主任),接触网技术人员。 3.安全科长(主任)、副科长(副主任),接触网安全管理人员。 4.职教科长、副科长,主管接触网教育人员。 5.段长、副段长、总工程师、副总工程师。 6.供电调度员、生产调度员	1.担当四级工作1年以上。对安全技术管理人员及具有中等专业学校(或相当于中等专业学校)及以上的学历(供电专业)可不受此限。 2.熟悉并掌握《普速铁路接触网安全工作规则》、《普速铁路接触网运行维修规则》以及接触网主要的检修工艺。 3.能领导作业组进行停电和间接带电作业

表 2-7　接触网签发安全合格证要求

应试人员	主持考试单位和签发安全合格证部门	安全合格证签发人
单位的主管负责人和专业负责人	各单位上级业务主管部门	上级主管负责人
其他从事接触网工作人员	各单位	单位的主管负责人

7.各单位除按前一条规定组织从事普速铁路接触网运行和检修工作的有关现职人员每年进行一次安全等级考试外,对属于下列情形的人员,还应在上岗前进行安全等级考试:

(1)开始参加普速铁路接触网工作的人员。

(2)安全等级变更,仍从事普速铁路接触网运行和检修工作的人员。

(3)接触网供电方式改变时的检修工作人员。

(4)接触网停电检修方式改变时的检修工作人员。

(5)中断工作连续6个月以上仍继续担任普速铁路接触网运行和检修工作的人员。

8.参加接触网作业人员应符合下列条件:

(1)作业人员符合岗位标准要求,1～2年进行一次身体检查,符合作业所要求的身体条件。

(2)经过普速铁路接触网作业安全培训,考试合格并取得相应的安全等级。

(3)熟悉触电急救方法。

(4)职业健康体检合格。

9. 遇有雷电时(在作业地点可见闪电或可闻雷声)禁止在接触网上作业。

普速铁路在 160 km/h 以上区段且线间距小于 6.5 m 的线路上进行作业时,应办理邻线列车限速 160 km/h 及以下申请,得到车站值班员同意作业的签认后,方可作业。

高速铁路接触网一般不进行 V 形天窗作业。故障处理、事故抢修等特殊情况下必须在邻线行车的情况下作业时,必须在办理本线封锁、邻线列车限速 160 km/h 及以下申请,在得到列车调度员(车站值班员)签认后,方可上道作业。

【典型案例 2-2】

大风将防尘网吹到接触网上,造成高铁上行线行车中断。在故障抢修过程中,供电调度员下达了变电所 211、212 馈线同时停电进行防尘网处置的调度命令,造成未受防尘网影响的下行线也发生列车晚点。

案例分析:

事件发生的原因之一是供电调度员对"高速铁路接触网一般不进行 V 形天窗作业。故障处理、事故抢修等特殊情况下必须在邻线行车的情况下作业时,必须在办理本线封锁、邻线列车限速 160 km/h 及以下申请"的规定不掌握,习惯性地认为高铁检修天窗上下行同时停电,故障抢修时也应上下行同时停电,因此下达了上下行接触网同时停电的调度命令。

10. 下列维修作业可在天窗点外进行,但严禁利用速度 160 km/h 及以上的列车与前一趟列车之间的间隔时间作业。

(1)对接触网步行巡视、静态测量、测温等设备检查作业。

(2)接触网打冰,处理鸟窝、异物。

(3)在道床坡脚以外栅栏以内的标志安装及整修、基础整修、接地装置整修、支柱基坑开挖等不影响设备正常运行的作业。

上述作业必须制定天窗点外维修作业计划,天窗点外维修作业计划由供电车间或供电段一级批准,具体审批程序由铁路局规定。上线作业时必须按规定登记,设置驻站联络员(以下简称联络员)、现场防护员,联系中断时必须停止作业。

高速铁路中,利用接触网作业车或专用车辆进行接触网巡视或检测时,应申请行车计划或安排在施工维修天窗时间内进行,同时执行以下规定:

(1)邻线未封锁时,应在办理邻线列车限速 160 km/h 及以下手续后进行。

(2)需要升起作业平台或人员登上平台时,须在接触网停电、巡视或检测范围内按停电作业要求设置接地线、作业车运行速度不大于 10 km/h、作业平台设置旋转闭锁的条件下进行。

11. 在普速铁路接触网上进行作业时,除按规定开具工作票外,还必须有列车调度员准许停电的调度命令和供电调度员批准的作业命令。

除遇有危及人身或设备安全的紧急情况,供电调度员发布的倒闸命令可以没有命令编号和批准时间外,接触网所有的作业命令,均必须有命令编号和批准时间。

12. 在进行接触网作业时,作业组全体成员须穿戴有反光标识的防护服、安全帽。作业组有关人员应携带通信工具并确保联系畅通。在夜间、隧道内或光线不足处所进行接触网作业时,必须有足够的照明灯具。

所有的工具和安全用具,在使用前均须进行检查,符合要求方准使用。

13.新研制及经过重大改进的作业工具应由铁路局及以上单位鉴定通过，批准后方准使用。

14.在有轨道电路的区段作业时，不得使长大金属物体(长度大于或等于轨距)将线路两根钢轨短接。

1.3 铁路电力有关运行的一般规定

1.3.1 总则

由于电力工作人员在作业过程中经常接触或接近高、低压电力设备，存在着触电危险，因此在作业时保证人身安全十分重要。

为了防止事故发生，各级领导必须加强安全生产管理，把安全生产列入议事日程，建立健全各项制度，认真抓好宣传、教育、检查和总结工作，不断改善职工的安全作业条件，对所发生的事故本着“三不放过”(即事故原因分析不清不放过，事故责任者和群众没有受到教育不放过，没有防范措施不放过)的精神严肃处理。

供电段和基层单位应有专人负责电力日常的安全生产工作，监督、检查安全制度的贯彻执行。

电力工作人员应严格遵守各项安全规章制度，服从命令，克服麻痹侥幸心理，努力钻研技术业务，熟练掌握本职工作，关心同志的安全，坚决克服各种不安全因素，防止事故发生。

《铁路电力安全工作规程》是广大职工多年来实践经验的总结，广大电力职工必须认真贯彻执行。对防止事故有功人员应予表扬和奖励；对造成事故者应分别情况给予教育、纪律处分；对造成人身伤亡事故或重大经济损失，其性质恶劣者，除追究肇事者刑事责任外，并追究领导责任。

《铁路电力安全工作规程》适用于运营铁路电力设备上的各项作业。

1.3.2 基本要求

1.运行中的供电设备系指全部带有电压，或部分带有电压及一经操作即可带有电压的设备。

铁路供电设备一般可分为高压和低压两种：

高压：设备对地电压在250 V以上者；低压：设备对地电压在250 V及以下者。

注意：《铁路电力安全工作规程补充规定》中对此重新进行了定义。

电气设备分为高压和低压两种：

高压电气设备：电压等级在1 000 V及以上者；低压电气设备：电压等级在1 000 V以下者。

2.电力工作人员必须具备下列条件方能参加作业：

(1)经医生诊断无妨碍从事电力工作的病症，如：心脏病、神经病、癫痫病、聋哑、色盲症、高血压等，体格检查一般两年一次。

(2)具备必要的电力专业知识，熟悉《铁路电力安全工作规程》有关内容，并经考试合格。

(3)应会触电急救法。

3.对电力工作人员必须按下列规定进行技术安全考试：

(1)定期考试:每年一次。对考试合格者发给“电力安全合格证”(图 2-3)。

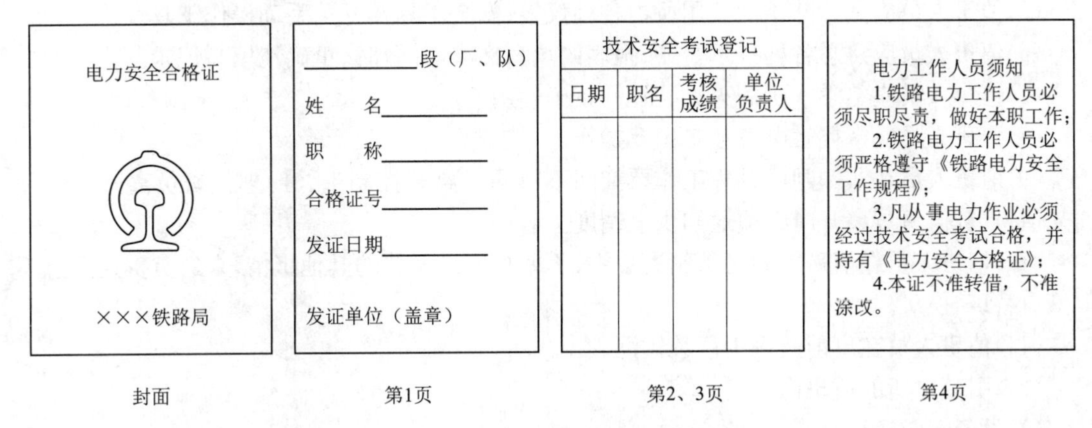

电力安全合格证

×××铁路局

封面

__________段(厂、队)

姓　　名__________

职　　称__________

合格证号__________

发证日期__________

发证单位(盖章)

第1页

技术安全考试登记

日期	职名	考核成绩	单位负责人

第2、3页

电力工作人员须知

1.铁路电力工作人员必须尽职尽责,做好本职工作;

2.铁路电力工作人员必须严格遵守《铁路电力安全工作规程》;

3.凡从事电力作业必须经过技术安全考试合格,并持有《电力安全合格证》;

4.本证不准转借,不准涂改。

第4页

图 2-3　电力安全合格证(注:64 开纸印)

(2)临时考试:

①新参加工作已满六个月者;

②工作连续中断三个月以上又重新工作者;

③工种或职务改变者。

4. 新参加电力工作的人员、实习人员和临时参加劳动的人员(干部、临时工等),必须经过安全知识教育后,方可随同参加指定的工作,但不得单独工作。

外单位支援、学习人员参加工作时,应由工作执行人介绍设备情况和有关安全措施。

5. 铁路电力安全工作规程所指的安全用具,必须是按《电力设备试验标准》进行试验并合格的用具。

2　操作技能部分

2.1　牵引变电所(或电力变、配电所)值班

1. 牵引变电所值班人员的安全等级要求

有人值班的牵引变电所每班设值班人员 2 名,1 名为值班员,安全等级不低于三级;另 1 名为助理值班员,安全等级不低于二级(高铁不低于三级)。

2. 牵引变电所值班人员的基本工具

程控拨号电话、调度直通电话各 1 部,电工组合工具 1 套,手电筒 2 把,安全帽 2 顶,绝缘靴 2 双、绝缘手套 1 双、各类电压等级的验电器各 1 支,雨衣 2 套,各类开关手动操作手柄各 1 把。

3. 对牵引变电所值班人员的一般要求

(1)值班人员应身体健康,无妨碍工作的病症。

(2)值班人员应明确本岗位的工作职责。

(3)值班人员应按规定标准着装并佩戴值班标志。

(4)值班人员应熟悉和掌握现场运行规程,熟悉和了解本所电气设备的原理、性能和操作

方法。

(5)值班人员应熟悉并正确使用所内各种仪表、安全工具及开关手动操作工具。

(6)值班人员应熟悉各种技术台账、报表的填写标准,并及时、正确地填写记录。

(7)值班人员应熟悉本所的灭火装置并正确使用。

(8)值班人员应掌握触电急救知识及操作。

(9)值班人员在非倒闸或办理工作票期间不得同时离开控制室。助理值班员离开时必须通知值班员,值班员离开时必须通知供电调度。

(10)值班人员在值班期间必须精力集中,不做与值班无关的其他事情,未经负责人同意不得擅自替班、换班。

(11)值班人员在班前及班中严禁饮酒。

4.牵引变电所的值班内容

(1)设备正常运行时

①值班人员应接受供电调度的统一指挥,掌握设备运行状况,了解和提报停电、检修计划,有针对性地开展好事故预想活动。不擅离职守,不做与当班无关的事。

②监视设备运行,发现信号、表计、声音、气味等有异常变化时,及时检查处理和上报。按巡视作业标准巡视设备,发现设备缺陷、异常时,应尽力妥善处理,并及时报告供电调度。

③及时、正确填写运行日志及有关报表、台账、记录。

④保持所内整洁,禁止无关人员进入控制室和设备区,坚持文明生产。

⑤按规定做好入所的外单位工作人员及上级检查人员接待,并对控制室和设备区进行严格看护,防止无关人员进入。

⑥按供电调度下发的命令及时、准确地进行倒闸操作。远动倒闸时,监控设备动作情况,及时向电调汇报,模拟盘开关与设备开关运行方式对位。

(2)设备检修作业中

①审核工作票,向供电调度提出停电作业申请,正确执行供电调度发布的停电作业命令,按高压设备停电作业程序和其他作业程序做好作业地点的安全措施,办理准许及结束作业手续。

②当班值班员不得签发工作票和参加检修工作。

③牵引变电所值班员要随时巡视作业地点,了解工作情况,发现不安全情况要及时提出,若属危及人身、行车、设备安全的紧急情况时,有权制止其作业,收回工作票,令其撤出作业地点;必须继续进行作业,要重新办理准许作业手续,并将中断作业的地点、时间和原因记入值守日志。

④负责对设备维修质量进行验收,并参加设备大修、技改的验收工作,并在设备检修记录、竣工验收报告签字。

(3)设备缺陷(故障)处理

①值班发现的设备缺陷要记入设备缺陷记录内,并上报技术和安全部门及时进行整改。

②值班中发生设备故障(事故)时,按照故障(事故)处理程序准确、迅速对设备异常及突发故障进行应急处置并将处理情况报告供电调度及有关部门。

5.牵引变电所值班标准用语

牵引变电所值班中的各种对话应口齿清楚、简练、使用标准术语,力求使用普通话,不得讲地方方言,语速不应过快。

(1)接听电话时

值班员接听供电调度电话应报所在所全称、本人全名,即“您好,××变电所,值班员×××(值班员姓名)”。

(2)办理工作票时

在检修作业准备开始之前,由值班员向供电调度提出办理工作票的申请,对不受时间限制的检修作业,供电调度对工作票的审核可在此时一并进行。

申请办理工作票标准用语:

值班员“××变电所申请办理第一种第××号工作票,…(作业地点及内容)”。

值班员“××变电所现在开始宣读第一种第××号工作票,…(作业地点及内容),(工作票内容)”。

(3)接受作业命令时

值班员、供电调度确认被检修设备处于撤出运行状态,工作票中必须断开的断路器和隔离开关全部倒闸完毕后,方可申请和发布停电作业命令。供电调度在发布停电作业命令时,受令人要认真复诵,有疑问时,应问清楚,助理值班员要监控值班员复诵。

受令标准用语:“××时××分、批准××变电所第一种第××号工作票,…(作业地点及内容),要求××时××分完成,发令人×××、受令人×××”。

供电调度员确认无误后,方可给予命令编号和批准时间(无命令编号和批准时间的命令无效),每个作业命令,发令人和受令人同时填写作业命令记录,并由值班员将命令编号和批准时间填入工作票。

(4)消除作业命令时

当办完结束工作票手续后,值班员即可向供电调度请求消除停电作业命令。值班员确认发令人与己对话后,报告所名称、命令编号及消令人姓名,并汇报设备验收情况。

汇报标准用语:“××变电所××号停电作业命令完成,值班员×××”。

(5)馈线断路器等自动跳闸时

馈线断路器跳闸后,值班员监护助理值班员确认并复归音响、灯光信号及故测仪指示。值班员向安全生产调度指挥中心、供电调度汇报跳闸情况,助理值班员监控值班员汇报,并做好记录。

汇报标准用语:

“××变电所(开闭所)××时××分、×××跳闸,××保护动作,重合和强送情况(重合失败,重合闸撤出、重合闸闭锁、重合闸拒动),故测仪指示××.×××,公里标×××+×××,电流×××安,电压××.×××千伏,阻抗角××.×度。”

2.2　接触网工区值班

接触网工区的值班有两方面的概念。一方面,每个接触网工区在夜间和节假日必须经常保持一个作业组的人员(至少 12 人)在工区值班。工区应有值班人员的宿舍和卧具,并经常保持清洁、安静,保证值班人员休息好;另一方面,接触网工区值班也指接触网工区值班室负责人,是指外部与接触网工区信息联系的传递人员。这里所述值班属于第二类。

1.接触网工区值班员的任职资格

接触网工区值班员由接触网工区工班长安排有独立顶岗能力并持有接触网工证(中级以

上)、安全合格证(三级以上)的人员担任。

2. 接触网工区值班员的工作内容

(1)交接班。检查值班室各项备品齐全,工区环境卫生打扫干净,所有办公场所门窗关闭上锁,重要事项交接完成后在值班日志上签字接班。

(2)值守标准。外来人员、车辆进入工区必须登记,工区大门随时关闭,工区外出作业后和夜间熄灯休息前应锁闭大门(含轨道车专用线大门),对工区院内进行一次巡视检查,做好防火、防盗、防破坏工作。

(3)备品管理。负责工区对讲机(或 GSM-R 手持终端)、照明工具日常保管和充电,保证电量充足,状态良好。

(4)电话接听。值班人员接听电话应使用以下标准语言:这里是××接触网工区值班员××,请讲。并询问来电单位及来电人员姓名,重要事项必须记录在接触网值班日志并及时汇报工区负责人。遇事故抢修信息应立即拉响事故抢修铃,做好记录,将事故信息立即报告工长,并通知抢修人员集合出动。

(5)值班日志填写。根据每日工作情况按标准填写值班日志。

(6)汇报标准。如遇上级领导到工区检查,应按以下要求进行汇报:“报告领导,××工区值班员×××正在值班,欢迎领导莅临检查(如工区外出作业需汇报目前作业情况:现在工区×××带领工区人员在××区间作业),请指示”。汇报完毕后按领导指示陪同进行检查。

3. 对接触网工区值班员的一般要求

(1)值班员须按规定着装,佩戴值班标志,穿铁路制服(或工作服),不得穿拖鞋或高跟鞋。

(2)值班员不得外出参加作业,必须及时接听电话,做好电话记录,并将信息及时准确传递到相关人员和部门。

(3)严格劳动纪律,坚守值班岗位,履行值班职责,不得以任何理由擅自离岗、换岗,因事需暂时离开,必须向工区负责人请假,由工区负责人安排符合条件的人员顶岗后,方能离开岗位。保持值班室通信工具畅通,严禁因私事占用值班电话。

(4)严格执行门卫和外来人员登记制度,随时保持警惕,做好防火、防盗、防破坏工作。

(5)认真进行交接班,做好交接记录,履行好交接班人员签字手续、正确填写值班记录。

(6)保持环境清洁卫生,无死角,做好院内绿化,美化工作。各种工具、备品摆放得体,不存放与生产无关的物品。

2.3 铁路电力工区值班

1. 电力工区值班的人员要求

电力工区值班人员由电力工区工班长安排有独立顶岗能力并持有电工证、安全合格证的人员担任。

2. 电力值班的工作内容

(1)交接班。检查值班室各项备品齐全,工区环境卫生打扫干净,确认所有办公场所门窗、物品情况正常,重要事项交接完成后在值班日志上签字接班。

(2)工区值守。外来人员、车辆进入工区必须登记,工区大门随时关闭,工区外出作业后和夜间熄灯休息前应锁闭大门,对工区院内进行一次巡视检查,做好防火、防盗、防破坏工作。

(3)备品管理。负责工区工具备品柜内物品的保管、保养(如对讲机、照明设备等充电),保证其状态良好。

(4)电话接听、传达。值班人员接听电话应使用以下标准语言:"这里是××电力工区值班员××,请讲",并询问来电单位及来电人员姓名、联系电话等,重要事项必须记录在电力值班日志并及时汇报工区负责人。遇事故抢修信息应做好记录、及时报告工区负责人,拉响事故抢修铃,准备抢修工具材料,并按要求通知事故抢修人员。

(5)故障处理。值班期间遇到临时小型故障,根据班组负责人安排进行处理。

(6)填写值班日志。根据每日工作情况按标准填写值班日志。及时收集工区当日工作完成情况,按规定向上级汇报。

(7)上级领导检查汇报。如遇上级领导到工区检查,值班员应按以下要求进行汇报:"报告领导,××电力工区值班员×××正在值班,欢迎领导光临检查(如工区外出作业需汇报目前作业情况:现在工区×××带领工区人员在××区间作业),请指示"。汇报完毕后按领导指示陪同进行检查。

3.电力工区值班的一般要求

(1)值班员须按规定着装,佩戴值班标志,穿铁路制服(或工作服),不得穿拖鞋。

(2)值班员必须及时接听电话,做好电话记录,并将信息及时准确传递到相关人员和部门。遇有故障需外出处理时,需向电力调度、车间、班组汇报。

(3)严格劳动纪律,坚守值班岗位,履行值班职责,不得以任何理由擅自离岗、换岗,因事需暂时离开,必须向工区负责人请假,由工区负责人安排符合条件的人员顶岗后,方能离开岗位。保持值班室通信工具畅通,严禁因私事占用值班电话。

(4)严格执行门卫制度和外来人员登记制度,随时保持警惕,做好防火、防盗、防破坏工作。

(5)认真进行交接班,履行好交接班人员签字手续、正确填写值班记录。

(6)保持环境清洁卫生,各种工具、备品摆放得体,不存放与生产无关的物品。

综合练习

1.单项选择题

(1)下面工作中,安全等级三级的普速铁路牵引变电所工作人员允许担当的是(　　)。

A.牵引变电所工长　　B.检修或试验工长

C.带电作业的工作领导人　　D.高压试验的工作领导人

(2)牵引变电所发生高压(对地电压为250 V以上)接地故障时,在切断电源之前,必须进入上述范围内作业时,作业人员要穿(　　),接触设备外壳和构架时要戴绝缘手套。

A.工作服　　B.等电位服　　C.绝缘靴　　D.绝缘鞋

(3)当用梯子作业时,作业人员应先检查梯子是否牢靠;要有专人扶梯,梯子支挂点稳固,严防滑移;梯子上只准有(　　)作业。

A.1人　　B.2人　　C.3人　　D.4人

2.填空题

(1)从事普速铁路接触网运行和检修工作的人员,实行________等级制度,经过考试评定安全等级,取得《普速铁路供电________证》之后,方准参加与所取得的安全等级相适应的工作。

(2)遇有雷电时(在作业地点可见________或可闻________)禁止在接触网上作业。

(3)在线间距小于________的线路上进行作业时,邻线列车应限速________ km/h 以下。

(4)除遇有危及人身或设备安全的紧急情况,供电调度员发布的倒闸命令可以没有命令编号和批准时间外,接触网所有的________命令,均必须有命令编号和批准________。

(5)在进行接触网作业时,作业组全体成员须穿戴有________标识的防护服、________。

(6)《牵引变电所安全工作规则》是为了在牵引变电所(包括________、________、________、________)的运行和检修工作中确保人身、行车和设备安全而制定的,适用于电气化铁道牵引变电所的运行、检修和试验。

3.判断题

(1)为了平时检修工作及故障处理时的快速、迅捷,牵引变电所各高压分间以及各隔离开关的钥匙要能够相互通用。　　(　　)

(2)在普速铁路接触网上进行作业时,除按规定开具工作票外,还必须有列车调度员准许停电的调度命令和供电调度员批准的作业命令。　　(　　)

4.简答与综合题

(1)普速铁路接触网的哪些维修作业可在天窗点外进行?要采取哪些安全措施?

(2)简述牵引变电所安全等级三级的人员允许担当的工作、必须具备的条件。

(3)电力工作人员必须具备哪些条件方能参加作业?

学习情境3　高空作业

高空作业通常指的是高处作业，指人在一定位置为基准的高处进行的作业。国家标准GB/T 3608—2008《高处作业分级》规定："凡在坠落高度基准面2 m以上(含2 m)有可能坠落的高处进行作业，都称为高处作业。"根据这一规定，在铁路生产供电和牵引供电中涉及高空作业的范围是相当广泛的：在变、配电所内作业时，若在2 m以上的架子、梯子上进行安装和检修操作，即为高空作业；铁路电力线路、牵引变电所室外设备以及接触网设备大都在离开地面3～10 m的范围内，这些设备的检修同样也属于高空作业。例如在《普速铁路接触网安全工作规则》中明确规定：凡在距离地(桥)面2 m及以上的处所进行的作业均称为高空作业。

1　理论学习部分

1.1　牵引变电所高空作业有关规定

1. 高空作业(距离地面2 m以上)人员要系好安全带，戴好安全帽。在作业范围内的地面作业人员也必须戴好安全帽。

高空作业时要使用专门的用具传递工具、零部件和材料等，不得抛掷传递。

2. 作业使用的梯子要结实、轻便、稳固并按规定进行试验。

当用梯子作业时，梯子放置的位置要保证梯子各部分与带电部分之间保持足够的安全距离，且有专人扶梯。登梯前作业人员要先检查梯子是否牢靠，踢脚要放稳固，严防滑移；梯子上只能有1人作业。使用人字梯时，必须有限制开度的拉链。

3. 在牵引变电所内搬动梯子、长大工具、材料、部件时，要时刻注意与带电部分保持足够的安全距离。

1.2　接触网高空作业规定

1.2.1　接触网高空作业一般规定

1. 高空作业监护要求

(1)间接带电作业时，每个作业地点均要设有专人监护，其安全等级不低于四级。

(2)停电作业时，每个监护人的监护范围不超过2个跨距，在同一组软(硬)横跨上作业时不超过4条股道，在相邻线路同时作业时，要分别派监护人各自监护；当停电成批清扫绝缘子时，可视具体情况设置监护人员。监护人员的安全等级不低于三级。

(3)作业人员及所携带的物件、作业工器具等与接触网带电部分距离小于3 m的远离作业，每个作业地点均要设有专人监护，其安全等级不低于四级。

2. 高空作业使用的小型工具、材料应放置在工具材料袋(箱)内。作业中应使用专门的用具传递工具、零部件和材料,不得抛掷传递。

3. 高空作业人员作业时必须将安全带系在安全牢靠的地方,如图 3-1 所示。

(a) 电力检修

(b) 接触网检修

(c) 变配电检修

图 3-1　使用安全带进行高空作业

【典型案例 3-1】

××年 10 月 21 日某工区在某区间 91 号支柱处,处理腕臂偏移。工作领导人命令职工甲先上网将承力索鞍螺母松开。因螺栓锈蚀严重,甲松不开。工作领导人又让职工乙上网帮忙,乙上去后站在接触线上,其手够不着承力索鞍,便将安全带系在斜拉线上,上到承力索上用双手卸螺母,此时安全带已吃上力。突然,斜拉线绷断,乙从高空掉下,工作领导人反应较快,用双手托了一下乙,两人都摔倒在地,乙头部摔破,工作领导人左手小拇指被乙的扳手砸成粉碎性骨折。

案例分析:

斜拉线是用 ϕ4.0 mm 铁丝制成,事后检查其回圈处已磨掉 1/4 截面,再加上锈蚀,受力到一定程度绷断是造成此次事故的重要原因。高空作业时,安全带一定要系在可靠的设备上。一般来说 2 股新的 ϕ4.0 mm 铁线承受一个人的重量是没有问题的,但在斜拉线、直吊线上最好不要系安全带。如果必须系安全带,应先检查其腐蚀和磨耗情况。监护人应对高空作业人员时刻监护,如果发现安全带系的位置不对或有危险,必须马上纠正。

4. 进行高空作业时,人员不宜位于线索受力方向的反侧,并采取防止线索滑脱的措施。在曲线区段调整接触网悬挂时,要有防止线索滑移的后备保护措施。

【典型案例 3-2】

××年 6 月 14 日,××供电段××工区在××区间进行拉出值调整作业,120 号到 160 号支柱间是一曲线半径只有 800 m 的小半径曲线段,职工甲在对 144 号支柱进行拉出值调整作业时,由于接触线受力侧空间小无法站人,在未采取防止线索滑脱的措施的情况下站在接触线的受力反侧,当松开定位环时被接触线弹出车梯,大腿组织挫伤严重,幸亏已挂好安全带未酿成惨剧。

案例分析:

作业人员甲违反《普速铁路接触网安全工作规则》规定:进行高空作业时,人员不宜位于线索受力方向的反侧,并采取防止线索滑脱的措施。在曲线区段进行接触网悬挂的调整工作时,要有防止线索滑跑的后备保护措施。对曲线处,特别是小半径曲线处接触线的弹力认识不足,认为弹力不会造成伤害,疏忽大意是造成此次事故的主要原因。

5. 冰、雪、霜、雨等天气条件下,接触网作业用的车梯、梯子、接触网作业车的爬梯和平台应有防滑措施。

【典型案例3-3】

××年1月4日，××工区在接到抢修命令后迅速出动到达事故地点，在对××区间148号支柱处处理脱落的定位器时，由于当时正下着小雪，车梯上有落雪比较滑，接触网工甲在上到车梯4 m左右的时候从车梯上滑落摔到钢轨上，造成左臂小臂骨折。

案例分析：

《普速铁路接触网安全工作规则》明文规定：冰、雪、霜、雨等天气条件下，接触网作业用的车梯、梯子以及检修车应有防滑措施。这个防滑措施不只是指对车梯本身的防滑，还要注意人员上下车梯的防滑措施。只是简单地用抹布擦干车梯上的落雪就不会酿成这次事故。

1.2.2　攀杆作业

1.攀登工具应在出库前检查状态良好，安全用具完好合格。攀登支柱前要核对支柱号，检查支柱状态，观察支柱上有无其他设备，选好攀登方向和条件。

2.攀登支柱时要手把牢靠，脚踏稳准，尽量避开设备并与带电设备保持规定的安全距离。用脚扣攀登时，要卡牢系紧，严防滑落。

【典型案例3-4】

××年10月24日，某网工区在京广线某车站更换大补偿滑轮和多功能定位器。甲所在小组负责更换补偿滑轮，甲为小组负责人兼监护人，乙负责拆除限制架，9时35分拆除完毕，甲先下杆即将接近地面，乙解开安全带准备下杆时，突然从杆上掉了下来，头下脚上，摔在水泥地面上，安全帽滚落一边，脑袋后部撞伤流血，当场昏迷，送往医院抢救无效死亡。

案例分析：

由于甲本人是现场监护人，但未能坚守岗位，履行职责，直接参与高空作业，致使作业现场失去监护；同时，乙下杆时，未做到“手把牢靠，脚踏稳准”，致使其失手坠落，导致事故的发生。

1.2.3　登梯作业

1.接触网作业用的车梯和梯子的要求

(1)结实、轻便、稳固。

(2)车梯的三个车轮采取可靠的绝缘措施。与此相比较，高速铁路中则要求“车梯的车轮采取可靠的绝缘措施”。

(3)按规定进行试验并合格。

在有轨道电路的区段作业时，不得使金属物体短接车梯绝缘轮或将车梯底座与信号轨相连，不得使长大金属物体(长度大于或等于轨距)将线路两根钢轨短接，特别是使用手扳葫芦、钢丝绳、滑轮组等施工或钢尺测量时更应注意。

所谓轨道电路就是利用铁路线路的钢轨作导体，用以检查线路有无列车、传递列车占用信息以及实现地面与列车间传递信息的电路。当轨道没有被列车占用时，轨道电路接通信号机的绿灯电路，表示该轨道电路设备完整、没有被列车占用，允许列车进入该区段，当轨道已经被列车占用时，由于列车的轮对将轨道电路短路，将接通信号机的红灯回路，表示该轨道电路和区段已被占用，向续行列车显示列车禁止进入信号。

接触网作业所采用的车梯，不管是绝缘车梯，还是非绝缘车梯，车梯底座一般都采用钢管加工而成。为了确保车梯不短接轨道电路，每台车车梯轮都设置有2～3个绝缘轮。如果金属物体将车梯底座与信号轨相连或短接绝缘轮，均可能会因通过车梯底座或绝缘轮而短接轨道电路，接通信号机的红灯回路，导致红色信号灯亮，同时在车站运转室电气集中控制台上出现红光带。

车站行车室（运转室或信号楼）电气集中控制台应正确显示列车占用情况。如果因接触网作业造成轨道电路短路、出现红光带，就无法正确显示列车占用情况，打乱铁路运输正常秩序，因为一旦出现红光带，不管线路是否有列车占用，车站值班员都禁止列车进入该区段以保证安全。另外当轨道电路某一设备损坏（如引接线或钢轨折断）时同样使信号机点亮红灯。因此在接触网检修作业或事故抢修中都严禁金属物件将车梯底座短接绝缘轮或与信号轨相连（主要是指车梯上悬挂的铁线、吊弦、手扳葫芦、钢丝绳、绝缘轮上固定轮毂的铁线以及绝缘轮不正、偏磨车梯底座等情况）。

【典型案例 3-5】

××年 6 月 23 日某接触网工区利用停电点处理巡视中发现的黄—广区间 96 号支柱定位管低头缺陷，地线位置 94 号和 100 号支柱，作业地点 96 号支柱处，地线无短接轨道电路的可能性。10 时 14 分接到供电调度发布停电作业命令，作业组接好地线后，车梯上道开始作业。10 时 30 分坐台人员通知作业组有列车通过，要求车梯、作业组人员下道（实际上 10 时 21 分车站已出现红光带，坐台防护人员未引起足够重视）。10 时 32 分坐台人员认为（误认）列车待避，重新通知现场可继续作业。10 时 33 分电务通知出现红光带，并到作业地点了解情况，10 时 40 分红光带消失，车站发车，10 时 42 分列车通过作业地点，检修作业组 11 时 00 分消令。

案例分析：

接触网检修作业组在检修作业时，车梯绝缘轮上固定轮毂的铁线松脱短接了其中一个绝缘车轮上的绝缘板，致使车梯底座通过被短接的绝缘轮短接轨道电路，形成红光带，造成 30 次重点特快列车晚点 21 min，构成一般行车事故。

2. 使用车梯进行作业时，应指定车梯负责人，工作台上的人员不得超过两名。所有的零件、工具等均不得放置在工作台的台面上。

【典型案例 3-6】

××年 4 月 5 日，××接触网工区在区间利用车梯进行定位管更换，工作台上有两名作业人员甲和乙，甲站在车梯框架上，乙站在作业台面上，乙接甲拆卸的定位管，顺手将手中的棘轮扳手放在工作台面上。甲下到工作台面时未看到工作台面的棘轮扳手，不小心将棘轮扳手踢落车梯，棘轮扳手砸到推扶车梯的接触网工丙的肩膀上，造成丙肩胛骨碎裂。

案例分析：

接触网工乙违反《普速铁路接触网安全工作规则》规定：用车梯进行作业时，应指定车梯负责人，工作台上的人员不得超过两名。所有的零件、工具等均不得放置在工作台的台面上。将棘轮扳手随手放到工作台面上，而监护人（工作领导人）未及时发现制止，造成这次事故。

3. 作业中推动车梯应服从工作台上人员的指挥。当车梯工作台面上有人时，推动车梯的速度不得超过 5 km/h，并不得发生冲击和急剧起、停。工作台上人员和车梯负责人应呼唤应答，配合妥当。

【典型案例 3-7】

××年 7 月 9 日 11:35，××工程公司电化段在陇海线 K732＋072 处施工，接触网工吕××带领李××等四名职工进行调整接触网作业。吕、李二人在车梯工作台上，其他三名职工负责推车梯，在通过 6‰的坡道时，未采取任何措施，使车梯在轨道上自由滑行，致使车梯超速倾倒。吕、李二人从作业台上坠落，造成吕××左手腕、右手肘骨折断，十二指肠摔断，肝脏破裂；李××左手腕、右脚摔伤。

案例分析：

负责推车梯人员违反《普速铁路接触网安全工作规则》中"当车梯在大坡道上时，要采取防止滑移的措施及车梯在坡道上滑行速度不得超过5 km/h"的规定，使车梯在坡道滑行超速，是造成车梯翻倒、人员重伤事故的直接原因。

4. 车梯负责人和推车梯人员，应时刻注意和保持车梯的稳定状态。当车梯在曲线上或遇大风时，对车梯要采取防止倾倒的措施；当外轨超高≥125 mm或风力五级以上时，未采取固定措施禁止登车梯作业；当车梯在大坡道上时，应采取防止滑移的措施；当车梯放在道床、路肩上或作业人员的重心超出工作台范围作业时，作业人员应将安全带系在接触网上；车梯在地面上推动时，工作台上不得有人停留。

5. 为避让列车需将车梯暂时移至建筑限界以外时，要采取防止车梯倾倒的措施。当作业结束，车梯需要就地存放时，须稳固在建筑限界以外不影响瞭望信号的地方，并加锁或派人看守。

6. 当用梯子作业时，作业人员应先检查梯子是否牢靠；要有专人扶梯，梯子支挂点稳固，严防滑移；梯子上只准有1人作业。

1.2.4　接触网作业车作业

1. 接触网作业车出车前，司机应认真检查车辆和行车安全装备、防护备品齐全良好，并与作业人员检查通信工具，确保联络畅通。

2. 作业前接触网作业车司机应掌握作业范围和内容并进行安全预想，作业和运行过程中应注意力集中。

3. 接触网作业车分解作业，须提前明确每台车的作业范围，以及作业完毕后停留车列和运行连挂车辆的位置，工作领导人和司机应熟悉和掌握。接触网作业车进入封锁区间前及作业完毕返回车站时，司机应认真核对调度命令，确认信号，按规定联控。司机和工作领导人要根据调度命令及作业地点，拟定区间返回的时刻，并严格执行。

4. 使用接触网作业车作业时，应指定作业平台操作负责人，作业平台不得超载。工作领导人必须确认地线接好后，方可允许作业人员登上接触网作业车的作业平台。作业车平台应设置随车等位线，在完成作业平台和工作对象设备等位措施后，方可触及和进行作业。

5. 人员上、下作业平台应征得作业平台操作负责人的同意。接触网作业车移动或作业平台升降、转向时，严禁人员上、下。

V形停电作业时，所有人员禁止从未封锁线路侧上、下作业车辆。作业平台应具有平台转向限位装置，作业前应将限位装置打至正确位置，作业平台严禁向未封锁的线路侧旋转。

【典型案例3-8】

××年5月8日，××工区使用作业车更换斜腕臂绝缘子，接触网工甲在未征得作业平台操作人或监护人同意的情况下私自上下作业车，此时正好作业平台升降，被挤伤右脚。

案例分析：

接触网工甲违反《普速铁路接触网安全工作规则》规定：检修作业车移动或作业平台升降、转向时，严禁人员上、下。人员上、下作业平台应征得作业平台操作人或监护人同意。所有人员禁止从未封锁线路侧上、下作业车辆。接触网作业车在升降过程中，金属梯是相互交错升降的，在这个过程攀登的话容易挤伤手脚。

6. 接触网作业车作业平台防护门关闭时应有闭锁装置。作业中须锁闭好作业平台的防护门，作业完毕后及时放下防护栏杆。

7. 外轨超高≥125 mm 区段人员需在作业平台上作业时，作业平台应具有自动调平装置并开启调平功能。

8. 作业人员的重心超出作业平台防护栏范围作业时，须将安全带系在牢固可靠的部位。

9. 司机（或在平台上操纵车辆移动的人员）须精力集中，密切配合，在移动车辆前应注意作业车及作业平台周围的环境、设备、人员和机具等情况，与附近的设备保持规定的安全距离。

作业平台上的所有人员在车辆移动中应注意防止接触网设备碰刮伤人。

10. 作业平台上有人作业时，作业车移动的速度不得超过 10 km/h，且不得急剧起、停车。

【典型案例 3-9】

××年 10 月 2 日，某供电段某工区 3132 号轨道车在配合送料的 3138 号轨道车在阳平关西站油库专用线内倒装完锚板后，需与平板连挂（作业前因工作需要而分离），在 3132 号轨道车司机不在场的情况下，学习司机甲擅自动车，由甲驾驶，乙连接，在乙给信号后，甲开动轨道车，由于轨道车起步速度过高，连接时将乙左手小指挤伤，构成轻伤。

案例分析：

在司机不在岗的情况下，学习司机擅自动车，由于操作不熟练，轨道车起步速度过高是造成这次伤害事故的主要原因。

11. 作业中作业车的移动应听从作业平台操作负责人的指挥。平台操作负责人与司机之间的信息传递应及时、准确、清楚，并呼唤应答。

高速铁路中接触网作业车司机还应执行：

1. 接触网作业车司机应执行作业前的待乘休息制度，充分休息确保精神状态良好。

2. 现场作业结束及作业车返回驻地后，司机应对车辆状态及随车备品进行检查，发现部件缺失等应及时查找，必要时对作业车运行的区段申请采取相应行车限制措施。这是由于高铁列车运行速度高，线路遗留的工具、材料对高速运行的列车危害非常大，所以从管理上提出了更严格的要求。

1.3 铁路电力登高作业有关规定

1.3.1 登杆作业前应检查和作好下列事项：

（1）确认作业范围，防止误登带电杆塔。

（2）新立电杆回填土应夯实。

（3）冲刷、起土、上拔和导线、拉线松弛的电杆应采取安全措施。

（4）木电杆根部腐朽不得超过根径的 20%以上。

（5）杆塔脚钉应完整、牢固。

（6）登杆工具、安全腰带、安全帽应完好合格。

（7）使用梯子时要有人扶持和采取防滑措施。

【典型案例 3-10】

××年6月1日，由于××电厂新建三股铁路专用线，根据勘察设计要求，×段原有在14股的低压供电线路(共计13棵电杆)需迁移。按照设计要求，原线路的1号至4号杆保留使用，从5号杆开始依次撤除，在撤完5号、6号、7号、8号杆后，均无异常现象。15时30分左右，电力工朱×登上9号杆，挂好安全带(其位置距杆稍约1 m左右)后开始工作，作业中该杆突然在地表面断裂倾倒，朱×随杆倒下造成作业人员轻伤。

案例分析：

该水泥电杆根部因长期有煤，水泥钢筋锈蚀严重而电杆锈蚀部分埋于地表以下不易发现，承压后突然断裂倾倒。对这种处在特殊环境中的电杆(货场卸煤作业区)在登杆前未对水泥杆根部进行检查。

【典型案例 3-11】

××年5月16日，供电公司进行35 kV线路检修工作。线路班李××在20号杆上作业，王××在杆下监护。杆上工作结束后，李××准备下杆，当从横担位置下杆时，由于杆上缺部分脚钉，未认真检查，左脚蹬空，失手从11 m处坠落地面。由于摔落过程中安全帽脱离头部，因坠落地面时头部先触地，造成当即死亡。

案例分析：

作业人员下杆过程中未认真检查脚钉的牢固性，是本次事故的主要原因；下杆过程中失去安全带的保护，也是本次事故的原因之一；安全帽带未系紧，致使坠落过程中头部失去安全帽保护。

【典型案例 3-12】

××年11月13日15时30分动力站电工班王××组6人在生活基地临建职工食堂安装室内外照明，组长王××在食堂洗菜池上方装电灯，不慎从离地面高3.6 m处竹梯上跌在离地面高的洗菜池边沿上，造成腹部内伤，经抢救无效死亡。

案例分析：

王××(男，54岁，六级电工，本工种工龄32年)使用的梯子角度不对(梯子与地面的夹角35.6°)，上部搭在屋架下弦上(元钢拉杆)，下部搭在混凝土抹面的平台上，梯腿无防滑措施，无人扶梯监护，致使梯滑人落。

1.3.2　杆上作业应遵守下列规定：

(1)工作人员必须系好安全腰带。作业时安全腰带应系在电杆或牢固的构架上。

(2)转角杆不宜从内角侧上下电杆。正在紧线时不应从紧线侧上下电杆。

(3)检查横担腐朽、锈蚀情况，严禁攀登腐朽、锈蚀超限的横担。

(4)杆上作业所用工具、材料应装在工具袋内，用绳子传递。严禁上下抛扔工具和材料。地上人员应离开作业电杆安全距离以外，杆上、地上人员均应戴安全帽。

【典型案例 3-13】

××年10月20日，××供电所××包检组关××接受工长布置的任务到车站更换灯泡，登至第二棵扦3 m高处，未系好安全带，盲目探身查看灯具，造成重心偏移，脚扣登滑，从杆上坠落使其右脚外踝骨骨折，造成轻伤事故。

案例分析：

作业组对安全带重视不足，登高作业未按规定系好安全带，并将安全带系在电杆或牢固的构架上；工前预想不充分，对作业现象环境不清楚；高空作业未设置专人监护。

【典型案例 3-14】

××年11月6日，××电力工区在对兖石线××间自闭线14号～18号电杆架空线改电缆作业过程中，位于××线K230+950处18号电杆突然折断造成电力工齐××死亡、宁××重伤。

案例分析：

登杆作业前未对电杆状态进行认真检查。由于18号电杆"法兰盘与电杆连接处未做防腐处理或防腐处理不到位，钢筋的先期锈蚀和电杆在使用期间存在应力作用使18根钢筋中的13根先期断裂"。电杆上部有人员作业使电杆产生不平衡负荷是18号电杆"导致整根电杆断裂"的直接原因。

【典型案例 3-15】

某日傍晚，一供电单位线路班的工作人员甲在一低洼处的电杆上装设横担，该电杆是90°转角杆，并向外角侧倾斜大约10°左右，电杆坑是头天新回填土，并装设有两组拉线，由于天色将晚工作还没结束，工作负责人便又安排工作人员乙上杆协助工作，当工作人员乙上到工作人员甲的脚下位置时，电杆突然向外角倾倒，甲、乙工作人员随扞倒下，造成一人死一人重伤事故。

案例分析：

该电杆是转角杆，所装设的拉线是临时拉线，而且杆坑回填土并未完全牢固。此时登杆严重违反了上杆塔作业前，应检查根部、基础和拉线是否牢固。新立杆塔在杆基未完全牢固或做好临时拉线前，严禁攀登。遇有冲刷、起土、上拔或导地线、拉线松动的杆塔，应先培土加固，打好临时拉线或支好杆架后，再行登杆的规定。

【典型案例 3-16】

××年12月2日，××电力工区张××参加官桥站"1050"工程施工。该同志在攀登一号站台从北向南第二棵电杆过程中，左手扶电杆，右手拿一根穿线用塑料管。当攀登至离地面约1 m左右时，将安全带系上(实际上未系牢)；又登至4 m时，张××准备开始工作。为了方便工作，张××欲使身体与电杆有一定距离，但刚一用力便从杆上坠落，造成"右锁骨骨折，颅底骨骨折"，构成重伤事故。

案例分析：

作业人安全带未系牢是发生事故的直接原因；作业人手持塑料管登杆，违反了"杆上作业所用工具、材料应装在工具袋内，用绳子传递"的规定。

【典型案例 3-17】

某段电力工区成员甲、乙、丙三人在某10 kV线路上施工作业，由于天气较热，电工乙把安全帽摘下来放在屁股底下坐在作业杆的背阴面休息，电工丙在杆上装金具，并随手将扳手放在横担上，电工甲在用绳索往杆上传递瓷瓶时，不慎将丙放在横担上的扳手碰落，正好砸在乙的头上，乙满头鲜血昏迷不醒。

案例分析：

电工乙把安全帽摘下来放在屁股底下坐在作业杆的背阴面休息，电工丙在杆上装金具，并随手将扳手放在横担上，电工甲在用绳索往杆上传递瓷瓶时，不慎将丙放在横担上的扳手碰落，违反"杆上作业所用工具、材料应装在工具袋内，用绳子传递。严禁上下抛扔工具和材料。地上人员应离开作业电杆安全距离以外，杆上、地上人员均应戴安全帽"的规定。

2　操作技能部分

2.1　高空作业安全用具

2.1.1　安全帽

安全帽是用来保护工作人员头部、减少头部受到冲击伤害的安全用具。

1.按照安全帽帽壳制造材料的分类

建筑安装工程常用的安全帽可分为工程塑料安全帽、树脂安全帽和植物料安全帽。电力系统常用安全帽为工程塑料安全帽。

2.安全帽的作用

(1)缓冲减震作用

帽壳与帽衬之间有25～50 mm的间隙，当物体打击安全帽时，帽壳不因受力而直接影响到头顶部。

(2)分散应力作用

帽壳为椭圆形或半球形，表面光滑，当物体坠落在帽壳上时，物体不能停留立即滑落；而且帽壳受打击点承受的力向周围传递，通过帽衬缓冲减少2/3以上，其余的力经帽衬的整个面积传递给人的头盖骨，这样就把着力点变成了着力面，从而避免了冲击力在帽壳上某点应力集中，减少了单位面积受力。

(3)生物力学作用

国家标准规定安全帽必须能吸收4 900 N的力。根据生物学试验，人体颈椎在受力时的最大承受力为4 900 N左右，超过此承受能力就会受到伤害，轻者引起瘫痪，重者危及生命。

3.安全帽的规格、制造、性能等方面的要求

(1)安全帽帽衬顶端与内顶内面的垂直距离应当在25～50 mm。

(2)安全帽上要有清晰的制造厂名、商标、型号、制造日期、许可证。

(3)安全帽必须是经国家指定的监督部门检验合格、取得生产许可证的工厂生产的。

(4)安全帽应满足以下两个基本性能要求：

①冲击吸收性能。将安全帽放在标准的头模上，用一把5 kg的钢锤，由1 m高的地方自由下落冲击安全帽，这时对头模的冲击力不大于4 900 N为合格。

②耐穿透性能。将安全帽放在标准的头模上，用一个3 kg的锥角为60°的钢锥，由1 m高度自由平稳下落来冲击安全帽，扎入帽壳的钢锥头不会接触到头模为合格。

4.安全帽的使用方法

佩戴安全帽前，应检查帽壳、帽箱、顶衬、下颏带、后扣等组件完好无损是否齐全，装配是否牢固，帽衬调节部分是否卡紧、帽壳与头顶足够的缓冲距离等。安全帽带好后，应将后扣拧到合适位置，锁好下颏带和后扣松紧程度，下颏带和后扣松紧程度，以前倾后仰时安全帽不会从头上掉下为准。安全帽佩戴时，长发女职工必须将长头发盘进帽内。

5.安全帽的维护保养

(1)安全帽产品应符合标准及要求，每两年半更换。

(2)要将安全帽放置高处,以免误坐到安全帽上,造成变形,降低安全帽的防护作用。

(3)热塑性安全帽可用清水冲洗,但不能用热水浸泡,不能放在火炉或暖气片上烘烤,防止安全帽变形。

(4)保持清洁、经常检查。安全帽使用超过规定限值,或者受过较严重的冲击后应予以更换。

2.1.2　安全带

安全带是由带子、绳子和金属配件组成的用于防止高空作业人员发生坠落或发生坠落后将作业人员安全悬挂的个体防护用品。为了保证作业中的安全,材料上带子和绳必须用锦纶、高强度涤纶制造,金属配件采用普通碳素钢或铝合金钢,包裹绳子的护套材料采用皮革、轻带、维纶或橡胶制作。

1. 安全带应具有的性能

(1)发生高空坠落时能拉住作业人员,有足够的机械强度来承受人体摔下时的冲击力,同时确保作业人员不会从带中滑脱。

(2)安全带应能防止人体坠落到能致伤的某一限度,即在这一限度前安全带就能拉住人体,使之不能再往下坠落。人体由高处向下坠落时如超过某一限度,即使把人拉住了,因所受的冲击力太大,也会使人体内脏损伤甚至造成死亡。因此,要求安全带应能提供最佳的冲击力分布。

(3)让空中悬挂的作业人员处于可能自救的最佳状态,并维持人体处于最佳位置。

(4)应使作业人员在安全、舒适和有效率的情况下活动自如。

2. 安全带的分类

按照使用条件的不同,可以分为以下 3 类:

(1)围杆作业安全带[图 3-2(a)]。围杆作业安全带是指通过围绕在固定构造物上的绳或带将人体绑定在固定的构造物附近,使作业人员的双手可以进行其他操作的安全带。

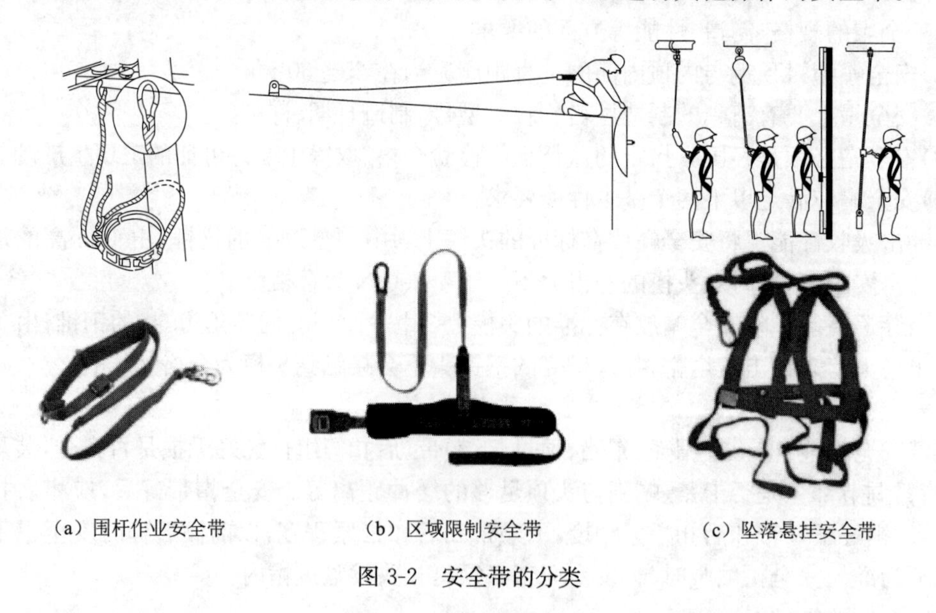

(a) 围杆作业安全带　(b) 区域限制安全带　(c) 坠落悬挂安全带

图 3-2　安全带的分类

(2)区域限制安全带[图 3-2(b)]。区域限制安全带是指用以限制作业人员的活动范围,避免其到达可能发生坠落区域的安全带。

(3)坠落悬挂安全带[图 3-2(c)]。坠落悬挂安全带是指高空作业或登高人员发生坠落时,将作业人员安全悬挂的安全带,如全身式安全带。

3.全身式安全带

传统的单腰带式安全带负荷关键点在腰部,若佩戴者在作业时发生坠落,无论人体脸部向上、向下或向左右侧,腰部将承受因坠落产生的冲击力。但人的腰部是比较脆弱的,这会在一定程度上造成隐患。同时作业人员也比较难以开展自救。佩戴全身式安全带若发生坠落,冲击力将均匀的分散到腿部、腰部、胸部及背部等整个躯干的各部分,从而尽可能减少对腰部的伤害,并维持人体处于最佳位置而便于自救。

全身式安全带即安全带包裹全身,配备有腰、胸、背多个悬挂点。它一般可以拆卸为一个半身安全带及一个胸式安全带。全身安全带最大的应用是能够使作业人员采取“头朝下”的方式作业而无需考虑安全带滑脱。

全身式安全带在高空作业人员不慎坠落时的防护作用,远远高于过去大量使用的单腰带式安全带。高空作业中合理选用、规范使用全身式安全带是确保高空作业人员人身安全的重要手段,但全身式安全带的佩戴较为复杂,需要为安全带使用人员开展适当的技术培训(图 3-3)。

(a) 从肩带处提起安全带

(b) 将安全带穿在肩部

(c) 将胸部纽扣扣好

(d) 系好左腿带或扣索

(e) 系好右腿带或扣索

(f) 调节腿带直到合适

(g) 调节肩带到合适

(h) 穿戴完毕,开始工作

图 3-3 全身式安全带的穿戴

需要提醒的是,给高空作业人员配备个人防护器材只是一种“预防”,让高空作业人员熟悉并正确使用个人防护器材才是最后的安全保障。

4.安全带使用注意事项

(1)每次使用安全带时,应查看标牌及合格证,检查尼龙带有无裂纹,缝线处是否牢靠,金属件有无缺少、裂纹及锈蚀情况，安全绳应挂在连接环上使用。

(2)安全带应遵循高挂低用的原则，并防止摆动、碰撞，避开尖锐物质，不能接触明火。

(3)作业时应将安全带的钩、环牢固地挂在系留点上。金属挂钩必须有保险装置。金属钩舌弹簧有效复原次数不少于2万次。钩体和钩舌的咬口必须平整，不得偏斜。

(4)在低温环境中使用安全带时，要注意防止安全带变硬割裂。

(5)使用频繁的安全绳应经常做外观检查，发生异常时应及时更换新绳，并注意加绳套的问题。

(6)不能将安全带打结使用，以免发生冲击时安全绳从打结处断开，应将安全挂钩挂在连接环上，不能直接挂在安全绳上，以免发生坠落时安全绳被割断。

(7)安全带使用两年后，应按批量购入情况进行抽检，围杆作业用安全带做静负荷试验安全绳做冲击试验，无破裂可继续使用，不合格品不予继续使用，对抽样过的安全绳必须重新更换安全绳后才能使用，更换新绳时注意加绳套。

(8)安全带应储藏在干燥、通风的仓库内，不准接触高温、明火、强酸、强碱和尖利的硬物，也不要暴晒。搬动时不能用带钩刺的工具，运输过程中要防止日晒雨淋。

(9)安全带应该经常保洁，可放入温水中用肥皂水轻轻擦，然后用清水漂净，然后晾干。

(10)安全带上的各种部件不得任意拆除。更换新件时，应选择合格的配件。

(11)安全带使用期为3～5年，发现异常应提前报废。在使用过程中如发现有破损变质情况立即停止使用。

2.2　高空作业工机具

2.2.1　接触网车梯

接触网车梯是电气化铁路接触网用于日常维护检修、紧急抢修和故障处理的必不可少的辅助工具。

1.接触网车梯的结构

接触网车梯由2个边梁、4个车轮及2根车轮轴组成一个四边形底架，底架上固定连接有两端铰接的基本梯。接触网车梯有非绝缘车梯[图3-4(a)]和绝缘车梯[图3-4(b)]之分，绝缘车梯的基本梯和斜梁除连接部件外由绝缘材料制成，达到了整体绝缘；非绝缘车梯的基本梯和斜梁则采用钢管或铝合金制造，具有结构简单、重量轻、安装和拆卸方便等优点。车梯底架用钢管制造，保证底架的稳定性和安全性。车轮一般都是三个绝缘轮、一个钢轮，其中的绝缘轮为高强度尼龙轮，强度高、运转无噪声、绝缘性能好。

2.接触网车梯使用安全规定

(1)车梯必须轻便、结实、稳固。作业前车梯负责人要对车梯进行安全检查，检查主梁、副梁有无变形或弯曲，电焊连接处有无开焊，车梯轮对有无损伤，连接是否牢固。工作台、工作栏杆、每一级梯蹬无裂损永久性变形。按规定时间周期进行机械试验。

(2)利用车梯作业时每台车梯要设立一名防护，负责车梯施工安全防护。

线路上使用车梯作业时，必须指定一名车梯负责人，每台车梯出车作业时不得少于6人，作业平台施工不得超过2人，台上人员要与车梯负责人呼唤应答，配合一致。

(3)车梯作业时严禁两人同侧上下。

(4)车梯平台严禁防止零散料具，推扶车梯人员必须服从平台作业人员指挥。

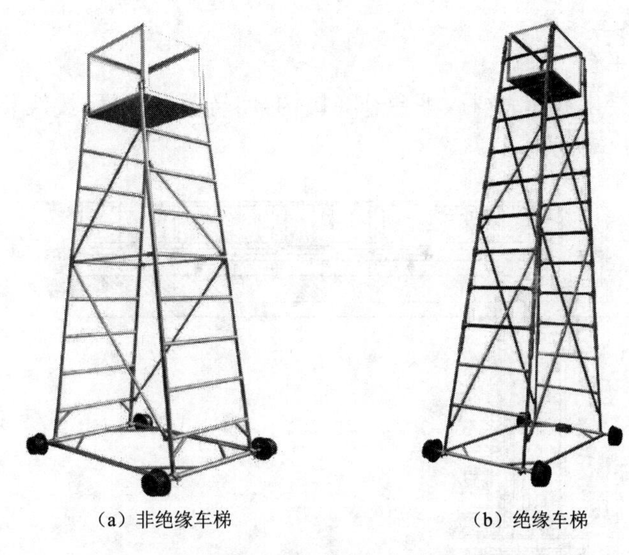

图 3-4　接触网车梯

(5)车梯上有人作业时推动速度直线不得超过 5 km/h,曲线推行不得超过 3 km/h,推进时要尽量保持匀速状态。

(6)施工现场要按规定距离设置安全防护,远方防护与车梯防护通信要可靠,任何一个防护员的通信器材因故障而中断通话,施工必须马上停止,车梯必须马上下道撤出施工区段。

(7)在有轨道电路的区段上,对车梯的车轮必须采取可靠的防止短接轨道电路的安全措施。

(8)为避让列车需将车梯暂时移至建筑限界以外时,要采取防止车梯倾倒的措施。当作业结束、车梯需要就地存放时,须稳固在建筑限界以外不影响瞭望信号的地方,并加锁或派人看守。

2.2.2　接触网作业车

接触网作业车主要适用电气化铁路接触网上部设备的安装、维修及日常检查、保养,有时也可兼作牵引车辆。

接触网作业车主要由动力及传动系统、走行部、主车架、车体、车钩装置、电气系统、制动系统、操纵系统、液压系统及液压升降回转作业平台、随车起重机(选装)、紧线装置(选装)、检测装置(选装)等组成。这里只介绍其中与接触网检修作业直接相关的回转升降平台、紧线装置、随车吊、检测装置等作业装置结构及其操作,如图 3-5 所示。

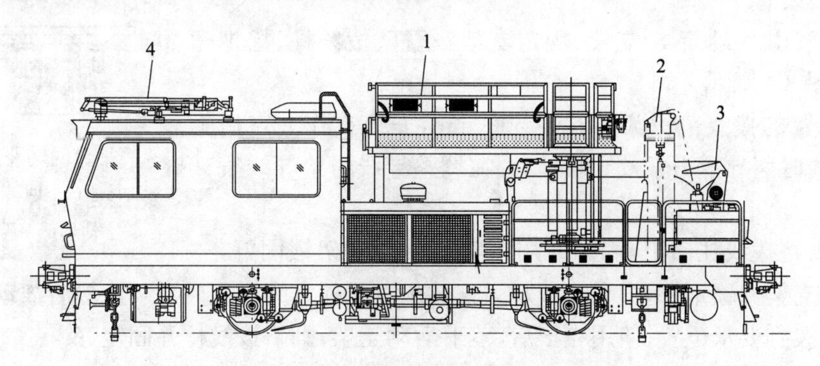

图 3-5　接触网作业车

1—回转升降平台;2—紧线装置;3—随车吊;4—检测装置

2.2.2.1　作业装置结构

1.回转升降作业平台

回转升降作业平台由底座、立柱、平台升降机构、回转驱动装性、拨线装置、导线测量装置等组成,其结构如图 3-6 所示。

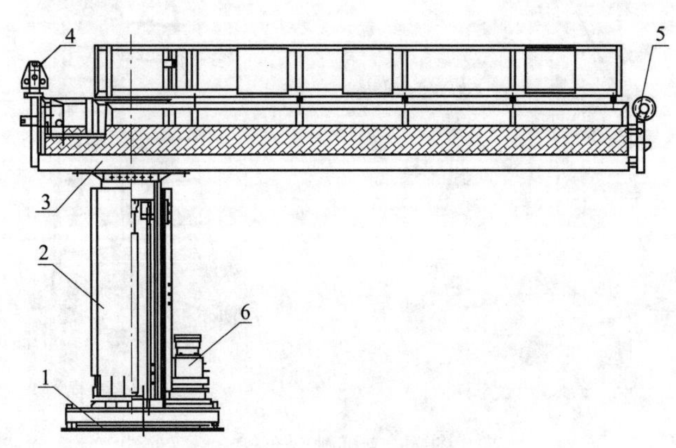

图 3-6　回转升降作业平台

1—底座;2—立柱及升降机构;3—作业平台;
4—拨线装置;5—导线支撑装置;6—回转驱动装置

(1)立柱及升降机构

立柱为三节套筒同步伸缩式结构,通过油缸、钢丝绳带动套筒升降。

(2)底座及回转驱动机构

平台的回转是油马达驱动减速器,带动一个齿轮绕回转支承的大齿轮作行星运转实现的,结构如图 3-7 所示。

在液压马达和减速器之间,设有一套手动回转机构。在作业过程中,若平台超出机车车辆限界情况下,液压系统出现故障而无法回位时,可使用该手动装置,使平台回转至中位。

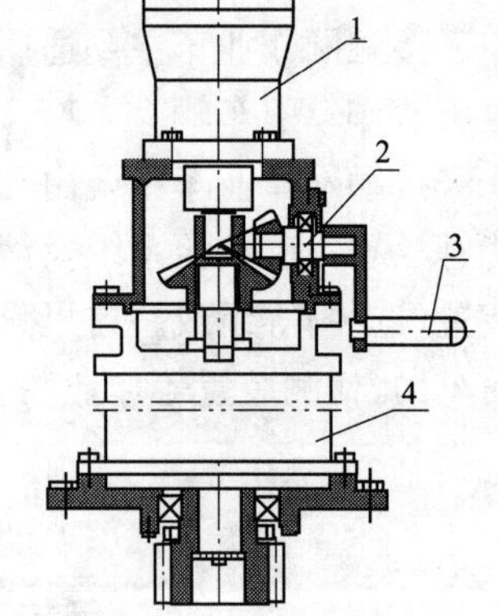

图 3-7　平台回转驱动手动装置

1—油马达;2—回转手动装置;
3—摇把;4—减速机

(3)作业平台

作业平台用螺栓与立柱连接在一起,平台地板为花纹钢板或花纹铝板,四周设有可翻转的安全护栏,护栏上安装有照明灯,供夜间或隧道内作业时使用。

(4)拨线装置

拨线装置由吊架、活动支架、固定支架、丝杆、拨线柱、摇把等组成,如图 3-8 所示。

拨线装置的拨线范围为左右各 600 mm,安装在作业台后端,用于放线时引导承力索及导线,以及在调整导线时给导线拨出拉出值。

使用时,将拨线柱向上翻起,并用销轴与活动支架锁固好,再升起活动支架并锁定好,把导线或承力索放于拨线柱之间,扣好挡线杆,然后摇动手把,把导线或承力索拨到要求位置;使用完毕后,落下活动支架,翻下拨线柱并固定好。

(5)导线支承装置

该装置由支承卷筒、活动支架、固定支架、插销等组成,安装在作业平台前栏杆外侧,用于放线作业时支撑导线,如图 3-9 所示。

放线时升起卷筒,并固定好,工作完毕后落下卷筒。

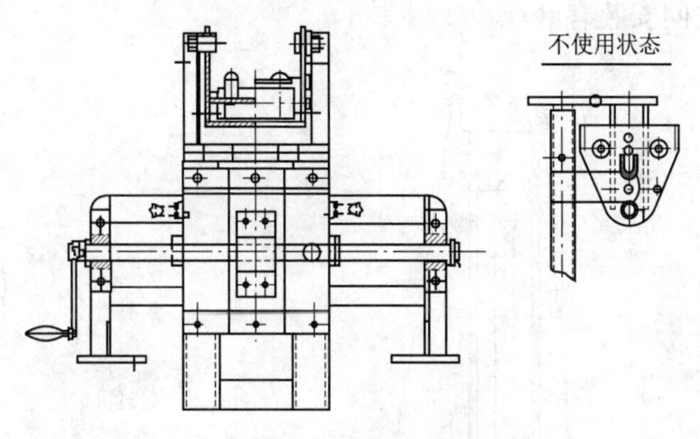

图 3-8 拨线机构

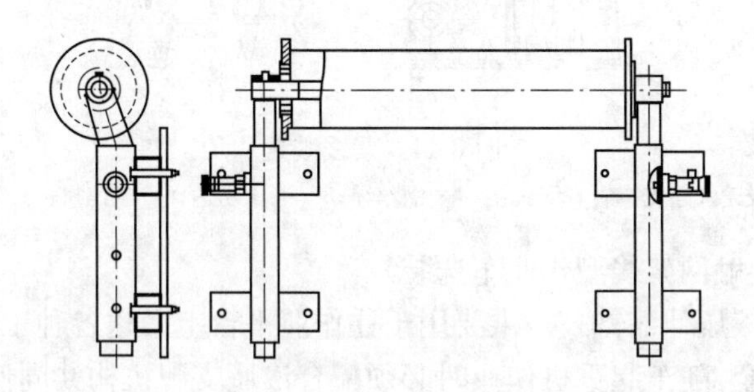

图 3-9 导线支撑装置

(6)导线测量装置

导线测量装置结构如图 3-10 所示,该装置不用时倒置,不占平台空间,使用时立起来,并用挂钩钩住栏杆。测量装置的滚筒侧安装有刻度尺,能测量接触导线的之字值。测量滚筒可在弹性撑杆的作用下随导线的高低上下运动,并始终保持与接触线接触。

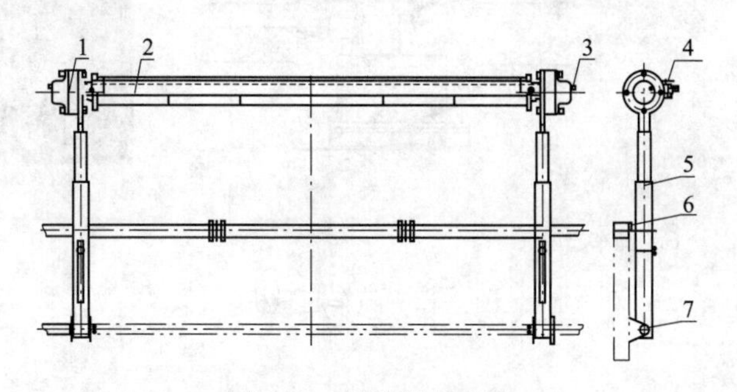

图 3-10 导线测量装置

1—轴承座;2—滚筒;3—黄油嘴;4—刻度尺;5—弹性撑杆;6—挂钩;7—铰座

2. 紧线装置(接触网维修型作业车选装)

紧线装置由卷扬机构、支撑柱等组成。紧线装置的结构如图 3-11 所示。

(1)卷扬机构

卷扬机构由液压马达、减速机、卷筒、钢丝绳等组成。液压马达通过减速机带动卷筒运转,由卷筒带动钢丝绳将导线(或承力索)拉紧。

(2)支撑柱

支撑柱由内柱、外柱及油缸等构成,内柱的上升、下降动作由油缸完成。为保证内柱的升降自如,内柱与外柱之间安装有磨耗板。

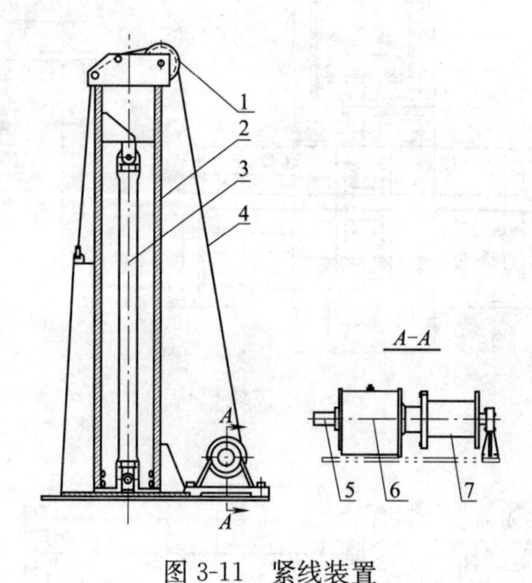

图 3-11　紧线装置

1—线轮;2—支撑臂;3—油缸;4—钢丝绳;5—液压马达;6—减速机;7—卷筒

3.随车起重机(接触网架线型作业车选装)

随车起重机为全液压伸缩臂式。主要用于往作业平台上吊送各种工具及器材等。需要注意的是为保障作业安全,随车起重机作业时必须配合液压支腿机构共同使用。

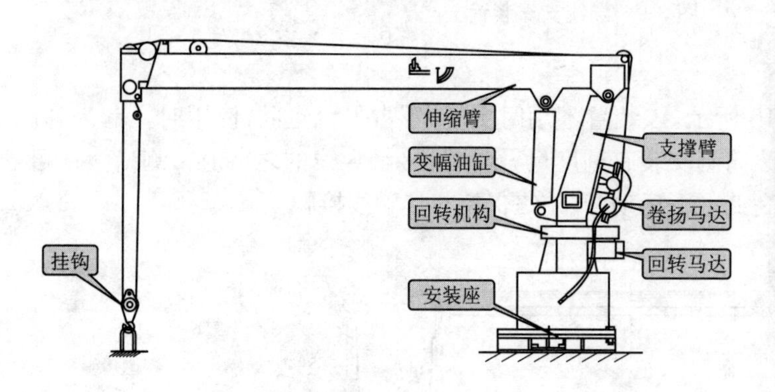

(a) 随车起重机结构　　(b) 随车起重机操作结构

图 3-12　随车起重机

4.检测装置

接触网检修作业车可根据用户要求安装接触网检测装置,主要由受电弓、受电弓控制系统、接触网检测设备等组成,可完成对接触导线参数的检测。

受电弓控制系统主要由截断塞门、调压阀、单针压力表、电控阀、钥匙开关等组成,如图 3-13 所示。

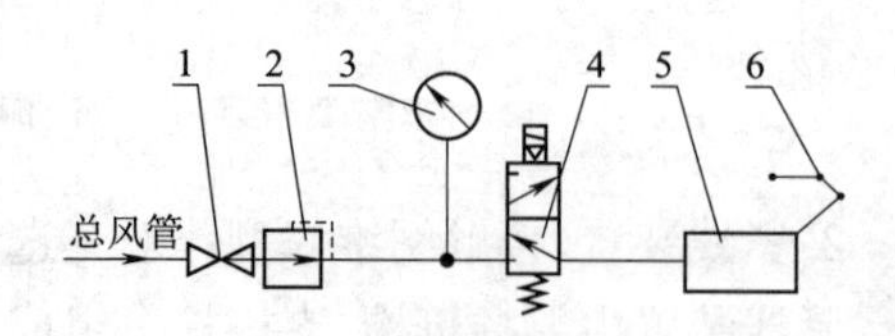

图 3-13　受电弓控制气路

1—截断塞门;2—调压阀;3—单针压力表;4—升弓电控阀;5—传动风缸;6—受电弓

将钥匙开关(受电弓控制开关,在单针柱力表侧)旋至“开”位,压力空气经传动风缸推动杠杆机构使受电弓上升,检测人员可通过监视系统或目测观察导线在受电弓弓头上对应的位置或其他技术参数。检测工作完毕后,可将钥匙开关旋至“关”位。传动风缸压力空气经升弓电空阀排大气,受电弓即下降。

2.2.2.2　作业装置的操作

1.升降回转作业平台

该机构共有两套操作装置,一套设在平台上控制箱内,主要是方便作业施工人员自己操作,另一套在平台下的控制阀件柜上,主要作用是当上部操作失灵时可以操作使平台回位。上、下控制面板如图3-14、图3-15所示。

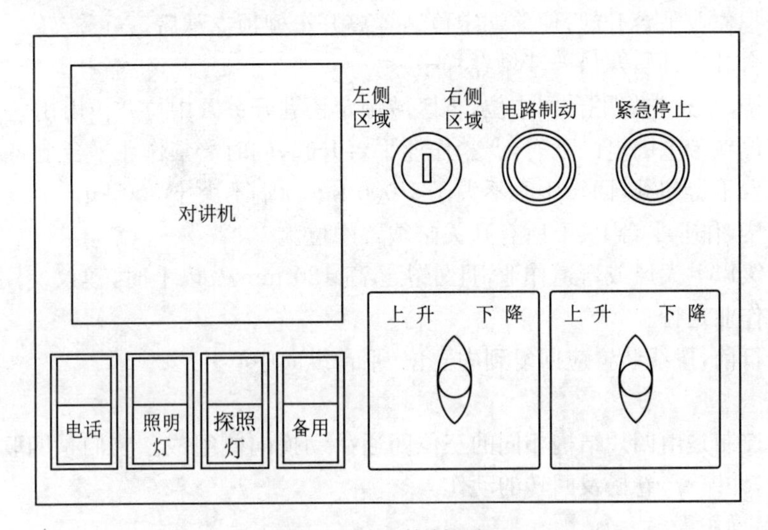

图3-14　上控制面板

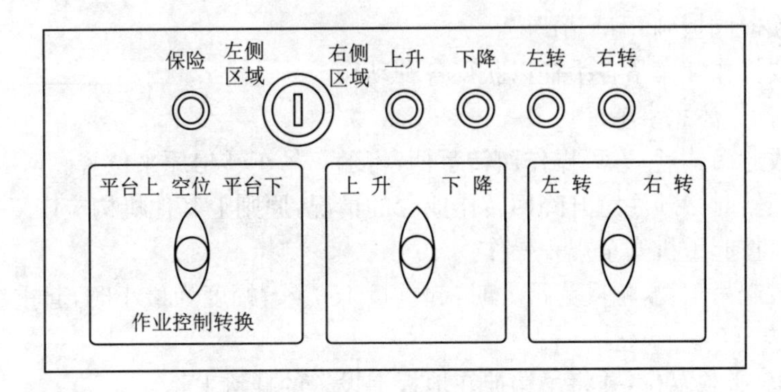

图3-15　下控制面板

(1)升降回转作业平台操作程序

①将电气控制柜上的电源转换开关扳至后端操作位,起动发动机,将发动机转速控制在1 000 r/min左右,踏下离合器,将操作台上的取力器开关扳至“运转”位,变速箱取力电控阀得电,气缸动作,带动作业油泵工作,再缓缓地抬起离合器。

②将手动换向阀扳到“平台”位,下控制面板上的作业控制转换开关扳至“平台上”或“平台下”位。

③操作控制面板上的区域锁定钥匙开关扳至“左侧区域”位,拔出钥匙,则平台只能在车左

侧 120°范围内工作:若区域锁定钥匙开关扳至“右侧区域”位,拔出钥匙,则平台只能在车右侧 120°范围内工作。

④先转动升降控制开关至“上升”位,作业平台应升起。升到一定高度后再转动此开关至“中间”位,作业平台应停止升降。转动此开关至“下降”位,作业平台应下降。这表明平台升降动作正常。然后再将作业平台升起,再转动旋转控制开关,并检查左旋和右旋是否正常。若升降动作和旋转动作均正常,此时即可以进行接触网检修作业。

⑤作业完毕,需先将平台旋转回到中位,将区域锁定钥匙开关置中位并拔出钥匙,再使平台下降到零位。

(2)升降回转作业平台操作注意事项

①必须先把作业平台升起,使前端定位装置离开车棚顶支承后,方可旋转。

②作业平台升降、回转时,严禁攀登梯子。

③作业完毕,必须先将平台回中位,将区域锁定钥匙开关置中位并拔出钥匙,再下降平台。

④当该车停在带电的电网下时,严禁作业平台升起,同时严禁作业平台上有人。

⑤作业平台不得超载,回转中心不大于 1 000 kg,前端不大于 300 kg。

⑥工作完毕,作业平台上、下所有开关必须置中位。

⑦当有 6 级以上大风或弯道作业,且外轨超高 120 mm 及以上时,建议使用抓轨器,使用抓轨器时不得作业走行。

⑧车辆运行前,拨线装置应回复到中立位(平台纵向中心)。

2.随车吊

随车吊的控制是由四片结构相同的三位四通手动换向阀组成。它们是四联阀,分别控制随车吊的变幅,伸缩臂、卷扬及回转的动作。

(1)随车吊操作程序

①按升降回转作业平台的操作程序,将发动机控制在 1 000 r/min,带动油泵工作。

②将手动换向阀扳到“随车吊”位。

③根据需要操作随车吊各手柄以获得各种动作。

(2)随车吊操作注意事项

①必须先收起吊钩后,方可操作回转手柄,将随车吊车转出原来位置。

②当使用回转时必须注意升降回转作业台的情况,原则上其他机构应恢复原位置。

③操作中应按起重机安全规程操作。

④严禁超载起吊重物,幅度为最大时,起重量 150 kg,幅度为最小时,起重量为 700 kg,最大仰角 75°、回转 360°。

⑤使用结束,必须复位,并将吊钩挂在地板上设置的挂钩上。

3.紧线装置

紧线装置的电气控制箱设置在支撑柱的外柱侧面,通过操作开关可以实现紧线装置的“拉紧⟷放松”“上升⟷下降”等动作,控制面板布置如图 3-16 所示。

(1)紧线装置操作程序

①按升降回转作业平台的操作程序,将发动机控制在 1 000 r/min,带动油泵工作。

②将手动换向阀扳到“平台”位。

③打开支撑柱上的电气控制箱,将工作开关闭合,控制液压油经电磁换向阀进入紧线装置的工作系统。

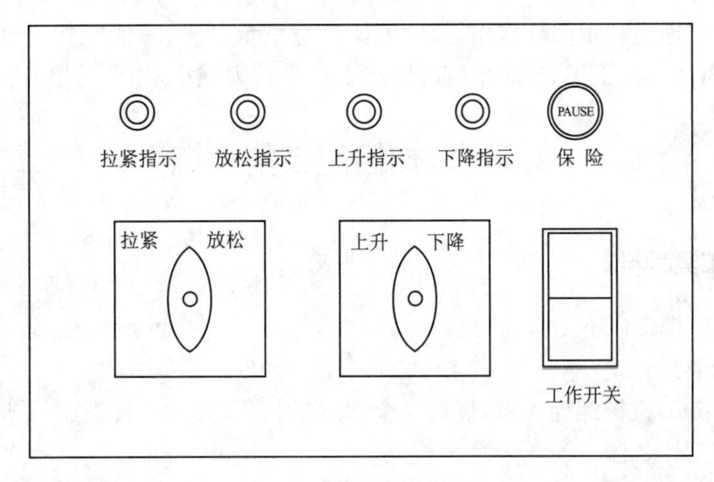

图 3-16　控制面板布置

④将升降开关扳到升位，则支撑臂上升；扳到降位，支撑臂下降；中间位停止。

⑤将卷扬开关扳到张紧位，紧线机构拉紧；扳到放松位，紧线机构放松。

⑥操作完毕，所有开关应扳回零位。

(2)紧线装置操作注意事项

①在紧线前应把支撑臂升到所需要的高度，禁止在紧线时升降支撑臂。

②当操作支撑臂或紧线机构时，不得操作升降回转作业平台；如果要操作平台，必须将支撑臂及紧线机构复位且将紧线装置控制箱内的开关回零位。

③紧线时应注意紧线力与紧线溢流阀的关系。紧线溢流阀严禁非操作人员调节。

④当车停放在带电的接触网下时，严禁升起支撑臂。

⑤不允许支撑臂和卷筒同时动作。

4. 作业机构的操作注意事项

(1)整个作业机构的动作只允许一个一个按顺序操作，不准同时操作两个以上机构动作。

(2)各作业机构操作完后必须复位，并关闭作业系统电源，手动换向阀必须在中位(回油位置)。

(3)操作人应密切注意周围情况。

2.2.3　脚扣

铁路供电部门使用的脚扣包括圆形电力杆用脚扣(图 3-17)和 H 形接触网钢柱用脚扣(图 3-18)。

图 3-17　圆形电力杆用脚扣

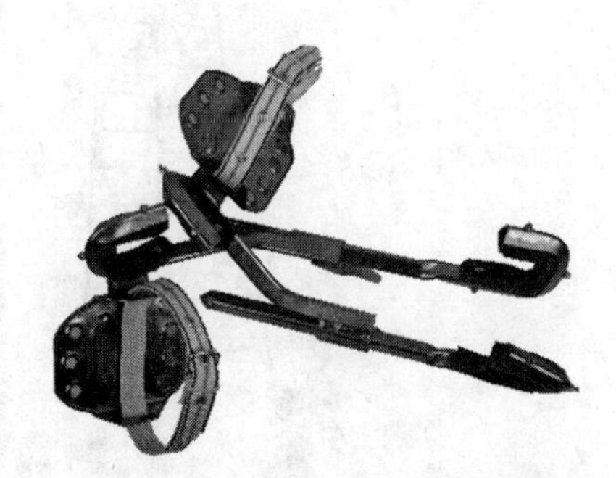

图 3-18　H 形接触网钢柱用脚扣

脚扣的作用原理是利用杠杆作用，借助人体自身重量，使另一侧紧扣在电线杆上，产生较大的摩擦力，从而使人易于攀登；而抬脚时因脚上承受重力减小，扣自动松开。

2.3　车梯使用技能训练

2.3.1　所需的工具材料

推车梯人员应携带以下工具、材料：

1. 工具包 1 个。
2. ϕ12×40(mm)机械螺栓 4 根，螺母 4 个，弹簧销、开口销、弹簧垫片、平垫片若干。
3. 个人全套工具 2 套。

2.3.2　实训准备

作业前按规程要求填写工作票并交付工作领导人，工作领导人向作业组全体成员宣读工作票、分工，并进行安全预想。

2.3.3　完成的安全措施

1. 驻站联络员向供电调度、车站(行车调度)办理停电、封锁手续。
2. 工作领导人接到驻站联络员停电、封锁命令后，通知地线监护人员。
3. 工作领导人通知监护人员做好验电接地、行车防护等安全措施。
4. 工作领导人确认完成安全措施后，通知训练小组开始训练。

2.3.4　使用技能训练

1. 推扶车梯人员分配

车梯的移动由四人共同负责，如图 3-19 所示按顺序编号车车梯轮：1 号、2 号、3 号、4 号，推车梯人员对应 1 号、2 号、3 号、4 号位，其中 1 号为车梯负责人，车梯负责人听从作业平台上高空人员指挥，车梯负责人负责呼唤应答，指挥并协同其余三人移动车梯，保证工作台上人员的正常检修和作业安全。

图 3-19　推扶车梯

2. 车梯上道

车梯上道由六人共同负责，接到工作领导人将车梯上道命令后，在车梯负责人统一号令下，按以下方法将车梯上道：

(1)推车梯 1 号、2 号位 2 人抬车梯底部；3 号、4 号位抬中部，另设两名协助人员抬上部。

(2)车梯上道：6 人同时将车梯抬起，然后同时起步将车梯放到线路上。要将车梯顺线路平放。

3. 竖立车梯

1 号、2 号位两人拉住车梯底部，随车体竖起的同时，向车梯上部倒手，直至将 3 号、4 号车轮落到钢轨上。3 号、4 号位两人抬起车梯中部随车梯上部离开地面时，向车梯下部倒手，直至将车梯竖起。2 名协助人员抬车梯上部随车体竖起，向下倒手，当与 3 号、4 号位的两人相遇时，立即帮助 1 号、2 号位将车梯压下。

4. 车梯移动

车梯负责人对车梯的移动、行进，要听从工作台上操作人员的指挥，并做到呼唤应答。操作人员和推梯人员应呼“北京”“武汉”等地名为行进方向，不得呼左、右、东、西、南、北等自然方向或呼前进、后退等(行进方向由具体线路决定，以郑州铁路局集团为例，南北走向铁路线路使用“武汉”“北京”，东西走向铁路线路使用“上海”“西安”)。例如：操作人员呼叫“北京方向，移动 1 m”，推梯人员应答：“好嘞，北京方向移动 1 m”，同时推动车梯朝对应方向行进 1 m。对车梯的具体移动、行进由车梯负责人统一号令。车梯应匀速前进，速度不超过 5 km/h。并不得发生冲击和急剧起、停。

5. 放倒车梯

放倒车梯时人员位置与竖立车梯相同，操作程序相反。

6. 车梯下道

将车梯下道时按以下方法进行：

操作人员下车梯后，推车梯人员各自按号位抬车梯一角，将车梯车轮抬离轨道。同时，已下车梯的操作人员协助保持车梯平稳。当作业结束，车梯需要就地存放时，须稳固在建筑限界以外不影响瞭望信号的地方。

2.3.5　注意事项

1. 车梯作业时安全注意事项

(1)工作台上的人员不得超过 2 名，所用零件、工具等不得放置在工作台台面上。

(2)工作领导人和推车梯人员要时刻注意和保持车梯的稳定。

(3)车梯上操作人员超出工作台范围作业时，要将安全带系在接触网上。车梯上操作人员在调整接触网参数时，要注意设备受力情况，必要时使用滑轮组等工具消除设备受力；操作时人员要站在受力方向外侧，以防固定设备滑脱伤人。

(4)座台要令人员通知临线将有快速列车通过时，高空人员立即停止作业并提前 10 min 下道，车梯立即放倒并顺线路方向摆放，并要采取防止车梯倾倒的措施。摆放时应摆放在田野侧并不得侵入列车运行范围，严禁在上下行线路之间放置。

2. 推车梯人员安全注意事项

(1)精力集中，时刻听从工作台上操作人员的指挥。高空作业人员在车梯上操作时，推车梯人员要将车梯把牢、扶稳。可采取的方法:4 人面向车梯,双手牢固地把住车梯架,一只脚将车轮踩死,另一只脚稳立在钢轨上。

(2)车梯推行速度不得超过 5 km/h,不得发生冲击和急剧起、停车,并注意与工作台上人员的呼唤应答、配合得当。

(3)时刻注意并保持车梯的稳定。当车梯在曲线上或遇大风时,对车梯要采取防止倾倒的措施;当车梯在大坡道上时,要采取防止滑移的措施。

2.4 登杆技能训练

2.4.1 工具、人员准备

1. 登杆工器具

登杆工器具包括:安全带、脚扣、安全绳(防坠器)、安全帽。

2. 登杆人员要求

(1)登杆作业每组 2 人,专职监护人 1 人,登杆人员 1 人。

(2)登杆人员身体、精神状态良好,身穿工作服、工作鞋,戴安全帽、手套,准备好安全绳。

2.4.2 登杆准备工作

1. 工器具的检查:登杆前必须对登杆的脚扣、安全带、安全绳、安全帽进行外观和试验合格证的检查。

2. 登杆前应检查电杆根部、基础和拉线是否牢固。

3. 对脚扣和安全带进行冲击试验。

2.4.3 电力杆攀登技能训练

1. 登杆(图 3-20)

(1)准备工作完成后,每只脚穿上一个脚扣,脚扣开口方向朝脚的内侧,登杆作业时固定好脚部。

(2)安全带环抱电线杆(不要太紧,能上下活动为宜)。

(3)左右脚交替用力向上攀登。

单脚支撑,另一只脚向上提将脚扣卡在支撑脚上方 150～200 mm 的地方,卡好后替换支撑脚;同理将另一只脚向上提将脚扣卡在支撑脚上方 150～200 mm 的地方,直至作业地点。

2. 杆上作业

到达作业地点后需挂好安全带才可以开始作业。

(1)操作人在电杆侧面工作时,此时操作人左脚在下,右脚在上,即身体重心放在左脚,右脚辅助。估测好人体与作业点的距离,找好角度,系牢安全带即可开始作业(必须扎好安全腰带,并且要把安全带可靠地绑扎在电线杆上,以保证在高空工作时的安全)。

(2)操作人在电杆正面作业时,可根据自身方便采用上述方式进行作业,也可以根据负荷轻重,材料大小采取一点定位,即两脚同在一条水平线上,用一只脚扣的扣身压扣在另一只脚扣上,以保持身体平衡。脚扣扣稳之后,照样选好距离和角度,系牢安全带后进行作业。

3. 下杆(图 3-21)

作业完毕后,将安全带环抱电线杆(松紧度要求与上杆时相同),左右脚交替用力向下运动(动作要领和上杆方法相反),直至地面。

图 3-20　上杆

图 3-21　下杆

4. 电力杆脚扣使用要求

(1)脚扣的形式应与电杆的材质相适应,禁止用木杆脚扣上水泥杆;脚扣的尺寸应与杆径相适应,禁止大脚扣上“小”杆。

(2)检查脚扣有无摔过,开口过大或过小;歪扭、变形者不得继续使用。

(3)脚扣的小爪应活动灵活,且螺栓无松脱,胶皮无磨损。

(4)脚扣上的胶皮层应无老化、平滑、脱落、磨损、断裂及“离股”现象;脚扣上的皮带孔眼应无豁裂、严重磨损或断裂;脚扣的踏板与铁管焊接应无开焊及断裂现象。

(5)脚扣的静拉力试验不应小于 100 kg。试验周期为半年一次。

(6)上下电杆时,必须是较扣环完全穿好,并可靠的扣住电杆才可移动身体,否则容易损坏脚扣,还可能发生事故。

2.4.4　H 形钢柱攀登技能训练

1. 根据支柱类型选用合适脚扣。

2. 将脚扣扣于 H 形支柱底部,安全带环抱支柱(调整安全带长度,以能上下活动为宜)。

3. 穿上脚扣,稍微离地后检查脚扣与安全带的受力情况,确认良好后方可登杆。

4. 双手扶住支柱,一手带住安全带,位于下方脚的脚掌向上勾起,腿顺势抬起一定高度,抬起到适当高度后此脚踩实,另一只脚重复同样动作,依次交替向上完成登杆动作。登杆过程中脚踏稳准手把牢靠,脚扣卡牢系紧防止滑脱。

5. 杆上站立(作业)

攀登到作业高度,调整两脚扣高度与安全带受力位置,身体后倾,使脚扣与安全带充分受力,放开双手或开始作业,如图 3-22 所示。

图 3-22　H 形钢柱杆上作业

6. 下杆

双手扶住支柱一手带住安全带,一只脚微微抬起,脚掌向内翻动,使脚扣与支柱产生一定间隙,腿顺势下移,下移高度不超过 600 mm,下移后脚踩实。另一只脚重复同样动作,依次交替向下完成下杆。

综合练习

1. 单项选择题

(1)凡在距离地(桥)面(　　)m及以上的处所进行的作业均称为高空作业。

A. 2　　B. 3　　C. 4　　D. 5

(2)用车梯进行作业时,应指定车梯负责人,工作台上的人员不得超过(　　)名。

A. 1　　B. 2　　C. 3　　D. 4

(3)当车梯工作台面上有人时,推动车梯的速度不得超过(　　)km/h,并不得发生冲击和急剧起、停。

A. 5　　B. 10　　C. 15　　D. 20

(4)根据生物学试验,人体颈椎在受力时的最大限制为(　　)左右,超过此限制颈椎就会受到伤害,轻者引起瘫痪,重者危及生命。

A. 490 N　　B. 4 900 kN　　C. 490 kN　　D. 4 900 N

(5)当外轨超高≥(　　)或风力五级以上时,未采取固定措施禁止登车梯作业。

A. 100 mm　　B. 125 mm　　C. 135 mm　　D. 145 mm

(6)接触网作业车移动或作业平台升降、转向时,(　　)人员上、下。

A. 可以　　B. 严禁　　C. 应该　　D. 允许

(7)作业车作业平台上有人作业时,作业车移动的速度不得超过(　　)km/h,且不得急剧起、停车。

A. 3.6　　B. 5　　C. 10　　D. 45

2. 判断题

(1)当车梯放在道床、路肩上或作业人员的重心超出工作台范围作业时,作业人员应将安全带系在接触网上。(　　)

(2)作业中推动车梯应服从监护人的指挥。(　　)

(3)高空作业人员作业时必须将安全带系在安全牢靠的地方。(　　)

(4)接触网作业车移动或作业平台升降、转向时,严禁人员上、下。(　　)

(5)人员可以从未封锁线路侧上、下作业车辆。(　　)

(6)作业平台严禁向未封锁的线路侧旋转。(　　)

3. 简答与综合题

(1)接触网高空作业监护要求有哪些?

(2)接触网攀登支柱有何要求?

(3)安全带应具备的性能有哪些?

学习情境 4 停电作业

在电力设备上工作或进行电气设备检修时，为了保证工作人员的安全，一般都是在停电状态下进行。停电分为全部停电和部分停电，不管是在全部停电还是部分停电的电气设备上工作或电力线路上工作，都必须采取停电、验电（亦称检电）、装设接地线以及悬挂标示牌和装设防护物四项基本措施，这是保证电气工作人员安全的重要技术措施。这里所介绍的停电作业除特别指出外一般均指高压设备停电作业，即电压等级在 10 kV 以上的电力设备停电作业。

1 理论学习部分

1.1 停 电

在电气设备上的工作，停电是一个很重要的环节。

1.1.1 牵引变电所高压设备停电作业的停电范围

1. 当进行停电作业时，设备的带电部分距作业人员小于表 4-1 规定者均须停电。

表 4-1 设备带电部距作业人员距离

电压等级	无防护栅	有防护栅
330 kV	4 000 mm	—
220 kV	3 000 mm	2 000 mm
55～110 kV	1 500 mm	1 000 mm
27.5 和 35 kV	1 000 mm	600 mm
10 kV 及以下	700 mm	350 mm

2. 在二次回路上进行作业时，引起一次设备中断供电或影响安全运行的有关设备须停电。

3. 对停电作业的设备，必须从可能来电的各方向切断电源，并有明显的断开点（要有明显的断开点一般解释为用人眼能够看得见的断开点，例如开断的隔离开关。防止因没有明显断开点而混淆有电和无电设备，导致人身或设备事故）。运用中的星形接线设备中性点应视为带电部分。

断路器和隔离开关断开后，及时断开其操作电源。

【典型案例 4-1】

××年 7 月 24 日京广线某牵引变电所一号电源（一号系统）跳闸全所失压，并造成人身伤亡危机事故。

事件经过：

××年 7 月 24 日下午，综合车间电器组利用 7-4 号工作票（图 4-1）进行“1 号主变、1 号所内自用变、1LH 小修”。

7月23日下午17时电器组工长向电力调度提报了次日检修A变电所1号主变系统设备小修计划，7月24日上午11时电器组到达变电所签发了一张7-4号“1号系带2号主变”运行时检修“1号主变、1号所内用变、1LH”的工作票。

工作票7-4号必须采取的安全措施栏：“断开的断路器和隔离开关”写的是：“101DL、2011和2021GK”，从图4-2牵引变电所一次主接线图可以看出：停电设备1号主变1B与带电设备101DL进线及与之连接的法兰盘之间没有明显的断开点。在工作票“安装接地线的位置”写的是“101DL出线侧挂1组3根、2011和2021GK进线侧挂1组4根地线”。从图4-3牵引变电所断面图和断路器外观图可以看出：101DL出线侧1组3根地线距101DL进线法兰盘之间距离较近，而且法兰盘上所带电的电压为110 kV。工作票签发人并没有意识到“1号系统带2号主变”运行时101DL进线法兰盘上带电，反把101DL当成是停电设备断开点。

第一种工作票

____××变电____所　　　　第7-4号

作业地点及内容	室外1B、1ZB、1LH小修			
工作时间	自××年7月24日13时00分至××年7月24日18时00分止			
工作领导人	姓名：W　安全等级：四			
作业组成员姓名及安全等级（安全等级填在括号内）	X(4)	(/)	(/)	(/)
	Z(3)	(/)	(/)	(/)
	Q(3)	(/)	(/)	(/)
	P(2)	(/)	(/)	共计5人

必须采取的安全措施（本栏由发票人填写）：	已经完成的安全措施：
1. 断开的断路器和隔离开关：断101DL、断2011、2021GK； 2. 安装接地的位置：101DL出线侧1组3根，2011和2021GK进线侧1组4根地线； 3. 装设防护栅、悬挂标示牌的位置，在101DL、2011和2021GK机构箱各挂禁合，禁攀牌； 4. 注意作业地点附近有电的设备是：1011和1001GK带电2011和2021GK出线侧带电； 5. 其他安全措施 (1)断101DL机构箱电机电源，控制开关打到“当地”位； (2)断2011、2021GK机构箱电机电源； (3)断+CE. 3，1B主变控制盘控制电源开关+K1. 21	1. 已经断开的断路器和隔离开关：101DL、2011和2021GK； 2. 接地线装设的位置及其号码；101DL出线侧1组3根编号01、02、03，装设位置2011和2021GK进线侧1组4根编号04、、05、06、07装设位置：√； 3. 防护栅、标示牌装设的位置：√； 4. 注意作业地点附近有电的设备是：√； 5. 其他安全措施：√

发票日期：__××__年__7__月__24__日　　发票人：__×__（签字）

根据电力调度员的第__57580__号命令准予在__××__年__7__月__24__日__15__时__20__分开始工作，要求在__××__年__7__月__24__日__17__时__30__分结束工作

值班员：__I__（签字）

经检查安全措施已做好，并于__××__年__7__月__24__日__15__时__40__分开始工作

工作领导人：__W__（签字）

变更作业组成员记录：

发票人：　　（签字）

工作领导人：　　（签字）

经电力调度员　　　同意工作票有效期延长到　　年　　月　　日　　时　　分

值班员：　　（签字）

工作领导人：　　（签字）

工作已于　　年　　月　　日　　时　　分全部结束。

工作领导人：　　（签字）

接地线共　　组和临时防护栅、标示牌已拆除，并恢复了常设防护栅和标示牌，工作票于　　年　　月　　日　　时　　分结束。

值班员：　　（签字）

图4-1　第7-4号工作票

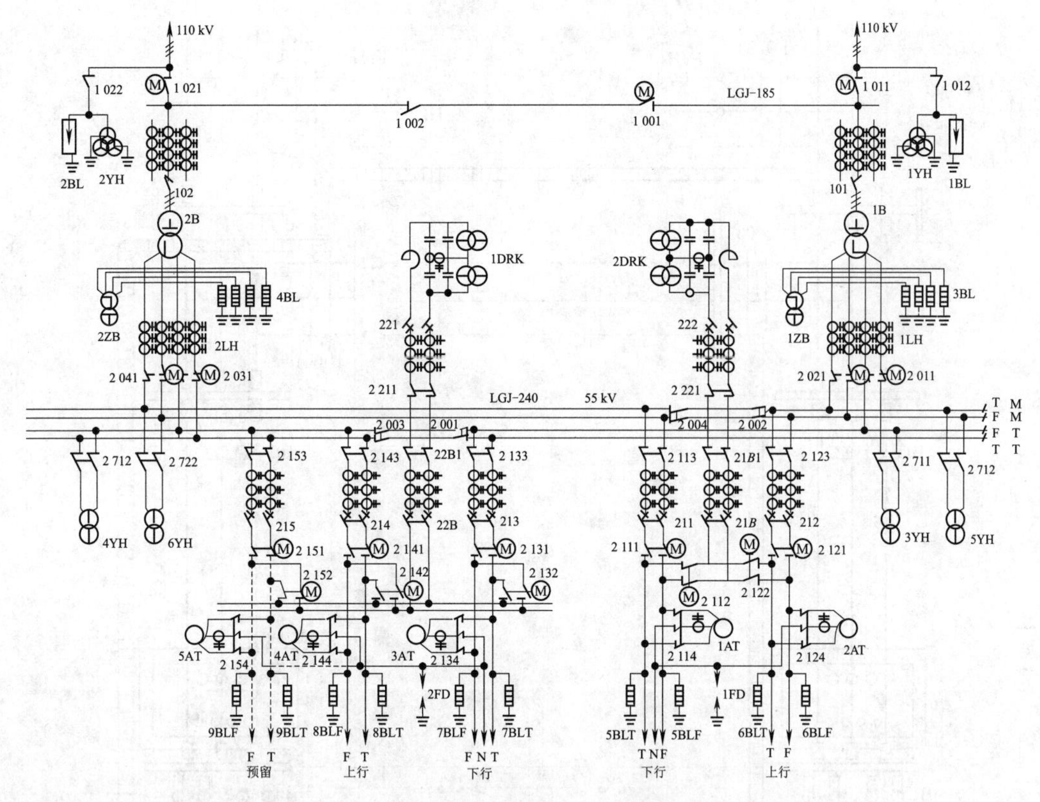

图 4-2　牵引变电所一次主接线

7 月 24 日下午 14 时牵引变电所值班员在审核工作票时未发现工作票中“断开的断路器和隔离开关”以及“接地线位置”不当错误，于是向电力调度办理作业手续。14 时 54 分电力调度员在办理停电作业有关手续时，也未发现 7-4 号工作票错误。15 时牵引变电所值班员、助理值班员开始办理安全措施，但在接 101DL 出线侧地线时未进行验电。15 时 40 分变电所安全措施布置完毕，通知电器组检修作业组工作领导人开工作业。在通知作业组作业前，工作领导人既没有认真审票发现问题，又没有会同值班员共同检查作业地点的安全措施。

在检修作业组人员开始准备工作过程中，15 时 47 分 1 号系统跳闸，造成全所失压停电，101DL 出线侧 1 组 3 根地线右二根从中部烧断。16 时 17 分用“2 号系统带 2 号主变”恢复全所供电，停电影响时间 30 min。

案例分析：

从本次事故形成过程来看，造成本次跳闸全所失压停电事故的原因有以下几个方面的因素：

(1)电器组工长发票人对班组分管设备构造及运行方式认识不清，工作票签发接地线位置和断开的断路器和隔离开关错误。

(2)电器组工作领导人没有按规定进行工作票审核，而让发票人代替办理工作票，失去了审核把关作用。

(3)牵引变电所值班员、助理值班员对所内设备构造也不清楚，没有审核出工作票当中存在接地线位置和断开的断路器和隔离开关错误。在办理工作票安全措施时，简化作业程序，不按规定验电接地，也失去了审核把关作用。

(4)电力调度员对现场设备结构不清楚，也失去了审核把关作用。

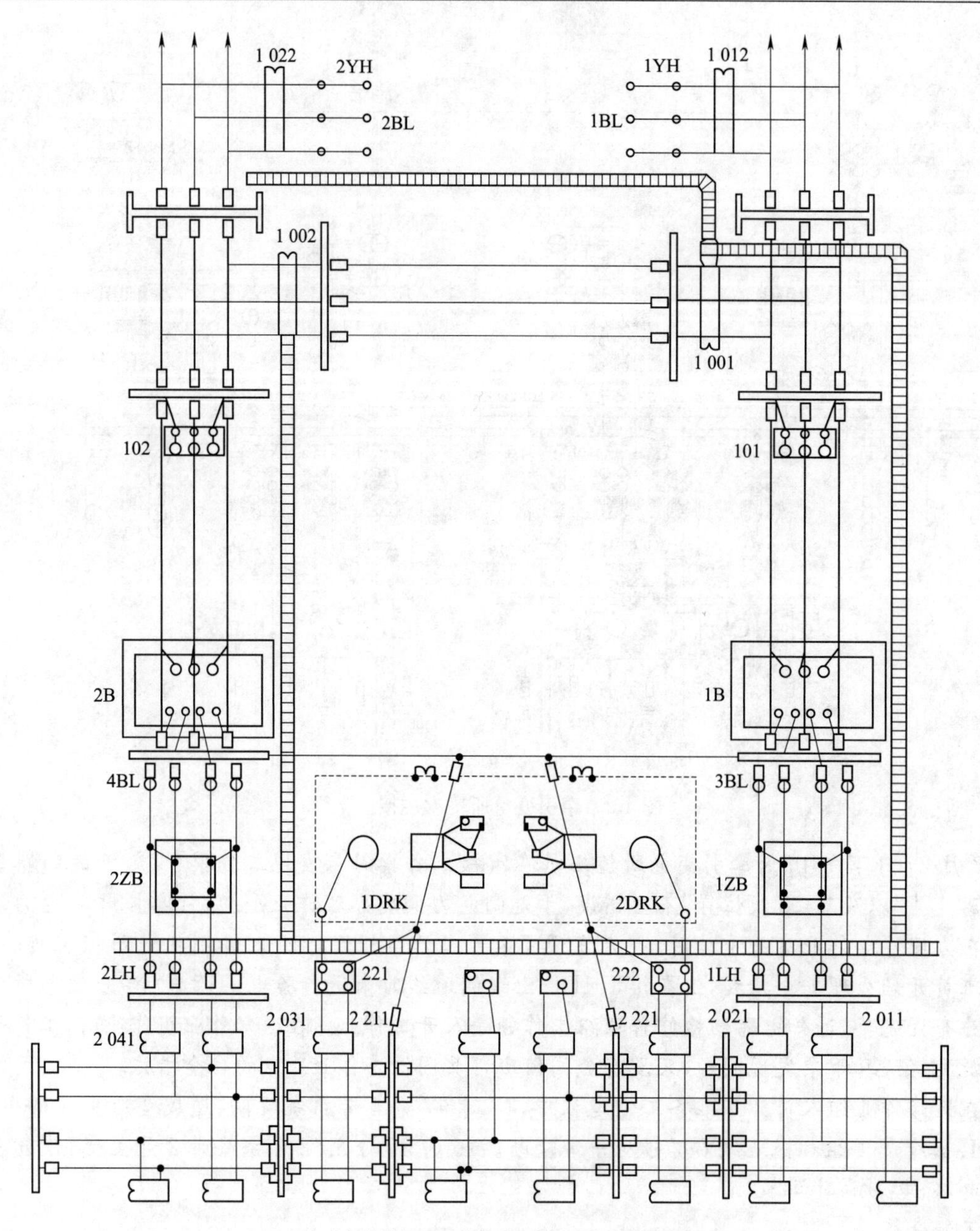

(a) 牵引变电所110 kV进线及主变压器进出线俯视图

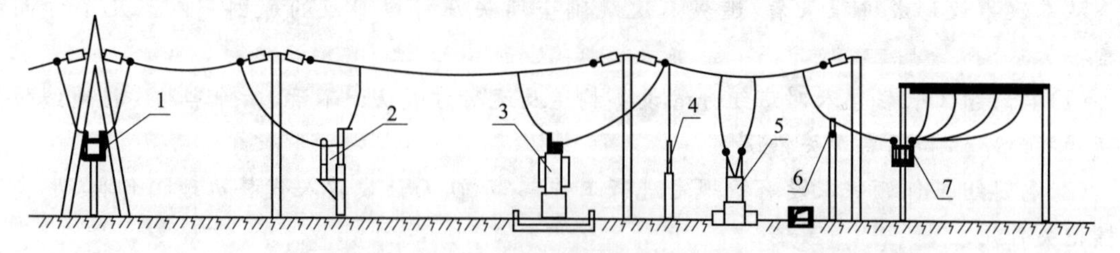

(b) 牵引变电所110 kV进线及主变压器进出线侧视图

图 4-3　牵引变电所断面图(部分)

1—1011 进线电动隔离开关;2—101 断路器及电流互感器;3—1 号主变 1B;
4—避雷器 3BL;5—自用变 1ZB;6—电流互感器 1LH;7—2011、2021 电动隔离开关

综上所述,由于一系列审核把关不严,造成断开的断路器使停电设备与带电设备之间电气连接部分没有明显断开点,导致因接地线位置不当而使接地线因风力作用触及带电的 101DL 进线侧法兰盘而使 1 号系统跳闸,110 kV 进线失压停电 30 min 并因为地线距带电部分较近易在接撤地线时触及带电部分,所以又构成人身伤亡事故。

1.1.2 接触网停电作业的停电范围

1. 接触网停电作业一般规定

双线电化区段,接触网停电作业按停电方式分为垂直作业和 V 形作业。

垂直作业——双线电化区段,上、下行接触网同时停电进行的接触网作业。

V 形作业——双线电化区段,上、下行接触网一行停电进行的接触网作业。

停电作业时,作业人员(包括所持的机具、材料、零部件等)与周围带电设备的距离不得小于表 4-2 规定。

表 4-2 停电作业人员与周围带电设备的距离

电压(kV)	500	330	220	110	25、35	≤10
距离(mm)	6 000	5 000	3 000	1 500	1 000	700

检修各种电缆及附件前应对电缆导体、铠装层及屏蔽层两端进行安全接地,并充分放电。当断开电缆导体、铠装层、屏蔽层以及检修隔离(负荷)开关、绝缘锚段关节、关节式分相、分段绝缘器、分相绝缘器时,应采取防止感应电及穿越电流人身伤害措施。

不能采用 V 形作业进行的停电检修作业,须利用垂直作业方式,其地点应在接触网平面图上用红线框出,并注明禁止 V 形作业字样。

接触网停电作业应采取行车限制办法,防止电力机车(动车组)将电带入停电区段。

2. 进行 V 形停电作业应具备的条件

(1)一行接触网设备距离另一行接触网带电设备间的距离大于 2 m,困难时不小于 1.6 m。

(2)一行接触网设备距离另一行通过的电力机车(动车)受电弓瞬时距离大于 2 m,困难时不小于 1.6 m。

(3)上、下行或由不同馈线供电的设备间的分段绝缘器其主绝缘爬电距离不小于 1.6 m;分段绝缘器的空气绝缘间隙不应小于 300 mm。

高速铁路中本款规定为:上、下行或由不同馈线供电的设备间的分段绝缘器其主绝缘爬电距离不小于 1.2 m。

(4)上、下行或由不同馈线供电的横向分段绝缘子串,爬电距离不小于 1.6 m。

高速铁路中本款规定为:上、下行或由不同馈线供电的横向分段绝缘子串,爬电距离须保证在 1.2 m 及以上,污染严重的区段应达到 1.6 m。

(5)同一支柱(吊柱)上的设备由同一馈线供电。

【典型案例 4-2】

××年 8 月 10 日,某接触网工区在××车站上行分 2 个组进行处理缺陷、检调线岔作业。处理缺陷作业监护人为甲,操作人为乙、丙。作业内容为更换××车站 32 号软横跨支柱下部固定绳花篮螺栓。更换完毕后,甲让操作人丙下网;让乙在接触网上拆除 32 号软横跨Ⅱ道直吊弦。乙于 14∶15 拆除完毕,甲让乙下网。乙摘掉安全带,沿软横跨下网时误入下行有电区,造成触电坠落死亡。

案例分析：

操作人乙，作业前参加了工作票宣读和作业分工、安全措施布置，知道是V形天窗施工作业，上行停电，下行有电。但在作业结束下网时却走向下行有电部分，导致触电后坠落死亡。

监护人甲中断了对乙的监护。在乙结束作业下网时，甲忙于安排人员整理工具材料，清理现场，中断了对乙的监护。最终酿成事故。

1.1.3 铁路电力作业的停电范围

电力线路作业时，必须停电的设备如下：

1. 作业的线路，即断开发电所(车)、变、配电所向作业线路送电的断路器和隔离开关或熔断器或断开作业线路各端的柱上断路器和隔离开关或熔断器。
2. 断开有可能将低电压返送到高压侧的开关。
3. 工作人员的正常活动范围与带电设备之间的安全距离小于表4-3规定的检修线路和邻近、交叉的其他线路。
4. 与接触网合架的高压电力线路必须利用接触网停电“天窗”时间作业。

表4-3　电力线路检修时的安全距离(m)

带电导线电压	检修的线路	邻近、交叉的其他线路
1 kV	0.2	0.2
1～10 kV	0.7	1.0
10～35 kV	1.0	2.5
35～66 kV	1.5	3.0

在发、变、配电所内检修时，必须停电的设备如下：

1. 检修的设备。
2. 工作人员的正常活动范围与带电设备之间的安全距离小于表4-4规定的设备。
3. 带电部分在工作人员后面或两侧，且无可靠安全措施的设备。

表4-4　人体与带电体之间最小安全距离(m)

带电体电压	有安全遮栏	无安全遮栏
6～10 kV	0.35	0.70
10～35 kV	0.60	1.00
35～66 kV	1.50	2.00

在全部停电作业和邻近带电作业，必须完成的安全措施(包括停电、验电、接地封线、悬挂标示牌及装设防护物)由配电值班员执行。对无人值班的电力设备(包括电线路)，由工作执行人指定工作许可人执行。

停电、验电、接地封线工作必须由二人进行，(一人操作，一人监护)。操作人员应戴绝缘手套，穿绝缘鞋(靴)，戴护目镜，用绝缘杆操作(机械传动的开关除外)。人体与带电体之间应保持不小于表4-4规定的安全距离。

停电检修时，必须把各方面的电源完全断开(运用中的星形接线设备的中性线，应视为带电设备)。断开断路器、隔离开关的操作电(能)源。断路器、隔离开关的操作机构必须加锁。检查柱上断路器“分”“合”指示器。禁止在只经断路器断开电源的设备上工作，必须拉开隔离开关,使各方面至少有一个明显的断开点。与停电设备有关的变压器和电压互感器,还必须从低压侧断开,防止向停电设备反送电。

【典型案例 4-3】

××年 2 月 28 日,×水电段大修队按计划对故县—豫灵 1 号杆至故县一高柏 121 号杆自闭线路施工,工作领导人是大修队长孙×,工作执行人王×。8:47,验电封线完毕,8:52,孙×向调度汇报后发布开工命令。电力工侯×等 4 人被安排在 122 号杆上作业,侯×与另 1 名电力工负责更换零克及变压器上部金具,另 2 名电力工负责变压器下部工作。122 号杆是设备杆,上面安装有一台 5 kV·A 变压器,一路供灵宝公安所故县警务区,一路供故县自闭电力工区。变压器放电确认无电后,4 人开始作业。约 9:57,侯×上部作业更换零克完毕后,站在变压器上调整身位准备更换上部金具时,在杆下监护的工长王×听到"哎呀"一声,看到侯×右手接触横担放电,便立即让在变压器下部工作的电力工将低压引下线 4 根全部剪断,剪断以后侯×的头低了下来,工长立即组织将侯×从杆上背下,进行心脏按压和人工呼吸,并联系急送附近的故县卫生院抢救,因伤势过重抢救无效死亡。尸表检验侯×右手拇指和左小腿处有明显放电痕迹。

案例分析:

事后经现场勘查,122 号设备杆上变压器低压引入线有明显接线和事发后剪断痕迹,而大修队在此次施工中未将变压器低压侧断开,造成低压侧反送电至变压器高压侧,作业中停电、检电不彻底是造成这次触电死亡事故的主要原因。

大修队安全管理薄弱,责任制不落实,重施工进度、轻安全生产,是导致这次触电死亡事故在管理上的原因。

对于低压设备停电作业,应从各方面断开电源,将配电箱加锁。没有配电箱时应取下熔断器。在多回路的设备上进行部分停电作业时,应核对停电的回路与检修的设备,严防误停电或停电不彻底。

为了保证设备检修中的安全,对于停电《铁路电力安全工作规程补充规定》中进一步规定:检修设备停电,应把各方面的电源完全断开(任何运行中的星形接线设备的中性点,应视为带电设备)。禁止在只经断路器(开关)断开电源的设备上工作。应拉开隔离开关(刀闸),手车开关应拉至试验或检修位置,应使各方面有一个明显的断开点,若无法观察到停电设备的断开点时,应有能够反映设备运行状态的电气和机械等指示。与停电设备有关的变压器和电压互感器,应将设备各侧断开,防止向停电检修设备反送电。

1.2 验　　电

1.2.1 牵引变电所作业的验电

牵引变电所高压设备验电及装设或拆除接地线时,必须由助理值班员操作,值班员监护。操作人和监护人须穿绝缘靴、戴安全帽,操作人还要戴绝缘手套。

验电前要将验电器在有电的设备上试验,确认良好方准使用(图 4-4)。验电时,对被检验设备的所有引入、引出线均须检验。

图 4-4 牵引变电所验电

表示设备断开和允许进入间隔的信号以及常设的测量仪表显示无电时，不得作为设备无电压的根据；若指示有电，则禁止在该设备上工作，应立即查明原因。

1.2.2 接触网停电作业的验电

接触网作业组在接到停电作业命令后须先验电接地，然后方可进行作业。

【典型案例 4-4】

××年7月6日，按照××路局972969号批复计划，××供电车间××接触网工区在×线×站。(1、3道及1号、7号、11号、10号、6号、4号道岔)下行线K206+113—K207+723进行接触网缺陷整治，计划时间13:20—15:30。

13时22分，行调下达封锁命令，命令编号57060。13时52分，电调下达停电命令，命令编号9561。14:00，工作领导人孔××下达设置接地线命令。14时10分，接地线操作人员王××、穆×在设置4号道岔分段绝缘器下行无电侧接地线过程中，误将接地线设在分段绝缘器上行带电侧，造成接地短路，短路电弧将穆×灼伤。

案例分析：

接地线操作人王×在判断地线挂设位置时，错将分段绝缘器有电侧判断为无电侧。在判断出现错误后，执行验电环节时，验电器未触及接触线，造成验电器没有发出声、光信号，进一步促使王×将带电侧误判为无电侧。接地线操作人王×违反拆除地线"验电接地，当验明确已停电后，须……装设接地线"的规定，是造成此次人身事故的直接原因。

监护人郭×违反"验电和装设、拆除接地线必须由两人进行，一人操作，一人监护"的规定，在王×进行验电接地时，没有认真履行监护职责，对验电器未触及接触线没有及时指出和制止，没有起到监护提醒的作用，是造成此次人身事故的主要原因。

地线辅助人员穆×在接地线设置的辅助工作中，身体触及接地线，违反了"装设接地线时，人体不得触及接地线"的规定，从而使短路电弧灼伤身体。地线辅助人员穆×安全意识差，作业中不严格执行作业标准化，是造成此次人身事故的重要原因。

1.2.2.1 接触网验电接地命令程序

每个作业组停电作业前，由工作领导人指定一名安全等级不低于三级的作业组成员作为要令人员，向供电调度员申请停电命令，并说明停电作业的范围、内容、时间、安全和防护措施等。

几个作业组同时作业时，每一个作业组必须分别设置安全防护措施，分别向供电调度申请停电命令。

【典型案例 4-5】

某相邻供电臂分属2个接触网工区管辖，以四跨划界。四跨及四跨以东属于A工区；四跨及四跨以西属于B工区。

××年5月1日B工区在四跨西边进行接触网停电作业，A工区在四跨东边进行带电车梯巡视。甲为A工区带电工作领导人，当带电作业车梯巡检到四跨转换支柱处时，操作人乙检查转换支柱处设备时，将工作支、非工作支接触线空气间隙短接，乙被电击，受伤面积20%。

案例分析：

A、B工区分属2个电调台管辖，相邻两供电臂亦分属2个电调台管理。当多个作业组同时作业时，每个作业组要分别要点，分别制定安全措施，此时，要互相联系，充分预想，各自把关，在发票和执行时应认真考虑相邻工区以四跨分界处四跨设备是否有电的特殊情况，制定详细完备的安全措施，杜绝此类事故的再次发生。

供电调度员在发布停电作业命令前，要做好下列工作：

(1)将所有的停电作业申请进行综合安排，审查作业内容和安全防护措施，确定停电的区段。

(2)通过列车调度员办理停电作业的手续，对可能通过受电弓导通电流的部位采取行车封锁或限制措施，防止来电的可能。

(3)确认有关馈电线断路器、开关均已断开。

(4)进行接触网上网电缆、上网隔离(负荷)开关停电作业时，确认上网电缆在牵引变电所亭侧已接地。

以上工作中强调接触网停电作业时严禁电力机车闯入接触网停电作业无电区，是因为当电力机车受电弓经过分段绝缘器的一瞬间，受电弓会短接分段绝缘器绝缘部分，将未停电区域高压电带入已经停电的有人作业无电区域，危害人身、设备安全，大概率可能造成人身触电死亡事故。

【典型案例4-6】

××年9月15日京广线某接触网工区，利用某车站下行接触网停电“V形”天窗检修下行接触网设备时，拆地线操作人触电死亡事故。

事件经过：

9月15日上午9时55分，接触网工区检修作业组根据电力调度下达的接触网停电作业命令，在站场南咽喉区检调线岔，地线位置在139号和303号支柱(两组接地线间距虽然大于1 000 m，但由于当时还没有公布相关“V形”天窗作业规定，中间并没有增设接地线)。接触网检修作业于10时40分完成，作业组工作领导人通知撤除两端接地线，当南端139号支柱接地线通知已经撤除后，仍未得知北端303号支柱接地线是否撤除。工作领导人多次联系并命令座台防护人员多次联系，仍未得到回信(事后才得知303号支柱接地线监护人所持无线对讲机电池电能耗尽)，11时05分地线监护人徒步跑到信号楼才得知操作人触电。当有关人员跑到事故地点时，操作人已经死亡。

案例分析：

地线操作人在撤除正馈线上地线时(此时接触网303号支柱腕臂上地线已撤除)，违反验电接地拆除地线程序中的规定，擅自在地线没有脱离接触网设备情况下，先行拆除地线的接地端，并在撤除地线且地线还没有脱离接触网设备过程中，手触及地线(由于303号支柱上正馈线肩架高，且距303号支柱距离较远，撤除地线时操作人手够不着接地杆，采用了右手拉着接地线去带动接地杆摆过来便于抓住的错误措施)又违反验电接地过程中人体不得触及接地线的规定，造成因电力机车闯无电区(此时车站正违反规定，排进路允许调车作业的电力机车闯入无电区，瞬间短接上、下行间分段绝缘器)，使下行接触网瞬间带电，拆地线操作人员触电造成职工死亡事故。

供电调度员发布停电作业命令时，受令人应认真复诵，经确认无误后，方可给命令编号和批准时间。在发、受停电命令时，发令人将命令内容进行记录，受令人要填写“接触网停电作业命令票”。

1.2.2.2　使用抛线法验电时的操作顺序

(1)检查所用抛线的技术状态，抛线须用截面积6～8 mm^2 的裸铜软绞线做成。

(2)接好接地端。

(3)抛线时要使之不可能触及其他带电设备，抛线抛出后人体随即离开抛线，抛出的抛线不得短接钢轨。

(4)抛线的位置应在作业区两端接地线的范围内。

(5)接地线装设完毕后,方准拆除抛线。

采用抛线法验电,抛线接地的一端先行接地(一般接钢轨),接地位置一般应在接地线位置靠作业地点侧,抛线时应站在内侧使抛线抛至接地线位置内侧接触网停电导体上。因为当接地线装设完毕后,要拆除抛线,若抛线抛至接地线位置外侧接触网停电导体上,当抛线缠绕在接触网上,在地面无法拆除时,人员若上网拆除,由于抛线位置不在地线保护范围内,就无法保证上网人员安全,所以必须将抛线抛至地线位置内侧接触网停电导体上。

抛线验电时,若抛出的线没有挂在接触网停电导体上落下时,为了避免短接轨道电路而出现红光带,影响正常铁路运输,须立即捡起抛线。

1.2.2.3　使用验电器验电的规定

(1)必须使用同等电压等级的验电器验电,验电器的电压等级为 25 kV。

(2)验电器具有自检和抗干扰功能,自检时具有声、光等信号显示。

(3)验电前自检良好后,现场检查确认声、光信号显示正常(有条件的,可在同等电压等级有电设备检查其性能),然后再在停电设备上验电。

(4)在运输和使用过程中,应确保验电器状态良好。

1.2.3　铁路电力设备的验电

验电工作应在停电以后进行。验电时应使用电压等级合适的验电器,并先在其他带电设备上试验,确认良好后进行。

变、配电设备的验电工作,应在所有断开的线端进行。对断路器或隔离开关应在进出线上进行。电力线路的验电应逐相进行。同杆架设的多层电力线路,应先验低压,后验高压,先验下层,后验上层。对架空线路局部作业,应在工作区段两端装接地线处进行。对低压设备的验电,除使用验电笔外,还可使用携带式电压表进行。用电压表验电时,应在各相之间及每相对地之间进行检验。

【典型案例 4-7】

××电力工区于××年 4 月 7 日对徐州至大湖间电力贯通线维修。为保证窑场站不间断供电,停电检修分两段进行。第一段是:1 号杆至窑场 40 号杆。其停电范围是:黄河桥配电所 5 号东贯通柜至 41 号杆隔离开关。第二段检修范围是:窑场站 41 号杆至大湖站 116 号西侧杆。其停电范围:40 号隔离开关杆至 116 号东侧杆。10 点 40 分左右第一阶段工作全部结束。第二段停电检修的安全措施是:拉开大湖站 116 号东侧杆,隔离开关加锁;拉开窑场 40 号杆隔离开关加锁,在 116 号西侧杆隔离开关东侧和 41 号杆隔离开关西侧分别检电后,各设接地、封线一组方可开工。可是工作票签发人没有把 40 号停电工作票发给工作执行人,而工作执行人在没有工作票的情况下,盲目与大湖站电话联系采取安全措施。工长刘×在大湖站拉开 116 号东侧杆隔离开关并在 116 号西侧杆隔离开关东侧设接地封线后,又盲目电话联系场站设封线之事,没有按工作票的要求交代拉开 40 号杆隔离开关后,在 41 号杆隔离开关西侧检电设接地封线一组。工作执行人也没有详细交代给刘×就盲目派他去设接地封线。由于刘×对工作票要求采取的安全措施不清楚,没有确认 40 号杆的隔离开关是否开口,便盲目登上 41 号杆,在没有检电的情况下设接地封线,结果触电坠落死亡。

案例分析:

按规程要求,检电工作应在停电后进行,本次作业未按要求进行检电工作,工作许可人在未确认 40 号杆隔离开关位置的情况下违章作业，在未经检电的电力设备上挂接地封线。

作业过程中没有严格执行工作监护制度。

没有严格进行停电工作票制度，违章作业，是造成这死亡事故的根本原因。

工作执行人在未拿到停电工作票的情况下进行停电作业，由于臆测，40 号杆隔离开关应该拉开，而实际没有拉开。

验电器上不得装接地线。但在木杆、木梯或木架上使用特殊验电器不装地线不能显示，可不在此限。

表示开关设备断开的指示信号、经常接入的电压表，不能作为设备无电的依据。但如果指示有电，则未经采取安全措施，禁止在设备上工作。

高压验电必须戴绝缘手套，并有专人监护，如在室内高压设备上验电，还需穿绝缘靴或站在绝缘台上。

对于无法进行直接验电的设备，《铁路电力安全工作规程补充规定》中也有明确规定：对于对无法进行直接验电的设备，可以进行间接验电。即检查隔离开关（刀闸）的机械指示位置、电气指示、仪表及带电显示装置指示的变化，且至少应有两个及以上指示已同时发生对应变化；若进行遥控操作，则应同时检查隔离开关（刀闸）的状态指示、遥测、遥信信号及带电显示装置的指示进行间接验电。

1.3　装设接地线

装设接地线的作用是防止工作人员在设备操作中受到误送电、消除临近高压线路带来的感应电压、线路或设备上可能残存的静电、防止雷电的侵袭。

1.3.1　牵引变电所作业接地线的装设

1. 对于可能送电至停电作业设备上的有关部分均要装设接地线。在停电作业的设备上如可能产生感应电压危及人身安全时应增设接地线。

所装的接地线与带电部分应保持规定的安全距离，并应装在作业人员可见到的地方，如图 4-5所示。

图 4-5　牵引变电所作业接地线

2. 变电所全所停电时，在可能来电的各路进出线均要分别验电和装设接地线。

部分停电时，若作业地点分布在电气上互不相连的几个部分时(如在以断路器或隔离开关分段的两段母线上作业)，则各作业地点应分别验电接地。

当变压器、电压互感器、断路器、室内配电装置单独停电作业时，应按下列要求执行：

(1)变压器和电压互感器的高、低压侧以及变压器的中性点均要分别验电接地。

(2)断路器进、出线侧要分别验电接地。

(3)母线两端均要装设接地线。

(4)在室内配电装置上，接地线应装在该装置导电部分的规定地点，这些地点的油漆应刮去并标出记号。配电装置的接地端子要与接地网相连通，其接地电阻须符合规定。

3. 当验明设备确已停电，则要及时装设接地线(图 4-6)。装设接地线的顺序是先接接地端，再将其一端通过接地杆接在停电设备裸露的导电部分上(此时人体不得接触接地线)；拆除接地线时，其顺序与装设时相反。

接地线须用专用的线夹，连接牢固，接触良好，严禁缠绕。

4. 每组接地线均要编号并放在固定的地点。装设接地线时要做好记录，交接班时要将接地线的数目、号码和装设地点逐一交接清楚。接地线要采用截面积不小于 25 mm^2 的裸铜软绞线，且不得有断股、散股和接头。

5. 根据作业的需要(如测量绝缘电阻等)必须拆除接地线时，经过工作领导人同意，可以将妨碍工作的接地线短时拆除，该作业完毕要立即恢复。拆除和恢复接地线仍需由牵引变电所值班人员进行。

当进行需拆除接地线的作业时，必须设专人监护，其安全等级：作业人员不低于二级，监护人不低于三级。

图 4-6　装设接地线

1.3.2　接触网作业接地线的装设

1. 接触网接地线的装设

接触网接地线应使用截面积不小于 25 mm^2 的裸铜绞线制成并有透明护套保护。接地线不得有断股、散股和接头。

接地线应可靠接在同一侧钢轨上，且不应跨接在钢轨绝缘两侧、道岔尖轨处。必须跨接在钢轨绝缘两侧时，应封锁线路。地线穿越或跨越股道时，必须采取绝缘防护措施。

当验明确已停电后，须立即在作业地点的两端和与作业地点相连、可能来电的停电设备上装设接地线。如作业区段附近有其他带电设备时，作业人员（包括所持的机具、材料、零部件等）与周围带电设备的距离不得小于规定的安全距离（表 4-1），并在需要停电的设备上也装设接地线。

在装设接地线时，先将接地线的一端接地（图 4-7）；再将另一端与被停电的导体相连。拆除接地线时，其顺序相反。接地线要连接牢固，接触良好。

（a）装设接地端

（b）接地钩

图 4-7 连接接触网接地线接地端

装设和拆除地线时，必须严格按照程序进行。在接地线没有脱离接触网停电导体情况下，严禁人身触及接地线，若接地线侵入建筑接近限界或接地杆离支柱较远时，必须借助绝缘工具处理。因为虽然接触网已经停电，但还存在静电、感应电以及电力机车闯无电区等危险情况，因此，违反装拆接地线程序和人身触及接地线，都将严重危及人身安全。

【典型案例 4-8】

某工区 8 月 3 日 6:02，在某站Ⅲ道Ⅴ停作业完毕，工作领导人命令 78 号杆的甲、乙拆除该处的接触网地线，乙用扳手先拆除钢轨上的地靴，在地靴脱离钢轨的瞬间，乙被感应电打翻，恰巧其身后是一拆断的轨枕，钢筋外漏，插入乙的左后腰，造成重伤。

案例分析：

乙违章操作是造成此次事故的直接原因。

甲作为监护人，没尽到及时制止乙违章操作的责任，是此次事故的原因之一。

“典型案例 4-6”中某接触网工区的接地线操作人也是在撤除地线时违反撤地线程序，手触地线被电击致死的案例。接地线操作人在撤除地线时，将接地线接地端先行拆除。上支柱上取地线杆时，地线杆距支柱较远，其不借助其他绝缘工具，而是用右手抓地线去摆动接地杆，恰好此时电力机车闯无电区将高压电带入停电作业区，操作人手握地线，因地线接地端已先行拆除，其身体成了主导电回路的一部分，电流从右手流经左膝盖处接地，电击致使操作人右手掌心烧伤呈黑色，左膝盖处裤腿烧糊、皮肤烧伤，最终因大电流通过身体致死。

装设接地线时，人体不得触及接地线，接好的接地线不得侵入未封锁线路的限界。作业范围内加挂的接地线不得影响正常作业。装设或拆除接地线时，操作人要借助于绝缘杆进行。绝缘杆要保持清洁、干燥。

当作业内容不涉及正馈线、回流线（保护线），及其他停电线路及设备时，对这些不涉及的线路和设备可不装设接地线，但要按照有电对待，保持规定的安全距离。

停电天窗时间内，使用接触网作业车或专用车辆进行接触网巡视或检测作业，可不装设接地线。未装设接地线时，禁止攀登平台、车顶和支柱。

验电和装设、拆除接地线必须由两人进行，一人操作，一人监护。

接地线位置应处在停电范围之内，作业地点范围之外。在停电作业的接触网附近有平行带电的高压电力线路或接触网时，为防止感应电压，除按规定装设接地线外，还应增设接地线。

关节式分相检修时，除在作业区两端装设接地线外，还应在中性区上增设地线，并将断口进行可靠等位短接。

2. V 形接触网天窗停电作业时的接地线

在接触网利用"V 形"天窗停电检修作业时，尤其强调防止感应电伤人的安全技术措施——接地线的重要性。复线电气化区段，上下行接触网分别停电检修的开天窗方式称为"V 形"天窗，利用"V 形"天窗进行接触网检修作业称为"V 形"天窗接触网检修作业。那么，"V 形"天窗下停电的接触网设备上感应电是如何产生的呢？这是由于"V 形"天窗接触网检修作业方式是复线中一线接触网停电而另一线接触网仍然带电，根据电磁感应原理，有电接触网上的电流在周围产生的电磁场影响到停电的接触网，在已停电接触网中产生感生电动势，也就是平常所说的感应电。

因为受外界条件影响因素很多，接触网上感应电压大小的理论分析、计算是比较复杂的。西安铁路科研所在京广线郑武段薛店至新郑区间进行测量试验，测量不同"V 形"天窗条件下感应电的数值，其结果如表 4-5 所示。

表 4-5　接触网"V 形"天窗作业感应电压参考表

序号	接触网线路情况	接触网电压	正馈线电压	保护线电压
1	区间上行停电没有接接地线，下行带电无电力机车取流	3 300 V	—	—
2	区间上行停电，但没有接接地线；下行带电，有一台电力机车取流	3 410 V	3 650 V	—
3	区间上行停电且地线间距 300 m，下行带电有一台电力机车取流	1.4 V	0.2 V	0.7 V
4	区间上行停电且地线间距 780 m，下行带电有一台电力机车取流	1.8 V	8.1 V	1.5 V
5	区间上行停电且地线间距 1 980 m，下行带电有二台电力机车取流	2 V	1 V	18 V
6	站场上行停电且地线间距 1 000 m，下行有二台电力机车取流	5.2 V	3 V	18.5 V
7	区间上行停电且地线间距 1 537 m，下行带电接地	5 V	12.5 V	5 V

从"V 形"天窗接触网检修作业感应电参考表说明：采用"V 形"天窗检修作业，如果停电检修的接触网没有接接地线，不管另一线接触网是否有电力机车取流，接触网感应电压都在 3 000 V以上，而根据规定人身安全电压是 36 V。所以，在没有接地线保护的情况下进行接触网检修，极易发生感应电危及人身安全事件，甚至引发死亡事故。

【典型案例 4-9】

××年 9 月 20 日，京广线某网工区利用"V 形"天窗处理某车站 13 道下行 55 号～59 号间跨中拉出值和 13 道 55 号及 49 号承力索缺陷时，因中途撤除地线，感应电致死造成责任职工伤亡事故。

事件经过：

某站场 13 道 55 号～59 号间跨中拉出值因设计原因严重超标达到 586 mm。网工区利用

9 月 20 日上午下行“V 形”天窗在 13 道 55 号～59 号跨中立钢柱执行设备改造计划以从根本上消除拉出值超标缺陷，并顺便调整 13 道 55 号和 49 号承力索，其中一处地线位置在 43 号隔离开关柱分段绝缘器南侧与 45 号锚柱之间接触线上。10 时 32 分接触网工区接到停电命令，按地线位置接好地线后开始作业。作业组成员在立完 55 号～59 号跨中钢柱后，按分工由监护人带领 3 人调整 55 号承力索，10 时 55 分座台人员通知作业组 13 道有调车机通过，由于地线接在接触线上，所以工作领导人通知高空作业人员撤离(其中调整 55 号承力索高空操作人上到 55 号钢柱上)，车梯下道，撤除了 43 号～45 号支柱间接触线上地线。当调车机通过后、还没有重新接好地线前，55 号柱高空操作人在没有接到可以开始上网作业命令情况下沿着 55 号～57 号软横跨从接地侧跨越分段绝缘子串向接触网侧移动，监护人发现制止时已为时过晚，高空操作人在跨越分段绝缘子串瞬间感应电触电死亡，从软横跨坠落地面(图 4-8 为触及感应电示意图)。

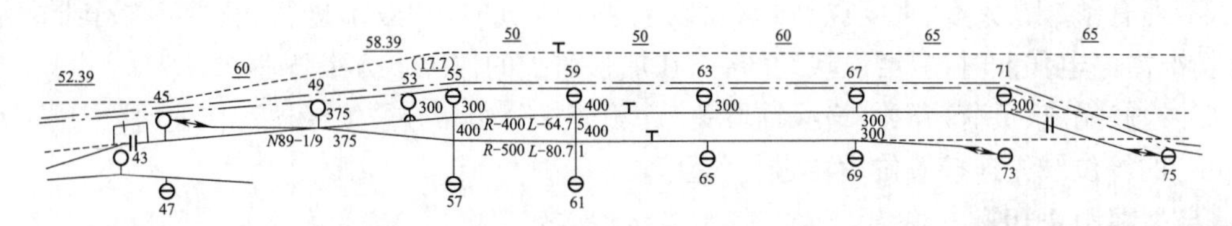

(a) 接触网站场平面图（局部）

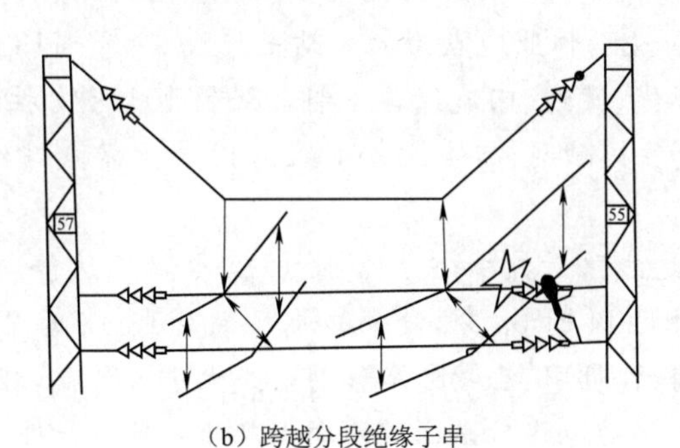

(b) 跨越分段绝缘子串

图 4-8　触及感应电致死示意图

案例分析：

高空操作人触电致死的直接原因是作业过程中、调车机通过时临时撤除了地线，在没有重新接好地线情况下，高空操作人跨越分段绝缘子串触及接触网，身体短接分段绝缘子串，因感应电通过人身而触电死亡。

从这次感应电触电死亡事故看，违章违纪情况很严重，违反规程的地方很多，单从感应电方面看，虽然接触网已停电，但是采用“V 形”天窗检修作业时，已停电的接触网在没有接接地线情况下，感应电在 3 000 V 以上，因此在“V 形”天窗检修作业时，必须加强防护措施。在“V 形”天窗作业时要做到：无论在任何情况下，人员必须撤离到安全地带才能撤除地线；在检修作业过程中，地线因某种原因而临时撤除，人员必须在地线重新接好、安全措施完备才能重新作业。

利用 V 形接触网天窗停电作业时，应遵守下列要求：

(1)接触网停电作业前，须撤除向相邻线供电的馈线开关保护重合闸，断开相应可能向作业线路送电的变电所、分区所、AT 所开关。

(2)作业人员作业前,工作领导人(监护人员)应向作业人员指明停、带电设备的范围,加强监护,并提醒作业人员保持与带电部分的安全距离。任何情况下作业人员及所持的机具和材料不得侵入邻线建筑限界。

(3)在断开导电线索前,应事先采取旁路措施。更换长度超过 5 m 的长大导体时,应先等电位后接触,拆除时应先脱离接触再撤除等电位。

(4)检修吸上线、PW 线、回流线(含架空地线与回流线并用区段)、避雷线等附加导线时不得开路,如必须进行断开回路的作业,则须在断开前使用不小于 25 mm^2 铜质短接线先行短接后,方可进行作业。

在变电所、分区所、AT 所处进行断开吸上线、电缆及其屏蔽层的检修时应采用垂直作业。

吸上线与扼流变中性点连接点的检修,不得进行拆卸,防止造成回流回路开路。确需拆卸处理时,须采取旁路措施,必要时请电务部门配合。

(5)遇有雨、雪、大雾、重度霾、强风及以上恶劣天气时,一般不进行 V 形停电作业。遇有特殊情况需停电作业时,应增设接地线,并在加强监护的情况下方准作业。

(6)检修隔离(负荷)开关、绝缘锚段关节、关节式分相和分段绝缘器等作业时,应用不小于 25 mm^2 的等位线先连接等位后再进行作业。

【典型案例 4-10】

××年 8 月 24 日下午,接触网工区按照图定“V 形”天窗计划在××线××站检修接触网分相和线岔。工作票号 08—28,作业地点为××站上行线 92 号～132 号支柱,装设地线位置为××站 90 号支柱Ⅱ道正线、渡线、回流线各 1 组,98 号、104 号支柱渡线分段绝缘器靠上行侧 3 m 处各 1 组,134 号支柱接触网、回流线各 1 组、132 号上网点馈线 1 组,随车移动地线 1 组,共计 9 组。

在 13 时 08 分行调下达线路封锁命令。13 时 17 分电调下达停电准许作业命令,批准时间 13 时 18 分,要求完成时间 14 时 05 分,命令编号为 51789。13 时 21 分验电接地完毕,车梯上道作业。车梯平台检修操作员甲、乙带随车移动地线上平台作业,在 130 号～132 号支柱间检修电连接完毕,两人摘下移动地线后车梯继续向 132 号支柱侧行进,乙蹲在车梯栏筐内的线路侧,低头检查导线有无硬弯,甲站在车梯栏筐内的田野侧检查承力索及吊弦,行进了约 7 m 时,乙听到甲突然“啊”地叫了一声后停在车梯上不动了,赶紧抓住甲,叫工作领导人和其他人把甲背下车梯。13 时 25 分工作领导人把甲背下车梯,检查发现其右臂有一处被电击,有心跳和呼吸、发呓语,14 时 30 分把甲送上急救车,途中一直在进行抢救;到达医院后,甲已没有心跳,医院抢救 25 min 后没有效果,医生告知抢救失败,病人死亡。

案例分析:

接触网工区在分相处进行“V 形”天窗停检修作业时,未执行“接触网上的任何操作均不得造成电位差或作业区段开口,有中性区的地方必须短接和接地”“在作业区段内有绝缘元件(如分段、分相、绝缘锚段关节)在作业前应将绝缘件短接(如合并联开关、打短接线等)或在绝缘件两侧加挂两组地线”“在长度超过 5 m 中性区检修时应在其内单独装设接地线”“检修分段、分相、绝缘锚段关节时应将相应隔离开关闭合或用相当容量的软铜绞线短接”的有关规定,未在 126 号支柱处分隔绝缘子两侧加挂地线、未短接 130 号支柱隔离开关,盲目蛮干是造成此次事故的直接原因。

车梯平台作业人员在 130 号～132 号支柱间检修电连接完毕,摘下滑动地线后向 132 号支柱方向行进的过程中,从 132 号～126 号支柱为单端接地,相当于在 126 号支柱分隔绝缘子处出现断口，由于与邻线形成的感应电压在平台操作人手臂与导线接触时形成回路后放电造成人身伤亡。

(7)两接地线间距大于1 000 m时，需增设接地线。

(8)一般情况下，接触悬挂和附加导线及同杆架设的其他供电线路均需停电并接地。但若只在接触悬挂部分作业，不侵入附加导线及同杆架设的其他供电线路的安全距离时，附加悬挂及同杆架设的其他供电线路可不接地，但须按有电对待并保持足够的安全距离。

(9)在电分段、软横跨等处作业，中性区及一旦断开开关有可能成为中性区的停电设备上均应接地线，但当中性区长度小于10 m时，在与接地设备等电位后可不接地线。

(10)接地线应可靠安装，不得侵入邻线限界，并有防风摆措施。

(11)120 km/h以上区段且线间距小于6.5 m时，V形停电作业一般不使用车梯和梯子。特殊情况下必须使用车梯或梯子作业时，应办理邻线列车限速120 km/h及以下限制条件后，方可上道作业。当列车通过时，应停止操作。

(12)2条及以上并行股道本线作业时相邻股道(线间距小于6.5 m)接触网未停电，比照V形作业办法办理。

3.接触网接地线的拆除

工作票中规定的作业任务完成后，由工作领导人确认具备送电、行车条件，清点全部作业人员、机具、材料撤至安全地带，拆除接地线。

【典型案例4-11】

某工区10月28日进行接触网停电作业，计划停电时间为：6:20～7:50，作业内容为处理接触网硬点、清扫绝缘子。电调准许作业时间为：6:10～7:35。6时13分工区开始作业，7时23分左右，工作领导人甲用对讲机询问乙：清扫绝缘子的人下来没有，乙经过瞭望后回答“下来了”，甲随即通知撤除地线并消令。丙不知道已消令，又安排丁上040号支柱清扫绝缘子。大约7时34分，丁上支柱高空作业，造成触电电弧烧伤。戊经验不足，在未停电的情况下攀杆救助，触电坠落造成局部烧伤。

案例分析：

工作领导人甲作业前没有向全体作业成员宣布停电起止时间，造成作业人员对作业时间模糊。作业结束，在没有确认全部人员、机具撤离至安全地带的情况下，盲目通知撤地线消令，严重违反了本条的规定，是此次事故发生的主要原因。

清扫绝缘子作业监护人丙，在不清楚停电时间的情况下，擅自安排超出工作票作业范围的作业，是事故发生的次要原因。现场作业通信工具严重不足，清扫绝缘子小组没有通信联系工具，不能及时与工作领导人取得联系，人身安全卡控存在安全隐患，是此次事故的间接原因。

作业人戊在未确认停电的情况下，经验不足，缺乏接触网设备突发情况的专业救助知识，违章登杆对丙实施救助，是触电坠落的间接原因。

1.3.3　铁路电力作业接地线的装设

1.架空线路停电作业时，经检明无电后，应立即将已接地的接地线对已停电的设备进行三相短路封线。短路封线的安装位置如下：

(1)施工区段两端临近断路的电杆。

(2)有可能返送电到作业线路的分歧线和有关开关。

(3)从其他方面无来电可能时，可仅在电源侧接地封线。

(4)施工场所距断路器及接地封线处较远,且联系不便时,应加挂接地封线。

(5)有感应电压反映的停电线路应加挂接地封线。

2.接地线与作业设备之间不应连接开关或熔断器。对在分段母线上作业时,应将分段母线分别验电和接地封线。

3.室内高压设备应在适当位置上设固定接线端子及接地线,以备停电检修时需要。接地线的数量、号码应登记注册,交接班时注意交接。

在线路上装设接地线所用的接地棒(接地极)应打入地下,其深度不得少于0.6 m。

4.接地线应用多股软铜线和专用线夹固定在导线上。导线截面积应符合短路电流要求,但不得少于25 mm^2。使用前应经过详细检查,损坏的接地线应及时修理或更换。严禁使用其他导线代替。禁止使用缠绕的方法进行接地或短路封线。

5.在高压回路上需要拆除一部分或全部接地线进行工作时(如测定母线和电缆的绝缘电阻,检查开关触头是否同时接触),必须征得值班员的许可方可进行。工作完毕后立即恢复。

6.装设接地线应接触良好,必须先接接地端,后接导体端。同杆架设的多层电力线路同时挂接地线时,应先挂低压后挂高压,先挂下层后挂上层。拆除接地线的顺序与此相反。在导线上装拆接地线时,应使用绝缘棒并戴绝缘手套。

7.低压线路的停电作业,在工作地点验明无电后,将各相短路接地,如图4-9所示。

图4-9 将各相短路接地

8.停电线路与带电线路交叉跨越时,应挂接地线的地点如下:

(1)停电线路在带电线路上方交叉,不松动导线时,应在停电线路交叉档处挂一组。

(2)停电线路在带电线路下方交叉,松动导线时,应在停电线路的交叉档处挂一组。

(3)停电线路在带电线路的上方交叉,松支动导线时,应在停电线路交叉档内两侧,各挂接地线一组。

(4)因停电线路撤换电杆或松动导线而停电的其他线路也应挂接地线。

9.《铁路电力安全工作规程补充规定》中对铁路电力工作中对接地做了进一步的要求:

(1)对于可能送电至停电设备的各方面都应装设接地线或合上接地刀闸,所装接地线与带电部分应考虑接地线摆动时仍符合安全距离的规定。

(2)接地线、接地刀闸与检修设备之间不得连有断路器(开关)或熔断器。若由于设备原因,接地刀闸与检修设备之间连有断路器(开关)时,在接地刀闸和断路器(开关)合上后,应有保证断路器(开关)不会分闸的措施。

1.4 设置标示牌及防护遮栏

设置标示牌及防护遮栏是为了创造一个安全、有序、清晰的作业环境,保证供电设备检修作业处于受控、在控状态,防止作业人员误进带电区域、非作业人员误入作业区域。在结束作业之前,任何人不得拆除或移动防护栅和标示牌。严禁工作人员未经许可擅自移动或拆除临时遮栏和标示牌。装设防护栅要考虑发生火灾、爆炸等事故时,作业人员能迅速撤出危险区。

【典型案例 4-12】

××年8月9日9:20,某电厂三期扩建工程施工现场。班长交给刘××小组到厂用6高压段接5号盘电缆端子(属非带电作业)任务。9时20分,刘××一人到主控室办好工作票后,由主控值班人员领到厂用高压段间开门,并向刘××交代6号盘已带电,就转身走了。刚走几步就听见响声,并见到弧光,刘××(男,32岁,四级工,本工种工龄十年)被电击倒在6号盘边,造成右手重伤。

案例分析:

事后进行分析中发现该次施工存在以下原因:

各种标示牌悬挂不完善;工作盘两侧的带电盘周围没放置围栏,并悬挂警告牌;作业地点未挂"在此工作"标志牌。

班长在分配任务时,没有安排专职监护人。

刘××工作时思想不集中,误入6号盘。

1.4.1 铁路电力作业设置标示牌及防护物

铁路电力检修作业防护标示牌分为"警告类""禁止类""准许类""提醒类"等。各种标示牌式样见表4-6。严禁工作人员未经许可擅自移动或拆除临时遮栏和标示牌。

表4-6 标示牌式样

名称		有人工作,禁止合闸!	在此工作!	止步,高压危险!	从此上下!	禁止攀登,高压危险!	已接地
式样	尺寸(mm)	200×100或80×50	200×200	200×200	200×200	200×200	80×50
	颜色	白底	绿底,中有直径180 mm白圆圈	白底红边	绿底,中有直径180 mm白圆圈	白底红边	白底
	字样	红字	黑字,写于白圆圈中	黑字,有红色箭头	黑字,写于白圆圈中	黑字	黑字
	样例	禁止合闸 有人工作	在此工作	止步 高压危险	从此上下	禁止攀登 高压危险!	已接地

电力作业中各种标示牌悬挂场所如下:

(1)变、配电所和线路上停电作业,对一经合闸即可送电到工作地点的断路器或隔离开关的操作把手上,悬挂"禁止合闸、有人工作"的标示牌。

(2)邻近带电线路,在室内高压设备的工作地点两旁间隔和对面间隔的遮拦上,在室外工作地点四周的围栏上和禁止通行的过道上,在架空导线断线处,以及被试验的高压设备的遮栏或围栏上,悬挂"止步! 高压危险"的标示牌。

(3)在工作地点悬挂"在此工作!"的标示牌(图4-10)。

(4)在工作人员上下用的铁架或梯子上悬挂"从此上下!"的标示牌。

(5)在可能攀登的带电设备的架构上悬挂"禁止攀登,高压危险!"的标示牌。

(6)在开关柜内挂接地线后,应在开关柜的门上悬挂"已接地"的标示牌。

图 4-10　工作地点悬挂标示牌

1.4.2　牵引变电所检修时的标示牌及防护遮栏

牵引变电所检修时的标示牌及防护物的使用与铁路电力中的使用相类似。例如以下几个使用场景：

(1)在工作票中填写的已经断开的所有断路器和隔离开关的操作手柄上，均要悬挂“有人工作，禁止合闸”的标示牌。

若接触网和电线路上有人作业，要在有关断路器和隔离开关操作手柄上悬挂“有人工作，禁止合闸”的标示牌。

(2)在室外设备上作业时，在作业地点附近，带电设备与停电设备要有明显的区别标志，例如装设防护遮栏。

(3)在室内设备上作业时，与作业地点相邻的，分间栅栏上要悬挂“止步，高压危险！”标示牌，并在检修的设备上和作业地点悬挂“有人工作”的标示牌。

在禁止作业人员通行的过道或必要的处所要装设防护栅，并悬挂“止步，高压危险！”的标示牌。

(4)在部分停电作业时，当作业人员可能触及带电部分时，要装设防护栅，并在防护栅上悬挂“止步，高压危险！”的标示牌。

此外，牵引变电所工长和值班员要随时巡视作业地点，了解工作情况，发现不安全情况要及时提出，若属危及人身、行车、设备安全的紧急情况时，有权制止其作业，收回工作票，令其撤出作业地点；必须继续进行作业，要重新办理准许作业手续，并将中断作业的地点、时间和原因记入值班日志。在结束作业之前，任何人不得拆除或移动防护栅和标示牌。

【典型案例 4-13】

根据×供电段 3 月份检修计划，××北供电车间和××检修车间于 3 月 21 日 8 时 30 分至 17 时，对××牵引变电所 1011 进线侧至 1B、3B、5B(变压器)绝缘子清扫，隔离开关引线端子、引线各部螺栓检查紧固，变压器检修。参加作业 29 人，其中，××北供电车间 25 人，××检修车间 4 人。作业领导人是××北供电车间主任陈×，监控干部是段技术科牵引变电专职魏×，工作监控人是××检修车间副主任杨×。设备绝缘清扫由客专供电车间人员负责，隔开引线端子、引线各部螺栓检查紧固、变压器检修作业由检修车间人员负责。

3月21日8时20分，供电调度下达第92666号命令。8时37分，工作领导人陈×组织在作业区域设置安全警示带。10时12分，××北供电车间和××检修车间正按照检修计划对××牵引变电所设备进行检修和清扫作业时，2、4号牵引变压器主保护动作跳闸，作业人员发现负责现场监控的杨×身上着火，躺在2号变压器上。作业人员立即断电、挂地线、使用灭火器灭火，将杨×抬下变压器，送往××××烧伤医院救治，经医院诊断为全身多处高压电击伤，烧伤面积60%，深度Ⅱ至Ⅳ度。

事故造成××牵引变电所上、下行供电臂接触网跳闸后，导致变电所负责供电的接触网全部无电，10时33分由相邻变电所越区供电，恢复接触网供电。影响D8047、D8005、D35、D1309等次列车造成晚点。

2B变压器上的T线(27.5 kV)母排固定端子和压力释放计外壳分别有放电点，2B变压器顶面留有衣服烧焦的灰烬。

案例分析：

××牵引变电所停电检修作业过程中，××检修车间副主任杨×离开负责监控的有电区域和停电区域隔离警示带处，擅自参与作业，误登停电作业区外正常运行的2号(2B)变压器，造成变压器带电部位通过人体与变压器壳体导通，产生弧光放电，导致全身多处高压电击伤。

××牵引变电所内由东向西依次有5B、1B、3B、2B、4B、6B六台变压器，当日停电检修的是5B、1B、3B三台变压器。作业现场在3B、2B之间的隔离防火墙北侧设置了一条警示带将有电区和停电区隔开，防火墙南侧到牵引变电所墙体间通道处未设置警示带，所以两条警示带只是防护了变压器前部，变压器后部的通道上没有设置警示带。两条警示带从事故后监控视频上看约有300 mm高，不能起到有效的防护作用。警示带围栏在有电区域和停电区域留有缺口、警示带设置高度不能有效阻止作业人员误入有电区域，为现场人员作业安全埋下了隐患。

检修作业分组和具体分工中没有重点强调停电区域变压器排列顺序为5B、1B、3B，以及3B与2B间为有效隔离区域，且2号牵引变压器北侧标有变压器“2B”等设备编号，南侧没有设置编号，正是因为这些错误，误导了杨×对停电设备的判断，以为在3B后面还有1B，误把带电运行的2B变压器当作停电的1B变压器而错误登上并发生感电。

1.4.3　接触网检修的防护

接触网检修的防护在学习情境7“作业区防护”中介绍。

1.5　作业命令的办理

1.5.1　牵引变电所作业命令的办理

1. 对牵引变电所有权停电的设备，值班人员可按规定自行验电、接地，办理准许作业手续；对牵引变电所无权自行停电的设备要按下列要求办理：

(1)属供电调度管辖的设备，作业前由值班员向供电调度申请停电，申请时要说明作业内容、时间、安全措施、班组和工作领导人的姓名。供电调度员审查无误后发布停电作业命令。供电调度员在发布停电作业命令时，受令人要认真复诵，经确认无误后，方可给命令编号和批准时间。

发令人和受令人同时填写作业命令记录(填写格式见表4-7)并由值班员将命令编号和批

准时间填入工作票。

表 4-7　作业命令记录(填写样表)

牵引变电所停电作业命令记录　　　　2020 年

日期	命令内容	发令人	受令人	要求完成时间	命令号	批准时间	消令时间	报告人	电力调度员
9 月 19 日	批准××变电所 9-6 号第一种工作票室外 102 断路器小修	赵 Y	钱 G	14:30	57506	10:20	16:37	钱 G	赵 Y
…									

(2)对不属于供电调度管辖、给非牵引负荷供电的设备停电时,由值班员向用电主管单位办理停电作业的手续,并将准予停电的设备、时间、范围、作业内容及双方联系人的姓名记入值班日志或有关记录。

(3)在同一个停电范围内有几个作业组同时作业时,对每一个作业组,值班员必须分别办理停电作业申请。

2. 消除作业命令

(1)当办完结束工作票手续后,值班员即可向供电调度请求消除停电作业命令。

供电调度员确认该作业已经结束,具备送电条件时,给予消除作业命令时间,双方记入作业命令记录中。

同一个停电范围内有几个作业组同时作业时,对每一个作业组,值班员必须分别向供电调度请求消除停电作业命令。

(2)只有当在停电的设备上所有的停电作业命令全部消除完毕,值班员方可按下列要求办理送电手续:

①属供电调度管辖的设备,按供电调度命令送电。

②对不属供电调度管辖的供电给非牵引负荷的设备要与用电主管单位联系,确认作业结束,具备送电条件,方准合闸送电。并将双方联系人的姓名、送电时间记入值班日志或有关记录中。

③对牵引变电所有权倒闸的设备,值班员确认所有的工作票已经结束、具备送电条件后方可合闸送电。

1.5.2　接触网作业命令程序

1. 办理停电作业命令

(1)每个作业组停电作业前,由工作领导人指定一名安全等级不低于三级的作业组成员作为要令人员,向供电调度员申请停电命令,并说明停电作业的范围、内容、时间、安全和防护措施等。

几个作业组同时作业时,每一个作业组必须分别设置安全防护措施,分别向供电调度申请停电命令。

(2)供电调度员在发布停电作业命令前,要做好下列工作:

①将所有的停电作业申请进行综合安排,审查作业内容和安全防护措施,确定停电的区段。

②通过列车调度员办理停电作业的手续,对可能通过受电弓导通电流的部位采取行车封

锁或限制措施，防止来电的可能。

③确认有关馈电线断路器、开关均已断开。

④进行接触网上网电缆、上网隔离(负荷)开关停电作业时，确认上网电缆在牵引变电所亭侧已接地。

(3)供电调度员发布停电作业命令时，受令人应认真复诵，经确认无误后，方可给命令编号和批准时间。在发、受停电命令时，发令人将命令内容进行记录(作业命令记录见表4-8)，受令人要填写"接触网停电作业命令票"(格式见表4-9)。

表4-8　接触网停电作业"作业命令记录"(填写样表)

接触网停电作业命令记录　　2021年

命令号	月日	命令内容	发令人	受令人	要求完成时间	批准时间	消令时间	消令人	电力调度员
57506	4.5	允许五小区间下行接触网设备综合检修，注意下行分相，分相以北以及上行接触网设备有电，保持安全距离	赵Y	钱G	14:30	10:20	16:37	钱G	赵Y
…									

表4-9　接触网停电作业命令票(填写样表)

××工区　　第4-1-2号

命令编号：57520	
批准时间：2021年4月5日9时30分	
命令内容：允许五小区间下行接触网设备综合检修，注意下行分相，分相以北以及上行接触网设备有电，保持安全距离	
要求完成时间：2021年4月5日10时30分	
发令人：赵Y	受令人：钱G
消令时间：2021年4月5日10时28分	
消令人：钱G　供电调度员：赵Y	

2.作业结束

(1)工作票中规定的作业任务完成后，由工作领导人确认具备送电、行车条件，清点全部作业人员、机具、材料撤至安全地带，拆除接地线，宣布作业结束，通知要令人请求消除停电作业命令。

接地线拆除后，人员、机具必须与接触网设备保持规定的安全距离。作业车辆驶出封锁区间(站场进入指定位置后)或人员及机具撤离至铁路建筑限界以外后，方可申请取消行车封锁。几个作业组同时作业，当作业结束时，每个作业组须分别向供电调度申请消除停电作业命令。

(2)供电调度送电时按下列顺序进行：

①确认整个供电臂所有作业组均已消除停电作业命令。

②按照规定进行倒闸作业。

③通知列车调度员接触网已送电。

【典型案例4-14】

××年5月10日7时，××接触网工区工长马××按计划向电调申请停电检修自贡南至俞冲间接触网设备。10 时 24 分内宜行调通知电调值班员余×“自俞供电臂 10 时 25 分到 11 时 25 分为停电作业时间”。10 时 25 分余×给自贡变电所发布 6785 号令“自俞供电臂 213 馈线停电”。10 时 28 分余×给在自贡南座台要令人任××发出 6690 号“自俞臂已停电，可以作业”的命令。任××将停电命令通知了在 22 号支柱区间电话处等候的作业组成员赵×，赵×通知了工作领导人马××。马××安排作业组成员冯××验电、接地，33 号地线尚未接好就安排钟×、宋×、常×上作业平台车。10 时 30 分余×接到内宜行调通知：自俞供电臂停电通知错误，5606 次旅客列车现已停在自贡车站内，要求送电，让 5606 次客车通过自俞供电臂。这时余×错误的给自贡变电所下达了“向自俞供电臂倒闸送电命令”。直接造成接触网短路放电，致使正在网上作业的钟×受到电击烧伤，作业组立即组织抢救，11 时 15 分将钟×送进自贡市第四人民医院救治，病情稳定。5 月 12 日 3 时 50 分，钟×突然出现窒息造成呼吸骤停，经医院紧急抢救无效，不幸死亡。

2 操作技能部分(接触网验电接地)

2.1 工器具介绍

2.1.1 高压验电器

1. 高压验电器工作原理

高压电气设备和线路停电检修时必须遵循停电、验电、接地线，再开始检修的规定。验电操作必须通过验电器来完成。验电器是用来检测电力设备上是否存在电压的常用电力安全工具之一，通过验电器验证停电设备确无电压，再进行其他操作，以防止出现带电装接地线(或合接地刀闸)，误碰有电设备等恶性事故的发生，因此，在电力行业中验电器的作用不可忽视。

高压验电器一般都是由检测部分(或称指示器部分)、绝缘部分、握手部分三大部分组成。绝缘部分系指自指示器下部金属衔接螺丝起至罩护环止的部分，握手部分系指罩护环以下的部分。其中绝缘部分、握手部分根据电压等级的不同其长度也不相同。

高压验电器一般采用可伸缩式，小型轻质、方便携带。在检测 20～35 kV 高压电气设备时，如被测设备带电，验电器内部报警电路中的发光二极管会间歇性的闪烁发光，同时压电陶瓷片也发出间歇报警声，警告有电。

2. 使用高压验电器验电

(1)验电前应检查高压验电器表面无破损、裂纹；确认验电器额定电压与被测电气设备的电压等级相适应(如接触网验电采用 27.5 kV 电压等级的验电器)；验电器合格证应在有效期内。

(2)验电操作前应先进行自检试验。确认验电器警报音响良好。

按验电器上的试验按钮应有警报音，同时发光二极管发出闪光。若自检试验无声光指示报警时，不得进行验电。

(3)验电时先将验电器在有电的电器上测试，再到停电的设备验电。

验电时必须有两人进行，一人操作，一人做监护人。验电操作人必须戴绝缘手套。手握处不得越过高压验电手柄护环，验电人应与电器设备保持足够的安全距离，并将绝缘杆全部拉伸到位，最好站在绝缘垫上。验电人的手指不要碰到金属部分，以防止触电。在被验设备的电源侧和该设备的出线侧逐相分别验电。

3. 高压验电器使用注意事项

(1)使用前首先确定高压验电器额定电压必须与被测电气设备的电压等级相适应，以免危及操作者人身安全或产生误判。

(2)验电时操作者应戴绝缘手套，手握在护环以下部分，同时设专人监护。同样应在有电设备上先验证验电器性能完好，然后再对被验电设备进行检测。注意操作中应将验电器渐渐移向设备，在移近过程中若有发光或发声指示，则立即停止验电。当自检试验不能发声和光信号报警时，应检查电池。更换电池应注意正负极不能装反。

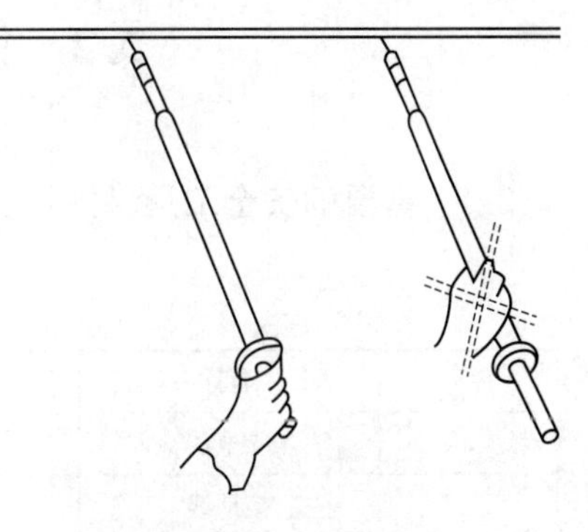

图 4-11　正确手握验电器

(3)使用高压验电器时，必须在气候良好的情况下进行。在遇雷电、雨天(听见雷声或看见闪电)应禁止验电，以确保操作人员的安全。

(4)验电时人体与带电体应保持足够的安全距离，10 kV 以下的电压安全距离应为 0.7 m 以上。

(5)验电器每半年进行一次预防性试验。

2.1.2　接地线

接地线顾名思义就是直接连接大地的线，也称为安全回路线，工作或生活中出现危险时它就把高压直接转嫁给地球，算是一根生命、财产保障线。在供电系统中接地线是为了在已停电的设备和线路上意外地出现电压时保证检修工作人员安全的重要工具。按铁路供电部门规定，接地线必须是由截面积在 25 mm^2 以上的裸铜软绞线制成。

1. 高压接地线结构

高压接地线由绝缘操作杆、导线夹、短路线、接地线、接地端子、汇流夹、接地夹等组成。

2. 接地线导线夹、接地夹一般采用优质铝合金压铸成形；操作棒采用环氧树脂彩色管，绝缘性能好，强度高、重量轻、色彩鲜明、外表光滑；接地软铜线采用多股优质软铜线绞合而成，可外覆柔软、耐高温的透明绝缘护层，防止使用中对接地铜线的磨损；铜线达到疲劳度测试需求，确保作业人员在操作中的安全。

3. 高压短路接地线对地电阻要求决定了接地线的品质，按照电力行业技术规定要求，接线鼻之间测量直流电阻，对于不同截面，其平均每米电阻值不得大于表 4-10 的数值。

表 4-10　接地线的品质

截面(mm^2)	16	25	35	50	70	95	120
平均每米接线鼻间直流电阻值(mΩ/m)	1.24	0.79	0.56	0.40	0.28	0.21	0.16

4. 安全注意事项

(1)工作之前必须检查接地线。软铜线是否断头，螺丝连接处有无松动，线钩的弹力是否正常，不符合要求应及时调换或修好后再使用。

(2)挂接地线前必须先验电，在挂接时接地线不能和身体接触。

(3)在工作地点两段两端悬挂接地线，以免倒送电、感应电的可能。

(4)接地线在使用过程中不得扭花，不用时应将软铜线盘好，接地线在拆除后，不得从空中丢下或随地乱摔,要用绳索传递,注意接地线的清洁工作。

2.2　接触网技能训练(验电接地)

2.2.1　需要的安全工具、材料(表 4-11)

表 4-11　训练用安全工具、材料

序号	名称	规格或型号	单位	数量	备注
1	验电器	27.5 kV	套	2	
2	接地线	25 mm²	套	4	地线杆绝缘良好,接地线无断股、散股
3	对讲机		台	≥5	工作领导人、要令人、驻站联络员、验电接地监护人等每人1台
4	安全带		条	2	攀登支柱才能完成接挂地线时使用
5	绝缘手套		双	2	
6	绝缘靴		双	2	恶劣天气时使用
7	梅花扳手		套	2	
8	安全帽		顶	若干	现场实训人员每人1顶
9	钢丝刷		把	2	清除接地端钢轨表面污渍
10	移动停车信号牌		个	2	昼间使用移动停车信号牌,夜间使用移动停车信号灯
11	移动停车信号灯		个	2	
12	干净抹布		块	若干	用于擦拭清洁地线杆、验电器主绝缘部分

2.2.2　接触网验电接地

1. 准备工作

技能训练参与人员穿戴好劳动保护用品。准备好安全工具及材料。

2. 劳动组织(表 4-12)

表 4-12　劳动组织

序号	岗位	单位	数量	备注
1	工作领导人	人	1	
2	地线监护人	人	2	兼行车防护人
3	地线操作人	人	2	
4	要令人	人	1	需要时要令人可兼任驻站联络员
5	驻站联络员	人	1	

3. 安全保障

接触网工作票、高空作业规定、停电作业规定、行车防护。

4. 验电接地技能训练

以下为场景模拟,其中赵 A 为工作领导人,钱 B、李 D 分别为 XX 号支柱处验电接地监护人和操作人，孙 C、周 E 分别为 XY 号支柱处验电接地监护人和操作人。

(1)装设接地线

要令人员向供电调度申请办理停电手续，驻站联络员签认“运统—46”办理施工线路封锁手续，办理完成后通知工作领导人。工作领导人接到通知后向地线人员下达验电接地命令，地线人员执行验电接地操作。

赵 A：钱 B、孙 C 有没有，我是赵 A；

钱 B(XX 号支柱处)：钱 B 有，赵 A 请讲；

孙 C(XY 号支柱处)：孙 C 有，赵 A 请讲；

赵 A：钱 B、孙 C，作业线路已封锁、接触网已停电，现在可以验电接地；

钱 B(XX 号支柱处)：赵 A，作业线路已封锁、接触网已停电，现在可以验电接地，钱 B 明白；

孙 C(XY 号支柱处)：赵 A，作业线路已封锁、接触网已停电，现在可以验电接地，孙 C 明白；

此时，地线操作人先设置移动停车信号，移动停车信号牌(灯)位置设在地线前方约 10 m 处；然后检查绝缘手套(及绝缘靴)状态良好并穿戴；检查验电器正常；检查接地线正常并组装地线杆；用钢刷清洁钢轨连接部，将地线接地端牢固地接于清洁后的钢轨上。接到可以验电的通知后，地线操作人进行验电操作：首先验电器自检，自检正常后在停电接触网上验电，再在有电接触网上验电，然后再次在停电接触网上复验(此处为模拟“V”形天窗时的验电操作。如果模拟复线铁路垂直天窗或者单线铁路，则首先验电器自检，自检正常后在接触网上验电，然后再次自检)，必要时可重复操作，确认接触网已停电。验明无电后地线操作人立即接挂地线(地线钩牢固、可靠地钩挂住接触网导体端上，如腕臂根部或定位器等处)。接挂地线完毕，地线操作人向地线监护人汇报地线已装设，地线监护人再通知工作领导人验电接地已经完成。

地线监护人全程不能参与验电和接地操作，只能对地线操作人的操作进行监护，同时注意有无来车。

(XX 号支柱处)

钱 B：李 D，现接工作领导人命令可以对 XX 号支柱进行验电；

李 D：对 XX 号支柱验电，李 D 明白；(李 D 回答后即按验电器使用说明进行验电操作)

李 D：钱 B，经验电，接触网已停电。请指示。

钱 B：明白，可以接地线。(李 D 进行接地线操作，操作过程中身体不能触碰地线)

李 D：钱 B，XX 号支柱地线已挂好。

钱 B：XX 号支柱地线已挂好。钱 B 明白。

钱 B：赵 A 有没有，我是钱 B。

赵 A：赵 A 有，钱 B 请讲。

钱 B：XX 号支柱验明无电，接地线已装设，请指示。

赵 A：钱 B，XX 号支柱验明无电，接地线已装设，赵 A 明白。

(XY 号支柱处)

孙 C：周 E，现接工作领导人命令可以对 XY 号支柱进行验电；

周 E：对 XX 号支柱验电，周 E 明白；(周 E 回答后即按验电器使用说明进行验电操作)

周 E：孙 C，经验电，接触网已停电。请指示。

孙 C：明白，可以接地线。(周 E 进行接地线操作，操作过程中身体不能触碰地线)

周 E:孙 C,XY 号支柱地线已挂好。

孙 C:XY 号支柱地线已挂好。孙 C 明白。

孙 C:赵 A 有没有,我是孙 C。

赵 A:赵 A 有,孙 C 请讲。

孙 C:XY 号支柱验明无电,接地线已装设,请指示。

赵 A:孙 C,XY 号支柱验明无电,接地线已装设,赵 A 明白。

验电接地完成后,验电接地监护人钱 B 和孙 C 身份即转变为行车防护人,需要按照图 4-12中规定的行车防护办法执行行车防护职责。

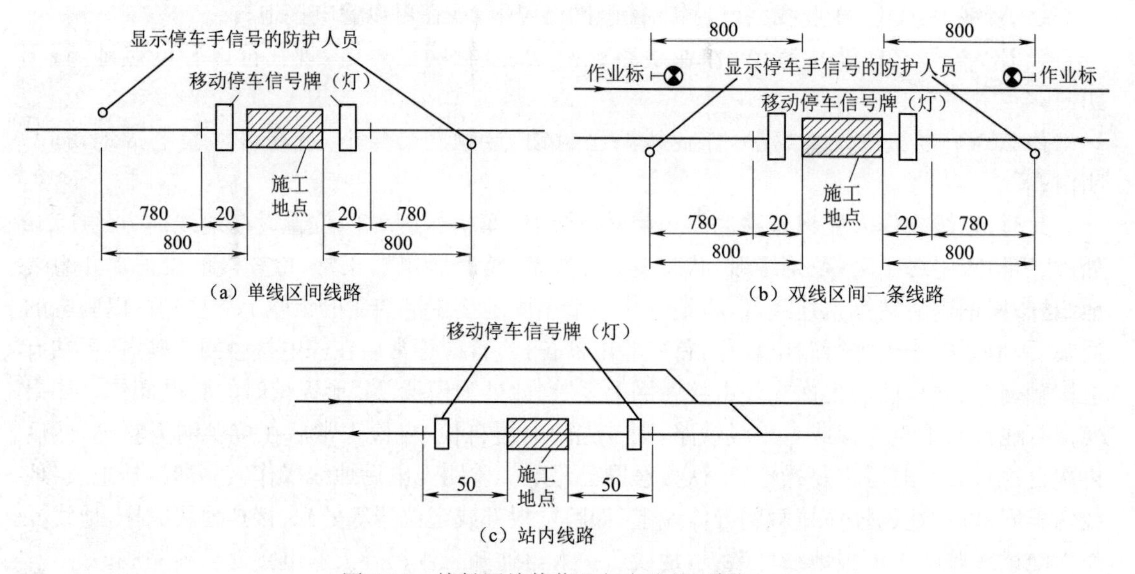

图 4-12　接触网检修作业行车防护(单位:m)

工作领导人确认作业区两端地线全部接好,现场行车防护已设置,安全措施周密无误后,及时通知检修人员开始接触网检修作业。

(2)撤除接地线

作业组完成接触网检修任务,工作领导人和质量检查人共同检查,确认被检修接触网设备质量符合验收标准,接触网状态满足供电和行车条件后,工作领导人通知地线监护人可以撤除接地线;地线监护人告知地线操作人撤除接地线;地线操作人检查绝缘手套(及绝缘靴)完好并穿戴,执行撤除接地线操作。撤除接地线应依次先拆接触网导体端,再拆钢轨接地端,最后回收移动停车信号牌(灯)。地线监护人向工作领导人汇报已撤除接地线。

赵 A:钱 B、孙 C,可以撤除 XX、XY 号支柱接地线。

(XX 号支柱处)

钱 B:可以撤除 XX 号支柱接地线,钱 B 明白。

钱 B:李 D,现在撤除 XX 号支柱接地线。

李 D:李 D 明白。(李 D 回答后撤除接地线)

李 D:钱 B,XX 号支柱接地线已撤除。

钱 B:明白。

钱 B:赵 A,我是钱 B,XX 号支柱接地线已全部撤除。请指示。

赵 A:钱 B,XX 号支柱接地线已全部撤除,赵 A 明白。清理作业现场,准备撤离。

钱B:清理作业现场,准备撤离。钱B明白。

(XY号支柱处)

孙C:可以撤除XY号支柱接地线,孙C明白。

孙C:周E,现在撤除XY号支柱接地线。

周E:周E明白。(周E回答后撤除接地线)

周E:孙C,XY号支柱接地线已撤除。

孙C:明白。

孙C:赵A,我是孙C,XY号支柱接地线已全部撤除。请指示。

赵A:孙C,XY号支柱接地线已全部撤除,赵A明白。清理作业现场,准备撤离。

孙C:清理作业现场,准备撤离。孙C明白。

接地线撤除后,地线操作人和监护人及时清理作业现场,清点人员、工具、材料,撤离到安全限界之外。工作领导人通知要令人员向供电调度申请消除停电作业命令,通知驻站联络员办理解除线路封锁手续。

5.风险提示与控制措施(表4-13)

表4-13　训练中的风险提示与控制措施

序号	风险提示	控制措施
1	使用不合格的绝缘手套和绝缘靴(鞋),造成人身伤害	检查绝缘手套和绝缘靴(鞋)应在使用日期范围内;检查绝缘手套和绝缘靴(鞋)无破损现象
2	使用未经试验的验电器或过试验周期的验电器,造成人身伤害	检查验电器在有效日期内
3	未使用相应电压等级的验电器,造成人身伤害	检查验电器的电压等级与被验导体电压等级相匹配
4	未正确使用验电器,造成人身伤害	验电时手应握在手柄处,不得超过护环;如果验电器的手柄绝缘棒为伸缩式,绝缘棒长度应拉足
5	验电前未核对接触网支柱位置,误入V停天窗有电线路,造成人身伤害	验电前核对支柱号码(及线路股道编号),确认位置正确,再进行验电
6	验电时人体与被验电设备未保持规定的安全距离,造成人身伤害	验电时人体与被验电设备保持规定的安全距离
7	挂接地线过程中人体触及裸漏的接地线,造成人身伤害	挂接地线过程中严禁身体触及接地线裸露部分
8	雷雨天气不得进行接触网室外验电接地	
9	接好的接地线侵入未封锁线路的限界,或者短接轨道信号电路,影响正常行车	挂接好的地线不得影响邻线的正常行车,不得短接自动闭塞区段轨道信号电路
10	验电、接地过程中绝缘杆被击穿,造成人身伤害	装设或拆除接地线时,操作人要借助于绝缘杆进行。绝缘杆要保持清洁、干燥
11	在装设接地线时,先连接与被停电的导体相连的一端;再连接地的一端,造成人身伤害	在装设接地线时,先将接地线的一端接地;再将另一端与被停电的导体相连。拆除接地线时,其顺序相反
12	接地端连接松动或接触不良,造成作业人员人身伤害	接地线要连接牢固;用钢丝刷清扫安装点,保证接触良好

综合练习

1. 单项选择题

(1)接触网验电器的电压等级为(　　)kV。

A. 220　　B. 110　　C. 25　　D. 10

(2)作业组在接到停电作业命令后须先(　　),然后方可进行作业。

A. 验电接地　　B. 向工作领导人请示

C. 梯车上道、立起　　D. 向工长请示

(3)铁路牵引供电专业接地线应使用截面积不小于(　　)的裸铜绞线制成并有透明护套保护。接地线不得有断股、散股和接头。

A. 5 mm^2　　B. 25 mm^2　　C. 50 mm^2　　D. 70 mm^2

(4)电力作业中在变、配电所和线路上停电作业,对一经合闸即可送电到工作地点的断路器或隔离开关的操作把手上,应悬挂(　　)的标示牌。

A. "禁止合闸、有人工作"　　B. "止步! 高压危险"

C. "在此工作!"　　D. "已接地"

(5)每个作业组停电作业前,由工作领导人指定一名安全等级不低于(　　)级的作业组成员作为要令人员,向供电调度员申请停电命令,并说明停电作业的范围、内容、时间、安全和防护措施等。

A. 一　　B. 二　　C. 三　　D. 四

(6)使用高压验电器时,最先进行的应是(　　)。

A. 检查高压验电器表面无破损、裂纹;确认验电器额定电压与被测电气设备的电压等级相适应;验电器合格证在有效期内

B. 进行自检试验

C. 将验电器在有电的电器上测试

D. 到停电的设备验电

(7)对停电作业的设备,必须从可能来电的各方向切断电源,并有明显的断开点。下列设备中开断后符合此要求的是(　　)。

A. 真空断路器　　B. SF_6 断路器

C. 氧化锌避雷器　　D. 隔离开关

2. 判断题

(1)牵引变电所工长和值班员要随时巡视作业地点,了解工作情况,发现不安全情况要及时提出,若属危及人身、行车、设备安全的紧急情况时,有权制止其作业,收回工作票,令其撤出作业地点;必须要认真检查消除了不安全情况时才能继续作业,并将中断作业的地点、时间和原因记入值班日志。(　　)

(2)同杆架设的多层电力线路同时挂接地线时,应先挂低压后挂高压,先挂下层后挂上层。(　　)

(3)停电范围>地线范围>检修作业范围。(　　)

3. 简答与综合题

(1)使用验电器验电的有关规定是什么?

(2)针对V形停电接触网检修作业的特殊性提出的安全措施有哪些?

学习情境5　带电作业

1　理论学习部分

带电作业是指在高压及低压电气设备上不停电进行检修、测试的一种作业方法(图5-1)。电气设备在长期运行中需要经常测试、检查和维修,带电作业是避免检修停电、保证正常供电的有效措施。带电作业的内容可分为带电测试、带电检查和带电检修等几方面。铁路供电部门带电作业的对象包括(牵引)变电所电气设备、架空输电线路(接触网)、配电线路和配电设备。铁路供电部门带电作业的主要项目有清扫绝缘子(水冲洗绝缘子)、检测不良绝缘子、测试隔离开关和避雷器、测试变压器温升及介质损耗值、接触网(或输电线路)故障处理等。

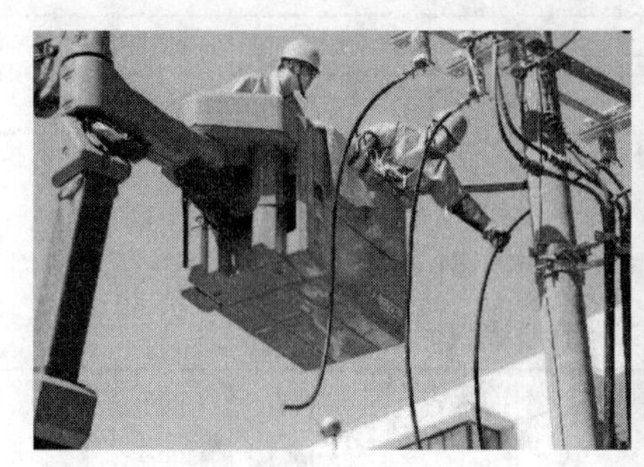

图5-1　带电作业

1.1　牵引变电所内带电作业

1.1.1　牵引变电所高压设备带电作业

牵引变电所高压设备带电作业按作业方式分为直接带电作业(用绝缘工具将人体与接地体隔开,使人体与带电设备的电位相同,从而直接在带电设备上作业)和间接带电作业(借助绝缘工具,在带电设备上作业)。

牵引变电所一般不应采用高压设备直接带电作业。确需高压设备间接带电作业时需经供电调度批准、签发牵引变电所第二种工作票,并参照国家有关标准执行。

1.1.1.1　*牵引变电所带电作业命令程序*

除了值班员有权自行倒闸的设备外,对属供电调度管辖的设备,在作业前由值班员向供电调度申请带电作业,申请时要说明作业的地点、内容、时间、安全措施、班组和工作领导人的姓名。供电调度员审查符合条件后,发布带电作业命令。

供电调度员在发布带电作业命令时,受令人要认真复诵,经确认无误后,方可给命令编号和批准时间。发令人和受令人同时填写作业命令记录，并由值班员将其填写在工作票内。

值班员接到供电调度员发布的带电作业命令后，方可实施安全措施、办理准许作业手续。作业结束后，值班员要向供电调度请求消除带电作业命令，由供电调度给予消除作业命令时间，双方记入作业命令记录中。

1.1.1.2 安全距离

间接带电作业时，作业人员（包括所持的非绝缘工具）与带电部分之间的距离，均不得小于表 5-1 规定。

表 5-1 间接带电作业设备带电部距工作人员距离

电压等级（kV）	330	220	110	55	27.5、35	6～10
安全距离（mm）	2 200	1 800	1 000	700	600	400

1.1.1.3 绝缘工具

1.带电作业用的绝缘工具材质的电气强度不得小于 3 kV/cm；其有效绝缘长度不得小于表 5-2 规定。

表 5-2 绝缘工具材质的有效绝缘长度

电压等级（kV）	330	220	110	55	27.5、35	6～10
有效绝缘长度（mm）	3 100	2 100	1 300	1 000	900	700

2.绝缘工具要有合格证并进行试验。

（1）对使用中绝缘工具定期进行试验（试验标准和试验周期见表 5-3）

表 5-3 绝缘安全工器具试验项目、周期和要求

<table>
<tr><th>序号</th><th>名称</th><th>周期
（月）</th><th>电压等级
（kV）</th><th>试验电压
（kV）</th><th>试验长度
（m）</th><th>负荷
（N）</th><th>时间
（min）</th><th>泄漏电流
（mA）</th><th>合格标准
及说明</th></tr>
<tr><td rowspan="5">1</td><td rowspan="5">绝缘棒、杆、滑轮</td><td rowspan="5">6</td><td>330</td><td>380</td><td>3.2</td><td></td><td>5</td><td rowspan="5"></td><td rowspan="9">无过热、击穿和变形。若试验变压器电压等级达不到试验的要求，可分段进行试验，最多可分成 4 段，分段试验电压应为整体试验电压除以分段数再乘以 1.2 倍的系数</td></tr>
<tr><td>220</td><td>440</td><td>2.1</td><td></td><td>1</td></tr>
<tr><td>110</td><td>220</td><td>1.3</td><td></td><td>1</td></tr>
<tr><td>27.5</td><td>120</td><td>0.9</td><td></td><td rowspan="2">5</td></tr>
<tr><td>6～10</td><td>44</td><td>0.7</td><td></td></tr>
<tr><td rowspan="2">2</td><td rowspan="2">绝缘手套</td><td rowspan="2">6</td><td>高压</td><td>8</td><td></td><td></td><td rowspan="2">1</td><td>9</td></tr>
<tr><td>低压</td><td>2.5</td><td></td><td></td><td>2.5</td></tr>
<tr><td>3</td><td>绝缘靴</td><td>6</td><td>高压</td><td>15</td><td></td><td></td><td>1</td><td>7.5</td></tr>
<tr><td>4</td><td>绝缘绳</td><td>6</td><td>105/0.5 m</td><td></td><td></td><td></td><td>5</td><td></td></tr>
<tr><td>5</td><td>绝缘梯</td><td>6</td><td></td><td>2.5/cm</td><td></td><td></td><td>5</td><td></td><td></td></tr>
<tr><td>6</td><td>验电器</td><td>6</td><td colspan="7">启动电压值不高于额定电压的 40%，不低于额定电压的 15%，试验时接触电极应与试验电极相接触</td></tr>
<tr><td>7</td><td>金属梯</td><td>12</td><td></td><td></td><td></td><td>2 205</td><td>5</td><td colspan="2" rowspan="2">任一级梯蹬加负荷后不得有裂损和永久变形</td></tr>
<tr><td>8</td><td>竹木梯</td><td>6</td><td></td><td></td><td></td><td>1 765</td><td>5</td></tr>
<tr><td>9</td><td>绳子</td><td>6</td><td></td><td></td><td></td><td>2 205</td><td>5</td><td></td><td>无破损断股</td></tr>
<tr><td>10</td><td>安全带</td><td>6</td><td></td><td></td><td></td><td>2 205</td><td>5</td><td></td><td>无破损</td></tr>
</table>

(2)绝缘工具的机、电性能发生损伤或对其怀疑时，进行相应的试验。禁止使用未经试验或试验不合格或超过试验期的绝缘工具。

3.使用工具前应仔细检查其是否损坏、变形、失灵，并使用2 500 V绝缘摇表或绝缘检测仪进行分段绝缘检测(电极宽2 cm，极间宽2 cm)，阻值应不低于700 MΩ。操作绝缘工具时应戴清洁、干燥的手套，并应防止绝缘工具在使用中脏污和受潮。

4.带电作业工具应设专人保管，登记造册，并建立每件工具的试验记录。

5.带电作业工具应置于通风良好、备有红外线灯泡或去湿设施的清洁干燥的专用房间存放。

6.绝缘工具在使用中要经常保持清洁、干燥、切勿损伤。使用管材制作的绝缘工具，其管口要密封。

1.1.1.4 牵引变电所(间接)带电作业需要遵守的安全规定

1.在进行带电作业前必须撤除有关断路器的重合闸(测量绝缘子的电压分布除外)。在作业过程中如果有关断路器跳闸或发现设备无电时，值班员均要立即向供电调度报告，供电调度员必须弄清情况后再决定送电。

2.在使用绝缘硬梯作业时，除遵守使用梯子作业的有关规定外，还要注意扶梯的部位要尽量靠近地面，以保持足够的有效绝缘长度。

3.雷电时禁止在室外设备以及与其有电气连接的室内设备上作业。遇有雨、雪、雾、风(风力在五级以上)的恶劣天气时，禁止进行带电作业。

4.在全部或部分带电的盘上进行作业时，应将有作业的设备与运行设备以明显的标志隔开。

5.在牵引变电所内作业时，严禁用棉纱(或人造纤维织品)、汽油、酒精等易燃物擦拭带电部分，以防起火。

6.带电更换低压熔断器时，操作人要戴防护眼镜，站在绝缘垫上，并要使用绝缘夹钳或绝缘手套。

7.值班员在做好安全措施后，要到作业地点进行下列工作：

(1)会同工作领导人按工作票的要求共同检查作业地点的安全措施。

(2)向工作领导人指明准许作业的范围、接地线和旁路设备的位置、附近有电(停电作业时)或接地(直接带电作业时)的设备，以及其他有关注意事项。

(3)经工作领导人确认符合要求后，双方在两份工作票上签字后，工作票一份交工作领导人，另一份值班员留存，即可开始作业。

8.当进行电气设备的带电作业和远离带电部分的作业时，工作领导人主要是负责监护作业组成员的作业安全，不参加具体作业。

1.1.2 牵引变电所低压设备上的作业

1.在变压器至钢轨的回流线上作业时，一般应停电进行，填写第一种工作票，但对不断开回流线的作业且经确认回流线各部分连接良好时，可以带电进行。

对断开作业的回流线，必须有可靠的旁路线。

在回流线上带电作业时，要填写第三种工作票。严禁1人单独作业，作业人员的安全等级不低于三级。

2.在低压设备上作业时一般应停电进行。若必须带电作业时，作业人员要穿紧袖口的工作服，戴工作帽，手套和防护眼镜，穿绝缘靴或站在绝缘垫上工作；所用的工具必须有良好的绝缘手柄；附近其他设备的带电部分必须用绝缘板隔开。

在低压设备上作业时，严禁1人单独作业。带电作业时作业人员的安全等级不得低于三级；停电作业时至少有1人的安全等级不低于二级。

3. 严禁将明火或能发生火焰的物品带入蓄电池室。在蓄电池室进行作业时，作业前要先检查并确认室内无异常现象，在作业过程中禁止对蓄电池充电，室内所有的通风机均应开动，保持通风良好。

在向蓄电池中注电解液或调配电解液时要戴防护眼镜。当稀释酸液（或碱液）时要将酸液（或碱液）徐徐注入蒸馏水中，并用耐酸棒（或耐碱棒）不停地搅拌，严禁把蒸馏水倒入酸液（或碱液）中。

【典型案例 5-1】

××年6月8日，由于A开闭所误拆接地线，造成相邻B牵引变电所带地线送电，直流电源装置蓄电池误切除，失去保护电源，断路器无法跳闸，使短路时间长达5 min之久，直至系统跳闸。短路电流使A开闭所开关、二次盘及接触网设备严重烧损，长时间不能投入使用。

事件经过及原因：

5月25日，B牵引变电所对蓄电池进行小修，发票人按2月份蓄电池更换电解液时工作票，签发了蓄电池小修工作票。2月份蓄电池检修工作票是根据当时自带一组24 A·h备用蓄电池情况签发的，工作票中将运行电池组选择开关K5打到另一“通”位（K5为三位开关，“断、通、通”，其中一“通”位是运行电池组接入，而另一“通”位是备用电池组接入，如图5-2所示）。由于2月份蓄电池更换电解液时将自带备用蓄电池事先接在了9-10RD端子D3、D4上，当K5打到备用电池接入位时，将24 A·h备用蓄电池接入。5月25日，蓄电池小修结束后，恢复安全措施时，也没有将K5恢复。致使蓄电池从5月25日到事故发生的6月8日长达14天时间没有投入运行，蓄电池作为直流电源装置核心设备，在直流负载陡增或交流电源电压陡降时提供补充能源，维持正常的工作电压并在交流电源停电或充电机故障时给直流负荷提供电源。

6月8日14时—15时，接触网工区在下行作业，14时45分作业完毕消令后，A开闭所值班员在14时46分执行电调37303命令时，误将2314GK下行接地线作为2311GK下行接地线撤除，如图5-3所示，导致接触网下行作业结束后，14时50分B牵引变电所213断路器合闸时带地线合闸。此时，变电所蓄电池运行电池组选择开关K5打在备用蓄电池位，蓄电池无法向直流母线供电。由于短路接地，变电所高压母线电压较低，自用交流电源电压不正常，浮充电压低，使直流盘浮充起动直流接触器JC2吸合不上，导致直流母线无电压，保护装置无保护电源，102DL、213DL无法跳闸切除故障，形成持续的大短路电流，直至14时55分地方供电局电力系统开关跳闸，造成变电所全所失压停电。

事故损失：

此次事故造成A开闭所213DL、2311GK、2312GK、2321GK机构箱不同程度烧损，与之相连的电缆严重烧损；2311GK瓷瓶炸裂，引线烧断；2811GK瓷瓶击穿，引线烧断，1ZB熔断器及T线支持悬瓶炸裂；直流配电箱和地网等毁坏程度不等；三面保护盘、控制盘都有短路着火痕迹；故标盘、远动盘、交流盘烧损；接触网设备中架空地线烧断落地4跨，AF线悬瓶击穿1处，AF线与PW线烧伤。

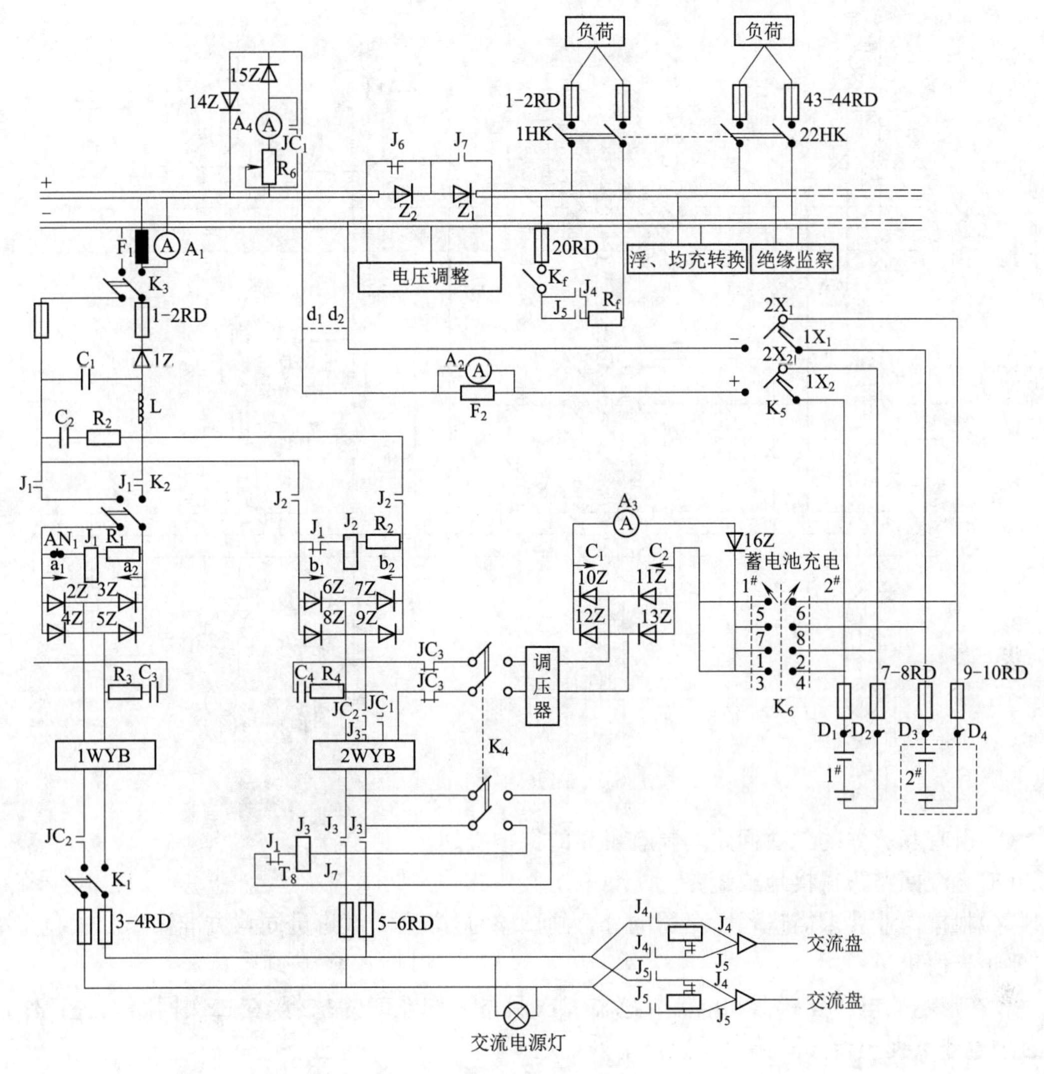

图5-2　直流电源装置接线图

1.1.3　牵引变电所二次回路上的不停电作业

1. 在确保人身安全和设备安全运行的条件下，允许有关的高压设备和二次回路不停电进行下列工作：

(1)在测量、信号、控制和保护回路上进行较简单的作业。

(2)改变继电保护装置的整定值，但不得进行该装置的调整试验，作业人员的安全等级不得低于三级。

(3)当电气设备有多重继电保护，经供电调度批准短时撤出部分装置时，在撤出运行的保护装置上作业。

2. 在二次回路上进行作业时必须遵守下列规定：

(1)人员不得进入高压分间或防护栅内，同时与带电部分之间的距离要等于或大于规定的数值。

当作业地点附近有高压设备时，要在作业地点周围设围栅和悬挂相应的标示牌。

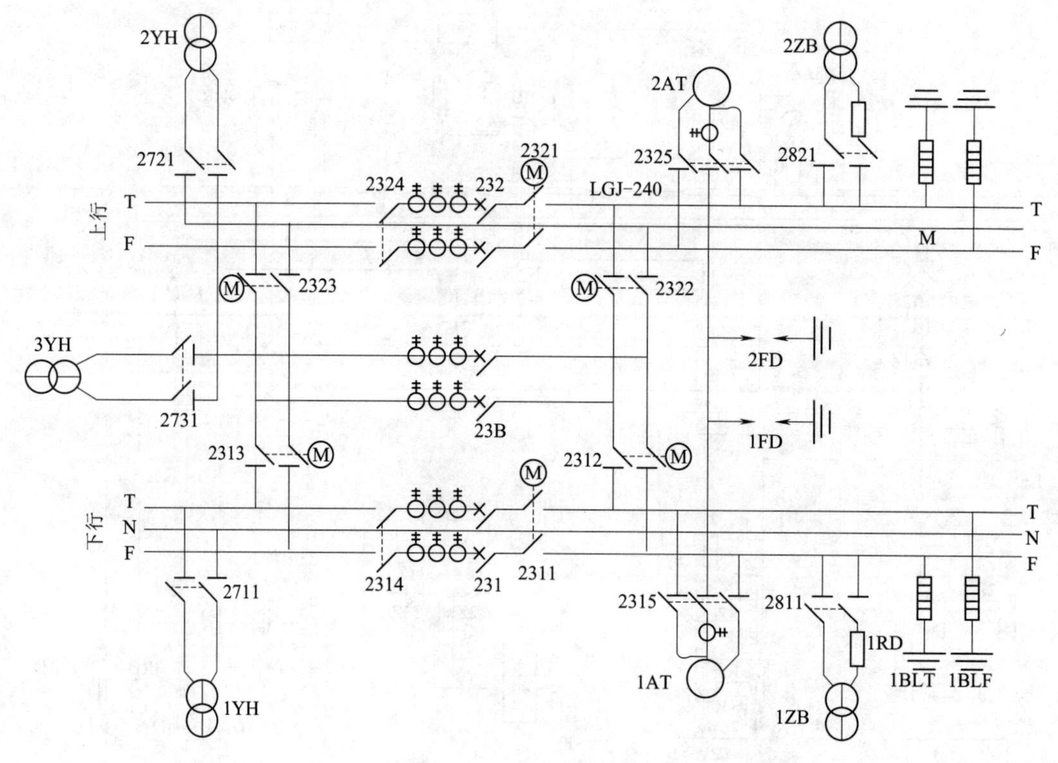

图 5-3　A 开闭所主接线

(2)所有互感器的二次回路均要有可靠的保护接地。

(3)直流回路不得接地或短路。

(4)根据作业要求需进行断路器的分合闸试验时,必须经值班员同意方准操作。试验完毕时,要报告值班员。

3. 在带电的电压互感器和电流互感器二次回路上作业时除执行“在二次回路上进行作业时必须遵守下列规定”外,还必须遵守下列规定:

(1)电压互感器

①注意防止发生短路或接地。作业时作业人员要戴手套,并使用绝缘工具,必要时作业前撤出有关的继电保护。

②连接的临时负荷,在互感器与负荷设备之间必须有专用的刀闸和熔断器。

(2)电流互感器

①严禁将其二次侧开路。

②短路其二次绕组时,必须使用短路片或短路线,并要连接牢固,接触良好,严禁用缠绕的方式进行短接。

(3)作业时必须有专人监护,操作人必须使用绝缘工具并站在绝缘垫上。

4. 当用外加电源检查电压互感器的二次回路时,在加电源之前须在电压互感器的周围设围栅,围栅上要悬挂“止步,高压危险!”的标示牌,且人员要退到安全地带。

1.2　接触网间接带电作业

根据现行铁路规定,一般不进行接触网直接带电作业,同时规范了间接带电作业的项目及具体要求。间接带电作业项目主要包括：利用绝缘测杆进行参数测量、利用专用除冰杆除冰、利用绝缘杆去除网上异物等，如图 5-4 所示。

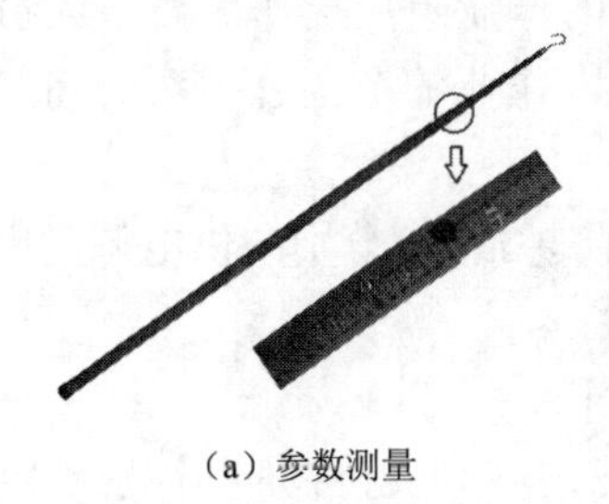

(a) 参数测量

(b) 除冰

(c) 去除网上异物

图 5-4　接触网间接带电作业

1.2.1　接触网间接带电作业一般规定

遇有雨、雪、重雾、霾等恶劣天气或空气相对湿度大于 85%时，一般不进行间接带电作业。

【典型案例 5-2】

××年 5 月 14 日×接触网工区，计划在×区间进行车梯巡视及清扫绝缘子作业。13 时，工长在工区院内对 14 名职工进行了点名及作业分工，随后便带领职工准备“要点”后乘坐工区轨道车进入区间作业。轨道车由×车站 7 道转入 1 道停车运转室门口时，司机向工长报告：轨道车出现故障，今天不能出去了。工长立即向供电调度做了汇报，并取消了作业计划。工长宣布取消作业后，职工们都陆续回到工区休息。15 时 10 分左右，年仅 24 岁的刘某向工友李某(工区兼职业务教员)表达请教操作技术的请求，李某答应后在去厕所过程中，刘某从轨道车内擅自取出测杆，盲目将测杆挂在 4 道 20 号支柱的带电设备上，当即被电击倒在地。

案例分析：

事故发生后，有关部门经调查分析，得出造成刘某触电死亡的直接原因：一是测杆表面脏污潮湿，致使测杆放电，造成触电伤亡。二是工区对工具管理不严，按要求工作结束后应将工具及时入库，特别是与人身安全紧密相关的绝缘工具，而工区由于怕麻烦，没有将工具及时入库，为刘某擅自动用工具创造了条件。

间接带电作业人员在接触工具的绝缘部分时应戴干净的手套，不得赤手接触或使用脏污手套。

间接带电作业时，作业人员(包括其所携带的非绝缘工具、材料)与带电体之间须保持的最小距离不得小于 1 000 mm，当受限制时不得小于 600 mm。

【典型案例 5-3】

××年 4 月 13 日，某接触网工区在××区间 65 号支柱进行带电作业时，作业人甲(在接触网上)向地面作业组成员要工具，乙没有多想便攀上 65 号支柱向甲传工具，造成空气间隙击穿，乙触电坠地，甲被送到医院后截去右臂。

案例分析：

在此案例中甲、乙二人没有清醒地认识到除作业人员外，所持的所有机具、材料、零部件等同样不得侵入带电部分的安全限界内。在实际接触网检修中，严禁把一些通常意义上的绝缘物体如棕绳、木榔、木杆等没有经过试验(或者没有按绝缘工具进行管理)的材料当成绝缘材料使用。

1.2.2　接触网间接带电作业命令程序

1. 每次作业前，由工作领导人指定安全等级不低于三级的作业组成员作为要令人员向供电调度员申请作业命令。在申请作业命令时，要说明间接带电作业的范围、内容、时间和安全防护措施等。

几个作业组同时作业时，每一个作业组须分别设置安全防护措施，分别向供电调度申请作业命令。

2. 供电调度在发布间接带电作业命令前，要做好下列工作：

(1)将所有的间接带电作业申请进行综合安排，审查作业内容和安全防护措施，确定作业地点、范围和安全防护措施。

(2)根据作业需求，撤除有关馈线断路器的重合闸。

(3)在发布间接带电作业命令时，经受令人认真复诵并确认无误后，方可发布命令编号和批准时间。每次进行间接带电作业时，发令人将命令内容进行记录，受令人要填写“接触网间接带电作业命令票”。

接触网间接带电作业命令票

______接触网工区　　　　　　　　　　　　　　　　第　　号

命令编号：	
批准时间：　　　　年　　月　　日　　时　　分	
命令内容：	
要求完成时间：　　年　　月　　日　　时　　分	
发令人：	受令人：
消令时间：　　　　年　　月　　日　　时　　分	
消令人：	供电调度员：

注：本票用白色纸印绿色格和字。

3. 在作业过程中如果发现馈电线的断路器跳闸，供电调度员在未查清作业组情况前不得送电。作业组如果发现接触网无电时，要立即向供电调度报告。

1.2.3　接触网间接带电作业结束

1. 作业任务完成，清点全部作业人员、机具、材料并撤至安全地带后，由工作领导人宣布结束作业，通知要令人向供电调度员申请消除间接带电作业命令。

几个作业组同时作业时，要分别向供电调度申请消除间接带电作业命令。

2. 供电调度员确认作业组已经结束作业，不妨碍正常供电和行车后，给予消除作业命令时间，双方均记入记录中，整个间接带电作业方告结束。

供电调度员确认供电臂内所有的作业组均已消除间接带电作业命令，方能恢复有关馈线断路器的重合闸。

1.2.4　接触网间接带电作业安全技术措施

1.间接带电作业工作领导人不得直接参加操作,必须在现场不间断地进行监护。

2.工作领导人在作业前检查工具良好,确认联络员和行车防护人员已全部就位,通信联络工具状态良好,间接带电作业命令程序办理完毕,所采取的安全及防护措施全部落实后,方能向作业组下达作业开始的命令。

1.3　铁路电力设备带电作业

铁路电力设备检修中的带电作业,系指采用各种绝缘工具带电从事高压测量工作,检修或穿越低压带电线路,拆、装引入线等工作,以及在高压带电设备外壳上的工作。

1.3.1　高压电力设备带电作业填用工作票

在下列高压电力设备上进行带电作业,应遵守工作票制度,填用带电作业工作票:

(1)在高压线路和两路电源供电的低压线路上的带电作业;

(2)在控制屏(台)和二次线路上的工作,无需将高压设备停电的作业;

(3)在旋转的高压发电机励磁回路上,或高压电动机转子电阻回路上的工作;

(4)用绝缘棒和电压互感器定相,以及用钳形电流表测量高压回路的电流。

1.3.2　铁路电力低压设备带电作业

铁路电力关于低压设备带电作业的规定:

1.两路电源供电的低压线路带电工作应填用带电作业工作票。低压带电作业和穿越低压带电线路的作业,工作人员必须穿紧口干燥的工作服、绝缘靴、戴工作帽和干燥整洁的线手套。低压带电作业应使用绝缘钳子。禁止使用刀子、锉刀、金属尺和铁刷子等带有金属的工具。绝缘靴每年应进行一次绝缘强度试验,绝缘强度不应低于出厂的耐压标准。

2.低压带电作业不允许带负荷接续导线。如必须带电更换电气器具时,应先做好旁路线。在自动闭塞低压线路上,允许在不受张力的处所接续导线,但必须设可靠的旁路线。

3.在杆上进行低压带电作业时,一般一根杆只允许一人工作。当线路不复杂,且采取了可靠的安全措施时,可以两人同时工作。

4.登杆时应当先分清火线和地线,选好工作位置。断开导线时,应先断火线、后断地线,接续导线时顺序相反。工作时只允许接触一个导体,不许同时接触邻相导体或一相一地导线。

2　操作技能部分

2.1　绝缘工器具

2.1.1　绝缘手套

绝缘手套又叫高压绝缘手套,如图5-5所示,是用天然橡胶制成,用绝缘橡胶或乳胶经压片、模压、硫化或浸模成型的五指手套,是电力设备运行维护和检修试验中常用的安全工器具和重要的绝缘防护装备。

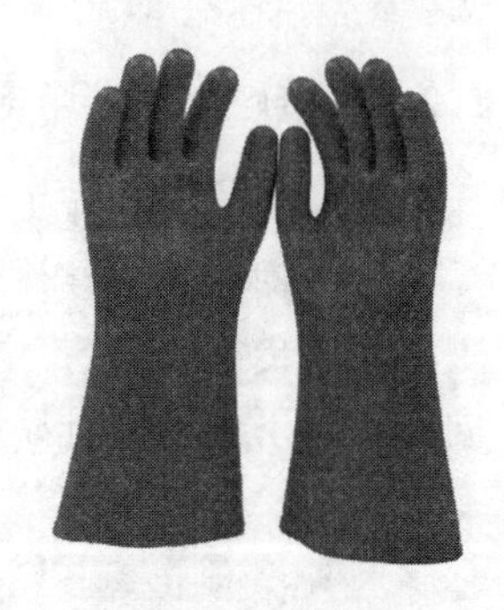

图 5-5　绝缘手套

2.1.1.1　绝缘手套的使用

1. 使用前必须检查绝缘手套是否在有效期内。

2. 在使用前必须进行充气检验及外观检查，用吹气摇动挤压法进行气压测试，确定是完好无损，发现有任何破损则不能使用。如果发现手套未储存好，发生霉变，应及时送检，检测电性能复核实验。

3. 工作人员佩戴绝缘手套，须确保佩戴牢固、十指吻合、将衣袖口套入筒口内。

4. 使用后，应将内外污物擦洗干净，待干燥后，撒上滑石粉放置平整，以防受压受损，切勿放于地上。

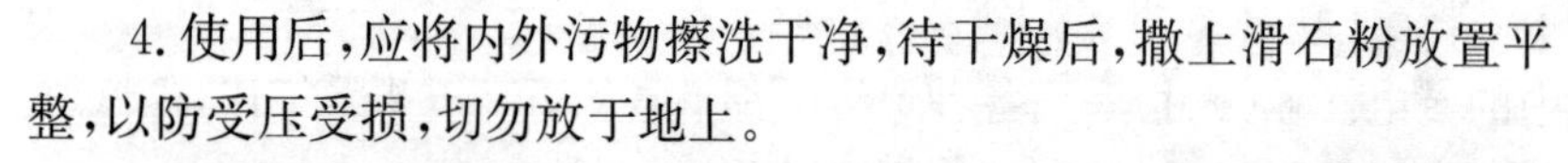

5. 绝缘手套应储存在干燥通风、室温－15～＋30 ℃、相对湿度 50%～80%的库房中，远离热源，离开地面和墙壁 200 mm 以上。避免受酸、碱、油等腐蚀品物质的影响，不要露天放置以避免阳光直射。

6. 每使用 6 个月必须进行预防性试验。

2.1.1.2　清洁和干燥

当手套变脏时，要用肥皂和温度不超过 65 ℃的清水冲洗，然后彻底干燥并涂上滑石粉。洗后如发现仍然黏附有像焦油或油漆之类的混合物，可立即用清洁剂清洁此部位(但清洁剂不能过多)然后立即冲洗掉，再按照前述办法处理。

2.1.2　绝缘靴和绝缘鞋

在生产、生活中，足部受到的主要伤害因素包括：物体砸伤或刺割伤害、高温或低温伤害、化学物质引起的伤害、触电伤害和静电伤害。绝缘靴(鞋)的主要作用就是保护足部免受触电伤害和静电伤害。铁路电力和牵引供电作业中高压绝缘靴主要适用于高压电力设备作业时作为辅助安全用具，在 1 kV 以下可作为基本安全用具；停电检修作业中也常采用绝缘鞋作为安全用具，如图 5-6所示。

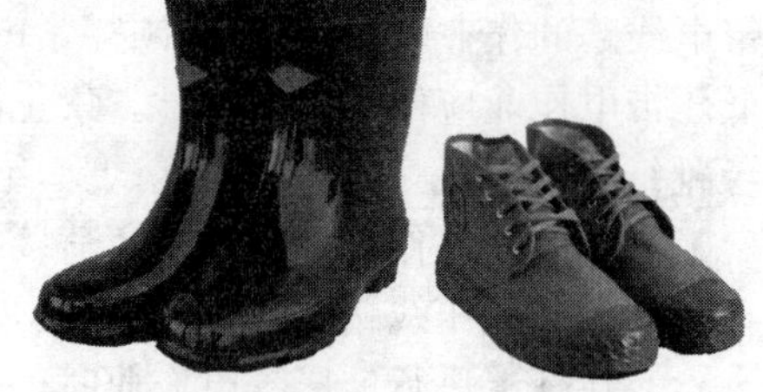

图 5-6　绝缘靴和绝缘鞋

2.1.2.1　"牵引变电所""接触网""铁路电力"相关安全工作规则(程)中需要穿绝缘靴(鞋)的规定

1. 高压系统倒闸操作，高压验电、放电，装设、拆除接地线，分合接地开关。

2. 雷雨天巡视室外设备。

3. 发生单相接地，需要进入规定安全半径内。

4. 停电检修高压设备。

5. 其他需要人体可靠绝缘的情况。

2.1.2.2　绝缘靴(鞋)标志和包装

1. 在每双电绝缘鞋的内帮或鞋底上应有标准号、电绝缘字样(或英文的缩写 EH)、闪电标记和耐电压数值。

2. 制造厂名、鞋号、产品或商标名称、生产年月日及电绝缘性能出厂检验合格印章。

3. 每双电绝缘鞋应用纸袋、塑料袋或纸盒包装。在袋或盒上应有的内容是：产品名(例：6 kV牛革面绝缘皮鞋、5 kV 绝缘布面胶鞋、20 kV 绝缘胶靴等)、标准号、制造厂名称、鞋号、商标和使用须知等。

2.1.3 使用注意事项

1.耐电压15 kV以下的电绝缘皮鞋和电绝缘布面胶鞋适用于工频电压1 kV以下的作业环境;耐电压15 kV以上的电绝缘胶靴和电绝缘塑料靴适用于工频电压1 kV以上的作业环境。在使用时必须严格遵守电业安全工作规则的有关规定。

2.穿用电绝缘皮鞋和电绝缘布面胶鞋时,其工作环境应能保持鞋面干燥。

3.穿用任何电绝缘鞋均应避免接触锐器、高温和腐蚀性物质,防止鞋受到损伤,影响电性能。凡帮底有腐蚀、破损之处,不能再作为电绝缘鞋穿用。

4.经预防性检验的电绝缘鞋耐电压和泄漏电流值应符合标准要求,否则不能使用。每次预防性检验结果有效期限不超过6个月。

2.2 绝缘电阻摇测技能训练

2.2.1 绝缘电阻测试仪

绝缘电阻测试仪又称兆欧表、摇表,是用来测量被测设备的绝缘电阻和高值电阻的仪表,是电力、邮电、通信、机电设备安装和维修以及利用电力作为工业动力或能源的工业企业部门常用而必不可少的仪表,适用于测量各种绝缘材料的电阻值及变压器、电机、电缆及电器设备等的绝缘电阻。根据额定电压分类有500 V、1 000 V、2 500 V等多种。

2.2.1.1 绝缘电阻测试仪的选用时的两个原则

(1)根据额定电压等级选择。

一般情况下,绝缘电阻测试仪根据所测电压的不同来选择,常用的有500 V、1 000 V、2 500 V三种。在无特殊规定时,设备的工作电压在500 V及以下的使用500 V的绝缘电阻测试仪测量;设备的工作电压在500 V以上3 000 V以下的使用1 000 V的绝缘电阻测试仪测量;设备的工作电压在3 000 V及以上的使用2 500 V绝缘电阻测试仪测量。注意:若选用高电压的绝缘电阻测试仪测量较低工作电压的设备可能会损坏被测设备的绝缘。

在铁路供电部门,绝缘电阻测试仪常选用额定电压2 500 V的ZC11D-10型(图5-7)等,ZC11D-10型绝缘电阻测试仪由一个手摇发电机、表头和三个接线柱(即L:线路端、E:接地端、G:屏蔽端)组成,内含中大规模集成电路,其输出功率大,短路电流值高,输出电压等级多,能适应铁路电力、接触网及牵引变电所等复杂、多变的测量环境。

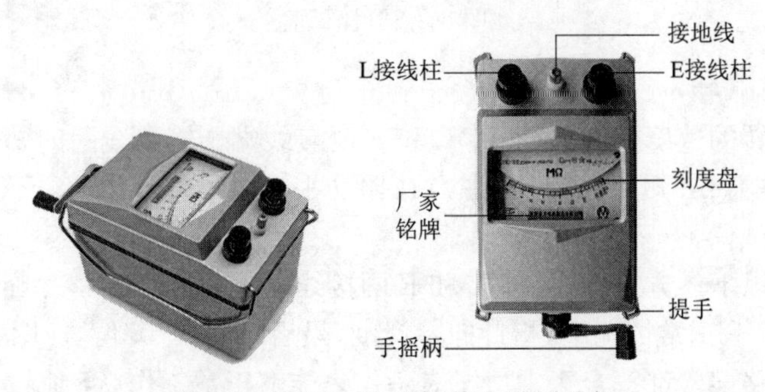

图5-7 ZC11D-10型绝缘电阻测试仪

(2)根据量程范围选择。

绝缘电阻测试仪的表盘刻度线上有两个小黑点,小黑点之间的区域为准确测量区域,所以在选表时应尽可能使被测设备的绝缘电阻值在准确测量区域内。摇表的测量范围与被测绝缘电阻的范围不相符时会引起大的读数误差。

2.2.1.2　绝缘电阻测试仪使用注意事项

(1)禁止在雷电时或高压设备附近测绝缘电阻,只能在设备不带电,也没有感应电的情况下测量。

(2)摇测过程中,被测设备上不能有人工作。

(3)绝缘电阻测试仪线不能绞在一起,要分开。

(4)绝缘电阻测试仪未停止转动之前或被测设备未放电之前,严禁用手触及。拆线时,也不要触及引线的金属部分。

(5)测量结束时,对于大电容设备要放电。

(6)要定期校验绝缘电阻测试仪准确度。

2.2.2　使用前的准备工作

绝缘电阻测试仪使用前的准备工作包括:

(1)在使用之前应检查绝缘电阻测试仪连接线的绝缘层是否完好,有无破损。

(2)检查绝缘电阻测试仪固定接线柱有无滑丝等可能导致接触不良的问题。

(3)校表。校表主要是通过进行开路试验和短路试验以校验绝缘电阻测试仪状态良好。

2.2.2.1　开路试验

将绝缘电阻测试仪水平放置,将连接线开路(或无接线情况下),以每分钟120转的速度摇动摇柄,如图5-8(a)所示。在开路实验中,指针应该指到"∞"处[图5-8(b)]。注意:在开路实验过程中双手不能触碰线夹的导体部分,试验完成后,相互触碰线夹放电。

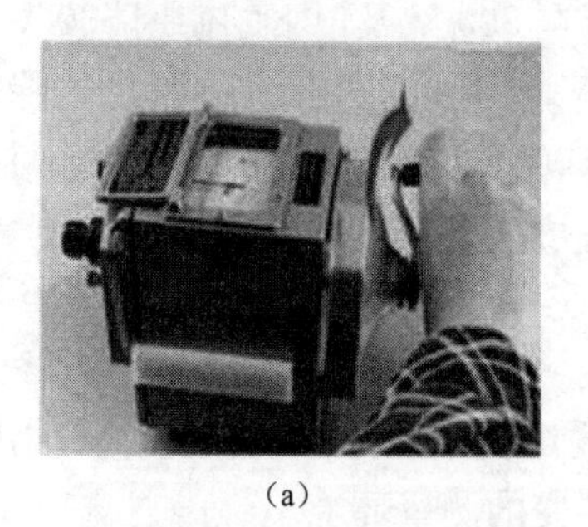

(a)

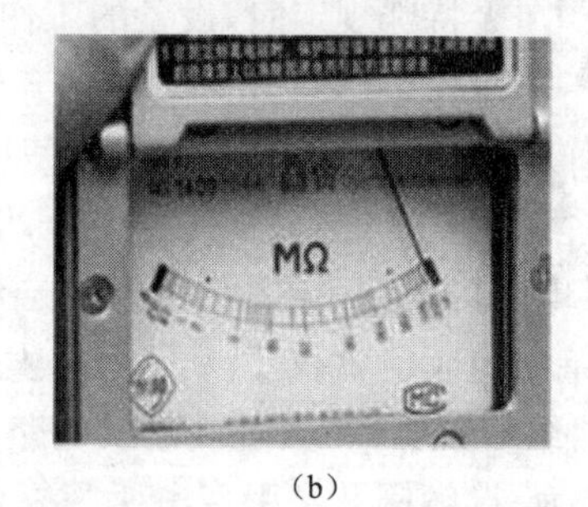

(b)

图5-8　开路试验

2.2.2.2　短路试验

以每分钟120转的速度摇动摇柄,使L和E两接线端子输出线瞬时短接,短路试验中,指针应迅速指"0"。注意:在短路试验中,注意在摇动手柄时不得让L和E短接时间过长,否则将损坏绝缘电阻测试仪。

短路试验也可以下述方式进行:将L和E两接线端子短接,如图5-9(a)所示,逆时针缓慢转动手柄[图5-9(b)],正常情况下,指针向左滑动,最后停留在"0"位置[图5-9(c)]。

开路试验和短路试验都符合正常情况表示仪表能够正常工作,否则表示仪表出现故障,不能继续使用。

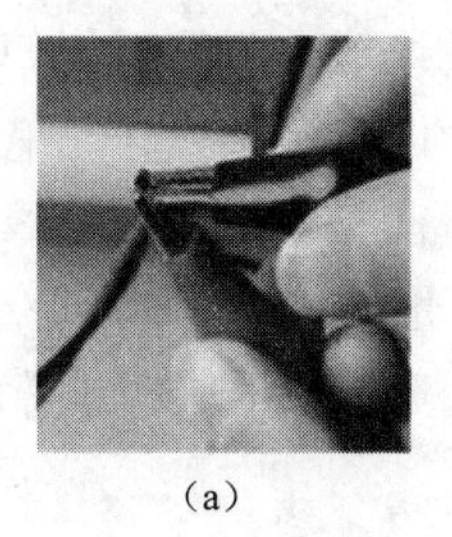
(a)

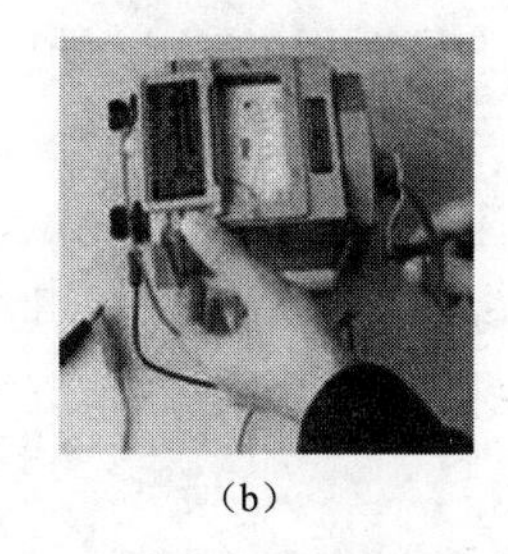
(b)

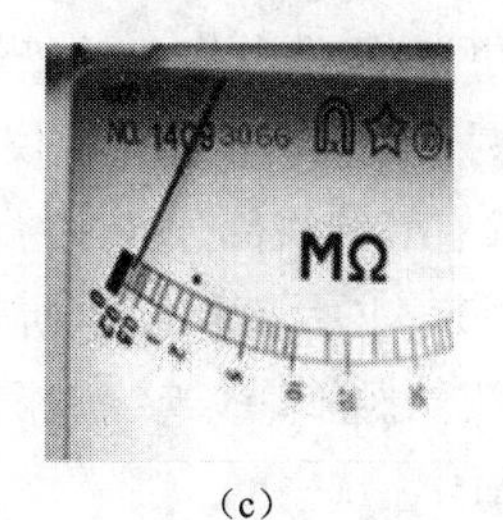

(c)

图 5-9　短路试验

2.2.3　变压器绝缘电阻摇测作业

2.2.3.1　作业内容

1. 记录变压器铭牌上出厂编号、日期及型号。

2. 拆除变压器一次、二次接线及铁芯接地线。使用摇表摇测变压器、电抗器一次线圈对地、二次线圈对地，一次线圈对二次线圈，(干式变)铁芯对夹件及地的绝缘电阻值。

3. 记录变压器挡位、油色油位、压力表指示。

2.2.3.2　工作准备

1. 工具

组合工具 1 套。5 000 V(2 500 V)兆欧表 1 块、500 V(1 000 V)兆欧表 1 块。10 kV 绝缘手套(试验合格)2 双、10 kV 验电器 1 支、室内接地线 1 组及温湿度计。

2. 材料

高低压绝缘胶带各 1 盘、毛刷(刷头铁皮部分使用绝缘胶布处理)若干。

2.2.3.3　安全措施准备

1. 变压器停电，验明无电做好安全措施。接触变压器前应执行重复检电、挂等位线措施。

2. 绝缘测试时参考环境温度 20～30 ℃，湿度小于 90%。

2.2.3.4　操作流程

(1)测量绝缘电阻时，一般只用“L”和“E”端，但在测量电缆对地的绝缘电阻或被测设备的漏电流较严重时，就要使用“G”端，并将“G”端接屏蔽层或外壳。线路接好后，可按顺时针方向转动摇把，摇动的速度应由慢而快，当转速达到每分钟 120 转左右时，保持匀速转动，1 min 后读数，并且要边摇边读数，不能停下来读数。

(2)铁路电力三相系统相对地绝缘电阻测量接线。选择 1 000 量程的绝缘电阻测试仪，先将兆欧表的接线端子“E”接地，再将接线端子“L”接相线，然后将接线端子“G”接在相线绝缘上，使用时以每分钟 120 转的匀速摇动兆欧表 1 min 后，读取表针稳定的数值。

相对相绝缘电阻测量接线。“G”端子为屏蔽端子，目的是屏蔽测量时在相线绝缘上产生的泄漏电流，以减少测量误差。使用时以每分钟 120 转的匀速摇动绝缘电阻测试仪 1 min 后，读取表针稳定的数值。

(3)电动机绕组对地绝缘电阻测量接线，选择 500 V 量程的绝缘电阻测试仪，使用时以每分钟 120 转的匀速摇动绝缘电阻测试仪 1 min 后，读取表针稳定的数值。

电动机绕组与绕组之间绝缘电阻测量接线。使用时以每分钟 120 转的匀速摇动绝缘电阻测试仪 1 min 后，读取表针稳定的数值。低压电动机绝缘要求 380 V 的为 0.5 MΩ 及以上，220 V 的为 0.22 MΩ 及以上。

(4)接触网间接带电作业的绝缘工具选择2 500V量程的绝缘电阻测试仪使用时以每分钟120转的匀速摇动绝缘电阻测试仪1 min后，读取表针稳定的数值。绝缘杆、绝缘车梯主绝缘等的绝缘要求有效绝缘部分的绝缘电阻，不得低于100 MΩ，或测量整个有效绝缘部分的绝缘电阻不低于10 000 MΩ。牵引变电所带电作业用的绝缘工具材质的电气强度不得小于3 kV/cm，使用2 500 V绝缘摇表或绝缘检测仪进行分段绝缘检测(电极宽2 cm，极间宽2 cm)，阻值应不低于700 MΩ。

(5)拆线放电。读数完毕，一边慢摇，一边拆线，然后将被测设备放电。放电方法是将测量时使用的地线从绝缘电阻测试仪上取下来与被测设备短接一下即可(注意：不是绝缘电阻测试仪放电，而是对被测设备放电)。

2.2.4　高压电缆(10 kV)绝缘电阻摇测作业

2.2.4.1　作业内容

1. 查阅技术资料，确定试验电缆实际与图纸相符，并记录电缆的型号及运行电压等参数。

2. 停电、检电做好安全措施。对电缆进行充分放电后，拆开两头高压电缆头并悬空。其中箱变贯通电缆需拆除后接头避雷器。

3. 使用5 000 V(2 500 V)摇表进行摇测绝缘电阻值并记录。

2.2.4.2　工具材料

1. 组合工具或电缆头拆卸专业工具2套。5 000 V(2 500 V)兆欧表1块。10 kV绝缘手套(试验合格)2双、10 kV验电器2支。

2. 高低压绝缘胶带各2盘，酒精纸2包，硅脂膏2盒。

2.2.4.3　安全措施准备

1. 严格落实停电、检电、封线制度及重复检电、放电制度。

2. 检查测量仪表及测量线状态良好，测量中不得碰触设备及测量线。测量完毕及时放电。

3. 使用2 500 V或者5 000 V挡位进行摇测。摇测时间为60 s，如变化明显，记录15 s及60 s绝缘电阻值并计算吸收比。

4. 检查确认兆欧表在周检期限内，摇测人员必须穿戴绝缘鞋、工作服等劳保用品。电缆两端均需采取安全隔离措施，避免人员误碰触。

2.2.4.4　操作流程

1. 电缆所在电源线、箱变、配电所馈出柜停电，验明无电做好安全措施。接触电缆头前应执行重复检电措施。

2. 记录电缆长度、相别及规格型号、名称。

3. 对电缆进行充分放电后，拆开两头高压电缆头并悬空。其中箱变贯通电缆前接头需拆除后接至避雷器。

4. 使用兆欧表摇测电缆相间、对地绝缘电阻值并记录。对架空线路避雷器进行绝缘摇测，确保良好。兆欧表摇测操作方法同变压器绝缘电阻摇测作业，高压电缆(10 kV)绝缘电阻摇测值500 MΩ以上为优良，400 MΩ以上为合格。

5. 恢复接线，并撤除安全措施。检查无误后按倒闸票恢复送电。

综合练习

1. 单项选择题

(1)进行接触网间接带电作业时,作业人员(包括其所携带的非绝缘工具、材料)与带电体之间须保持的最小距离不得小于(　　),当受限制时不得小于(　　)。

A. 1 000 mm,600 mm　　B. 700 mm,400 mm

C. 1 800 mm,700 mm　　D. 1 000 mm,400 mm

(2)遇有雨、雪、重雾、霾等恶劣天气,或空气相对湿度大于(　　)时,一般不进行接触网间接带电作业。

A. 55%　　B. 65%　　C. 75%　　D. 85%

(3)绝缘电阻测试仪一般由一个手摇发电机、表头和三个接线柱(L、E、G)组成。接线柱 L、E、G 分别定义为(　　)。

A. L:线路端、E:接地端、G:屏蔽端　　B. L:屏蔽端、E:线路端、G:接地端

C. L:接地端、E:屏蔽端、G:线路端　　D. L:线路端、E:屏蔽端、G:接地端

(4)牵引变压器绝缘电阻摇测作业要选用(　　)的绝缘电阻测试仪。

A. 500 V　　B. 1 000 V　　C. 2 500 V　　D. 3 000 V

2. 判断题

(1)绝缘工具的机、电性能发生损伤或对其怀疑时,进行相应的试验。　(　　)

(2)禁止使用未经试验或试验不合格或超过试验期的绝缘工具。　(　　)

(3)在变压器至钢轨的回流线上作业时,一般应停电进行,填写第三种工作票。　(　　)

3. 简答与综合题

(1)绝缘工具在使用前应做哪些检查?

(2)绝缘手套的使用有哪些规定?

学习情境6　远离带电部分的作业

1　理论学习部分

电力设备的检修中，除了进行设备停电作业和带电作业，还存在其他的作业分类，比如牵引变电所安全工作规程中规定的高压设备远离带电部分的作业、接触网安全工作规则中规定的远离作业以及铁路电力安全工作规程中规定的邻近带电作业和不停电的作业等作业方式，这些作业方式都可看作是远离带电部分的作业。所谓远离带电部分的作业是指在运行中的电压等级在250V及以上的发电、变电、输配电(线路保护区内)和带电运行的电气设备附近进行的可能影响电气设备和人员安全的一切作业。表面上看来距带电部分有一定距离，但作业施工过程中仍然存在触电伤害、机械伤害、车辆伤害、起重伤害等危险因素。所以进行远离带电部分的作业依然要组织施工、安全、电气等有关人员针对不同作业类型，进行危害辨识，制定作业程序、防范控制措施和应急预案；对作业人员应进行电气安全知识教育，掌握相应电气安全知识，才能上岗作业；作业用工具、劳动防护用品应符合有关要求。

【典型案例6-1】

某供电局安装队在进行0.22 kV低压线路紧线过程中，未采取防止导线、地线产生跳动的相关安全措施，导线弹跳到与之交叉跨越带电的10 kV龙柴路964号线路柴山2村支路C相上，造成正在拉线的8名民工触电，其中6人死亡、2人重伤。

案例分析：

作业中，由于导线、地线展放过程中张力的不均衡会产生振幅较大的跳动，接近或触碰上层带电线路，导致无法满足安全距离的要求，造成作业人员的触电伤害。

【典型案例6-2】

某施工队在线路改迁工作中，对新建的1号杆塔基础开挖时，当坑深挖到1.8 m后，挖坑作业人员杨某在坑内休息，不慎被坑口堆积的土石回落砸伤。

案例分析：

在超过1.5 m深的基坑内作业，为防止回落土石伤人，抛土时坑内工作人员应戴安全帽，亦应特别注意基坑塌方对人造成的伤害。作业人员严禁在坑内休息，防止土石回落或基坑坍塌，造成人身伤害。

1.1　牵引变电所远离带电部分作业的规定

1.牵引变电所远离带电部分作业项目

当作业人员与高压设备带电部分之间的距离等于或大于表4-1规定数值时，允许不停电在高压设备上进行下列作业：

(1)清扫外壳，更换整修附件(如油位指示器等)，更换硅胶，整修基础等。

(2)补油。

(3)取油样。

(4)能保证人身安全和设备安全运行的简单作业。

2. 远离带电部分作业安全规定

牵引变电所内进行远离带电部分的作业时,必须遵守下列规定:

(1)作业人员在任何情况下与带电部分之间必须保持规定的安全距离。

(2)作业人员和监护人员的安全等级不得低于二级。

(3)在高压设备外壳上作业时,作业前要先检查设备的接地必须完好。

1.2　接触网远离作业规定

接触网远离作业,即远离接触网带电部分的作业,指在距接触网带电部分 1 m 及其以外的处所进行的作业。

1. 接触网远离作业项目

常见的接触网远离作业项目包括距带电部分 1 m 及其以外的高空作业、较复杂的地面作业(如安装或更换火花间隙和地线、开挖支柱基坑)、未接触带电设备的测量等(图 6-1)。开展接触网远离作业要开具接触网第三种工作票。

(a) 地线检修

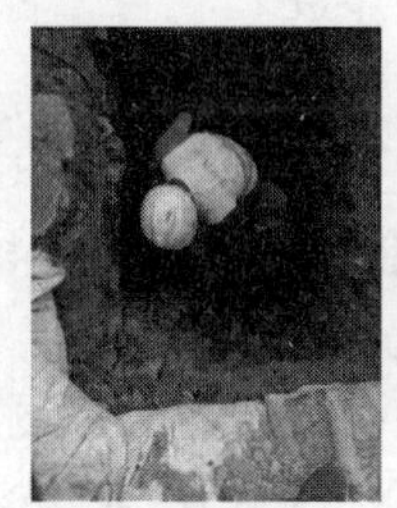
(b) 基坑开挖

(c) 接触网测量

图 6-1　常见接触网远离作业

2. 接触网远离作业安全监护的规定

接触网作业中,作业人员及所携带的物件、作业工器具等与接触网带电部分距离小于3 m的远离作业,每个作业地点均要设有专人监护,其安全等级不低于四级。

1.3　铁路电力邻近带电作业和不停电的作业

1. 铁路电力邻近带电作业项目

铁路电力邻近带电作业系指变配电所内停电作业处所附近还有一部分高压设备未停电;停电作业线路与另一带电线路交叉跨越、平行接近,安全距离不够者;两回线以上同杆架设的线路,在一回线上停电作业,而另一回线仍带电者;在带电杆塔上刷油、除鸟巢、紧杆塔螺丝等的作业。

2. 邻近带电作业安全规定

(1)在变、配电设备上进行邻近带电作业,工作组员不超过三人,且无偶然触及带电设备可能时工作执行人可参加具体工作。

(2)在全部停电作业和邻近带电作业,必须完成下列安全措施:

①停电;

②检电;

③接地封线;

④悬挂标示牌及装设防护物。

上述措施由配电值班员执行。对无人值班的电力设备(包括电线路),由工作执行人指定工作许可人执行。

【典型案例 6-3】

××年 6 月 9 日,×供电所×电力运行工区,按照检修计划对×车辆段院内车间变电所进行检修,执行工作票 10-0608 号,工作执行人张×,盯岗干部曹×。停电范围:车辆段变电室西干进线隔离开关至车辆段变电室 1～5 号高压柜及低压线路末端;作业范围:车辆段变电室1～5 号高压柜至低压线路末端。8 时 45 分停电安全措施采取完毕,8 时 50 分宣布开工。

按照当天工作分工,高压间内共有三名作业人员,祝××负责清扫 1～5 号高压柜母排;孙×负责更换高压柜指示灯泡及检修上部隔离开关;李××负责处理 2 号、3 号柜接点。祝××由 5 号柜登上柜顶,往 1 号柜方向清扫高压母排。9 时 20 分左右,祝××清扫完高压母排,在 1 号柜北侧下高压柜时,左手不慎碰到带电的高压进线隔离开关静触头,触电坠落,头东南、脚西北方向倒在 1 号柜前地面上。在场其他作业人员将祝××急送医院医治,经医生检查诊断为:“电击伤、多发软组织损伤”,造成轻伤事故。

案例分析:

1. 电力工祝××自我保护能力不强,思想麻痹大意,违反作业标准,在清扫完 1～5 号柜高压母排后,没有按原路线返回至 5 号柜,盲目在 1 号柜下柜,超出停电作业范围,不慎触及高压带电部位,违章作业是造成触电伤害事故的直接原因。

2. 祝××清扫 1 号柜时,活动范围距带电的高压进线隔离开关静触头仅 1 m 左右,尽管设置了接地封线,但邻近带电作业没有专人进行监护;祝××违章作业,超出停电范围和封线范围从 1 号柜下柜无人提示,造成触电坠落,无专人监护,是造成触电伤害事故的重要原因。

3. 盯岗干部安全监控不力,虽有形式上的干部盯岗,却没有严格落实干部盯岗的责任,盯岗干部自身责任意识不强、定位不准,用顶岗作业代替盯岗监控;在开始作业时也做过安全提示,但作业开始后便投入维修作业中,没有对安全关键进行监控。对安全关键作业失控负有直接责任。是造成触电伤害事故的另一个的重要原因。

(3)在带电线路杆塔上工作,即邻近带电作业时应遵守下列规定:

①在带电杆塔上刷油,除鸟巢,紧杆塔螺丝,查看金具、瓷瓶更换外灯保险和灯泡等作业人员活动范围及其所携带工具、材料等,与带电导线间的最小安全距离不得小于表 4-3 的规定。

②在电力线路上作业时,不得同时触及同杆架设的两条及以上带电低压线路。

③工作人员使用安全腰带,风力不大于五级,并有专人监护。

(4)停电检修线路与其他带电线路交叉时,应遵守下列规定:

①工作人员的活动范围与另一回带电线路间的最小安全距离不得小于表 4-3 的规定,否则另一回线亦应停电并接地。

②停电检修线路与另一回带电线路的距离虽大于安全距离,如果作业过程中仍有可能接近带电导线在安全距离以内时,作业导线、绞车或牵引工具必须接地。

③在交叉档撤线、架线、调整弛度只有停电线路在带电线路下面时才能进行。但必须采取防止导线跳动、滑跑或过牵引而与带电导线接近的措施。

④停电检修线路在另一回带电线路上面，而又必须在该线路不停电的情况下进行调整弛度、更换瓷瓶等工作时，必须使检修线路导线、牵引绳索等与带电线路导线之间有足够的安全距离、并采取防止导线脱落、滑跑的后备保护措施。

⑤停电检修线路走廊或径路附近与另一回杆塔结构相同的线路平行接近时，各杆塔下面做好标志，设专人监护，以防误登杆塔。

【典型案例 6-4】

××年 4 月 29 日，××供电所为配合升压工程，新架设一条 10 kV 的电线路“红铁线”，在架设中跨越一条 380 V 的农电线路(已全部停电)，刘××在拉着线条跨越农电线路时，造成农电本点下压，190.2 m 处的低压线升高，触及跨越此线路并交叉跨越距离只有 0.47 m 的“红九线”，造成接地放电，致使刘××触电死亡。

案例分析：

供电局线路“红九线”与农电线路交叉跨越距离不能达到国家电网电力安全规定的安全距离。

(5)在同杆架设的多回线路上进行邻近带电作业时，应按下列规定进行：

①工作人员在作业过程中与带电导线间的最小安全距离不得小于表 4-3 的规定。

②登杆和作业时每基杆塔都应设专人监护，风力应在五级以下。严禁在杆塔上卷绑线。

③应使用绝缘绳传递工具、材料。如上层线路停电作业时，在传递过程中要有防止工具、材料构成下层导线短路的措施。

④下层线路带电，上层线路停电作业时，不准进行撤线和架线工作。

⑤当穿越带电的低压联络线对已停电的自动闭塞高压导线进行作业时，填用停电作业工作票，但在应采取措施栏内，注明穿越低压带电导线和符合低压带电作业条件的安全措施。

(6)在合架于接触网支柱上的低压电力线上工作时，应遵守下列规定：

①电力线路检修时，应充分利用接触网检修“天窗”，必要时可办理接触网停电手续。

②在接触网带电的情况下进行电力线路检修时，工作人员的活动范围与接触网之间的安全距离不小于 1 m。

③应在电力线路作业区段两端加挂接地封线。

(7)砍伐树木时，应遵守下列规定：

①在线路带电情况下，砍伐靠近导线的树木时，工作负责人应向工作人员说明线路有电。工作人员不得使树木和绳索接触导线。

上树砍剪树枝时，工作人员不应攀抓脆弱和枯死的树枝，应站在坚固的树干上，系好安全带，面对线路方向，并应保持表 4-3 的安全距离。

②为防止树木(枝)倒落在导线上，应用绳索将被砍剪的树枝拉向与导线相反的方向。绳索应有足够的长度和强度，砍剪树枝应有专人防护，防止打伤行人。树枝接触高压带电导线时，严禁用手直接去取。

3. 不停电的作业

不停电的作业，系指本身不需要停电和没有偶然触及带电部分的作业。如更换绑桩、涂写杆号牌、修剪树枝、更换灯泡、检修外灯伞等的作业。

2 操作技能部分

接地电阻测量是供电工作人员必须掌握的技能之一，也是远离作业常进行的项目。例如《普速铁路接触网运行维修规则》第六十八条规定“每 12 个月检查 1 次避雷装置(雷雨季节前，含接地电阻测量)”;第一百七十四条中规定“27.5 kV 电缆、开关、避雷器、架空地线接地电阻值不应大于 10 Ω,零散的接触网支柱接地电阻值不应大于 30 Ω”。牵引变电所、电力检修规则中也有类似规定。这里以铁路供电段多配备的 ZC-8 型系列和 ETCR2000 系列接地电阻测试仪为例介绍接地电阻的测量。

2.1 接地电阻表(ZC-8 型)

2.1.1 概述

ZC-8 型系列模拟式接地电阻表(图 6-2)是铁路供电段配备最广泛的测量仪器，其功能全、准确度高，操作方便可靠，自带发电机，适合野外使用。可用于测量各种电力系统、电气设备、通信铁塔、高层建筑等接地系统的接地电阻，还可以测量低电阻导体的电阻值及土壤的电阻率。

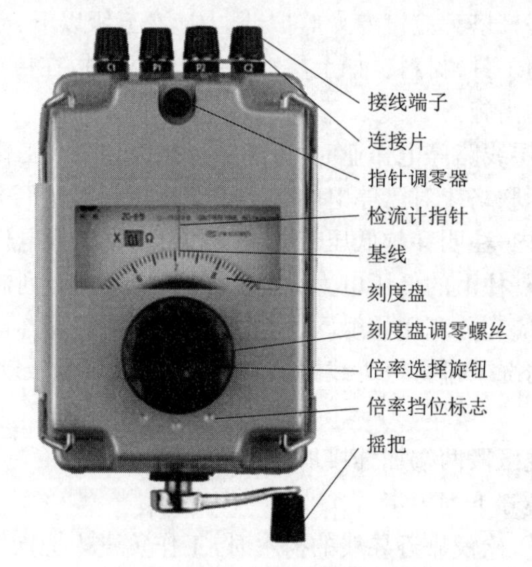

图 6-2 ZC-8 型系列接地电阻表

2.1.2 规格、性能及技术指标

1. 规格(表 6-1)

表 6-1 接地电阻测量仪的规格

型号	测量范围(Ω)	最小分度(Ω)	辅助接地电阻(Ω)	准确度(%)
1 000 Ω	0～10	0.1	≤1 000	3
	0～100	1	≤2 000	3
	0～1 000	10	≤5 000	3

续上表

型号	测量范围(Ω)	最小分度(Ω)	辅助接地电阻(Ω)	准确度(%)
100 Ω	0～1	0.01	≤500	3
	0～10	0.1	≤1 000	3
	0～100	1	≤2 000	3

2. 使用温湿度：温度(−20～40 ℃)；相对湿度≤80%。

3. 检验温湿度：温度(23 ℃±5 ℃)；相对湿度≤75%。

4. 摇柄额定转速：120 r/min。

5. 倾斜影响：仪表向任何一方倾斜 5°时，其指示值的改变量不超过准确度的 50%。

6. 外磁场影响：对外界磁场强度为 0.4 kA/m 时，仪表指示值的改变量不超过准确度的 100%。

7. 绝缘电阻：在常温常湿下不小于 30 MΩ。

8. 绝缘强度：线路与外壳之间的绝缘能承受 50 Hz 的正弦波交流电压 1 kV 历时 1 min。

9. 外形尺寸：170 mm×110 mm×164 mm。

10. 质量：约 4.0 kg(包括接地电阻表 1 台，辅助探针 2 根，导线 5 m、20 m、40 m 各 1 根)。

2.1.3　主要结构及工作原理

1. ZC-8 型接地电阻表由手摇发电机、电流互感器、滑线电位器及检流计等组成。全部机构装在箱体内，辅助探棒及导线等装于背包内，携带极为方便。当手摇发电机以每分钟 120 转以上的速度转动时，可产生交流电压供仪表内部电路使用。

2. 接地电阻表的工作原理

接地电阻表一般需要借助两个辅助电极：一个用于注入电流，称为电流电极；另一个用于取样电压，称为电压电极。如图 6-3 所示，用手摇发电机产生的交流电源的电压施加在 C 电极和 E 电极之间，测试这时流过的交流电流 I；用交流电压计测试电流流通的 P 电极和 E 电极间的电压 U；用这个电流和电压即可求得 E 电极的接地电阻 $R_x=U/I$。

如果电流源的负载能力很大，电流电极的接地电阻不影响测量结果；如果取样电压端的输入阻抗很大，则电压电极的接地电阻不影响测量结果。

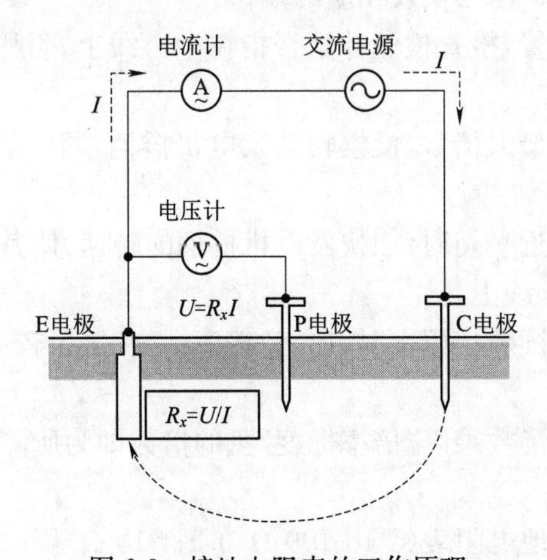

图 6-3　接地电阻表的工作原理

2.1.4 使用 ZC-8 型接地电阻表

1. 接地电阻的测量(图 6-4)

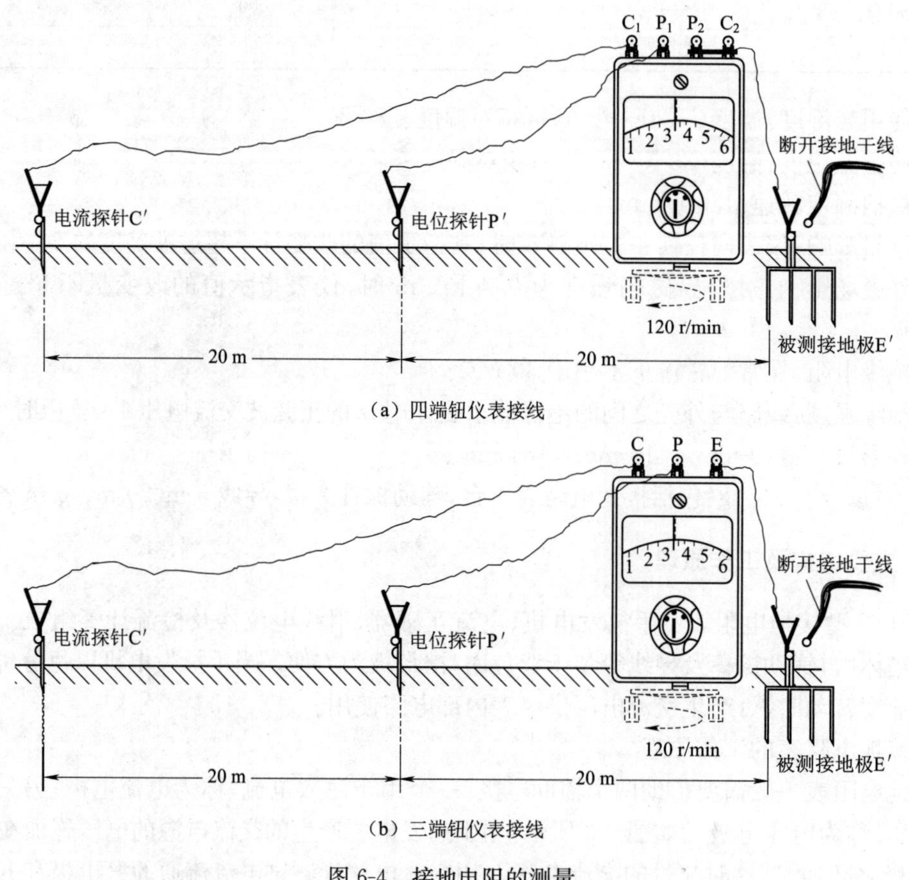

(a) 四端钮仪表接线

(b) 三端钮仪表接线

图 6-4 接地电阻的测量

(1)沿被测接地极 E′使电位探针 P′和电流探针 C′依直线彼此相距 20 m,且电位探针 P 插于接地极 E′和电流探针 C′之间。

(2)用导线将 E′、P′和 C′连与仪表相应的端钮。

(3)将仪表放置水平位置,检查检流计是否指在中心线上,否则可用调零器将其调整至中心线。

(4)将“倍率开关”置于最大倍数,慢慢转动发电机摇柄,同时旋转“测量标度盘”使检流计指针指于中心线。

(5)当检流计的指针接近平衡时,加快发电机摇柄的转速,使其达到 120 r/min 以上,调整测量标度盘使指针指于中心线上。

(6)如“测量标度盘”的读数小于 1 时,应将“倍率标度”置于较小倍率,再重新调整“测量标度盘”以得到正确读数。

(7)用“测量标度盘”的读数乘以“倍率标度”盘的倍数即为所测的接地电阻值。

2. 土壤电阻率的测量

(1)具有四个端钮的接地电阻表(1-10-100 Ω、0. 1-1-10 Ω)可以测量土壤电阻率。

(2)在被测量区沿直线埋入地下 4 根探棒,彼此相距 a cm,探棒的埋入深度不应超过 a 距离的 1/20。

(3)打开 C2 和 P2 连接片,用 4 根导线如图 6-5 所示连接到相应探测棒上,测量方法与接地电阻的测量方法相同。

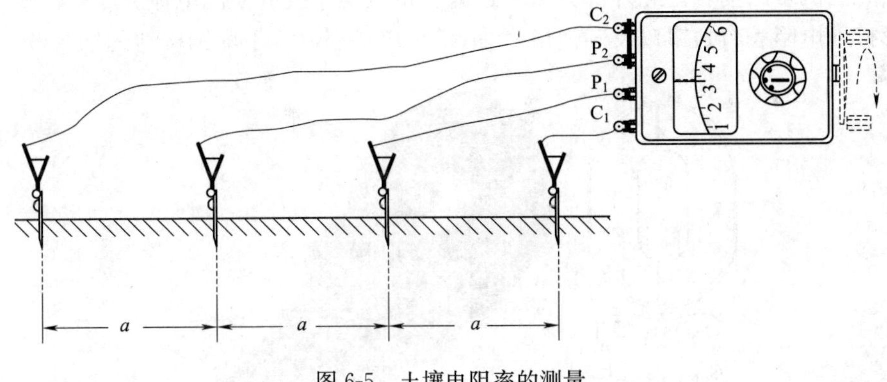

图 6-5　土壤电阻率的测量

(4)所测电阻率为:$\rho=2\pi aR$

式中　R——接地电阻表读数(Ω);

a——棒与棒间的距离(cm);

ρ——该地区的土壤电阻率。由计算所得的电阻率,可近似认为是被埋入棒之间区域的平均土壤电阻率。

2.1.5　注意事项

1.当检流计的灵敏度过高时,应将插入土壤中的二极探棒浅一些,当检流计的灵敏度过低时,可沿探棒注水使其湿润。

2.当大地干扰信号较强时,可以适当改变手摇发电机的转速提高抗干扰能力,以获得平稳读数。

3.当接地极 E′和电流探针 C′之间的距离大于 40 m 时,电位探针 P′的位置可插在离开 E′与 C′中间直线几米以外,其测量误差可忽略不计。当接地极 E′和电流探针 C′之间的距离小于 40 m 时,则应将电位探针 P′插于 E′与 C′的直线中间。

4.当测量接地电阻小于 1 Ω 时,选择 ZC-8 型(0～100 Ω)的接地电阻表把倍率开关置于最小挡(×0.1 挡),将 C_2 和 P_2 间的连接片打开,增加一根 5 m(0.75 mm^2)的导线,分别连接到被测接地体上,以消除测量时连接导线电阻而产生的误差。

2.1.6　运输与保管

1.仪表运输及使用时应小心轻放避免剧烈、长期的振动,以防表头、轴尖和宝石受损而影响仪表的准确度。

2.仪表在不使用时应放于固定的柜子内,环境气温不宜太冷或太热,切忌放于污秽、潮湿的地面上,并避免置于含腐蚀作用的空气(如酸、碱等蒸汽)之中。

2.2　钳形接地电阻表(ETCR2000 系列)

ETCR2000 系列钳形接地电阻表(以下简称钳表)是传统接地电阻测量技术的重大突破,

广泛应用于电力、电信、气象、油田、建筑及工业电气设备的接地电阻测量。其优点是在测量有回路的接地系统时，不需断开接地引下线，不需辅助电极，安全快速、使用简便。而且其测量的是接地体电阻和接地引线电阻的综合值，能反映出用传统方法无法测量的接地故障，可应用于传统方法无法测量的场合。此外部分型号还能测量接地系统的泄漏电流。

钳形接地电阻表有长钳口及圆钳口之分，长钳口特别适宜于扁钢接地的场合(图 6-6)。

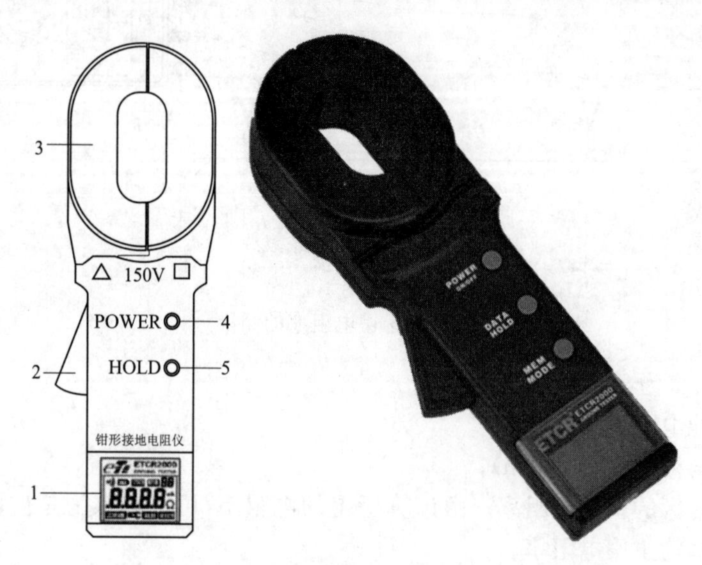

图 6-6　钳形接地电阻表

1—液晶显示屏；2—扳机(控制钳口开合)；3—钳口；
4—POWER 键(开机/关机)；5—HOLD 键(锁定/解除显示)

2.2.1　操作方法

1. 开机

开机前，扣压扳机一两次，确保钳口闭合良好。

按 POWER 键，进入开机状态，首先自动测试液晶显示器，其符号全部显示。然后开始自检，自检过程中依次显示“CAL6、CAL5、CAL4、…、CAL0、0LΩ”。当“0LΩ”出现后，自检完成，自动进入电阻测量模式。

自检过程中，不要扣压扳机，不能张开钳口，不能钳任何导线。

自检过程中，要保持钳表的自然静止状态，不能翻转钳表，不能对钳口施加外力，否则不能保证测量的准确度。

自检过程中，若钳口钳绕了导体回路，测量结果是不准确的，请去除导体回路重新开机。

如果开机自检后未出现 0LΩ，而是显示一个较大的阻值。但用测试环(图 6-7)检测时，仍能给出正确的结果，这说明钳表仅在测大阻值时(如大于 100 Ω)有较大误差，而在测小阻值时仍保持原有准确度。

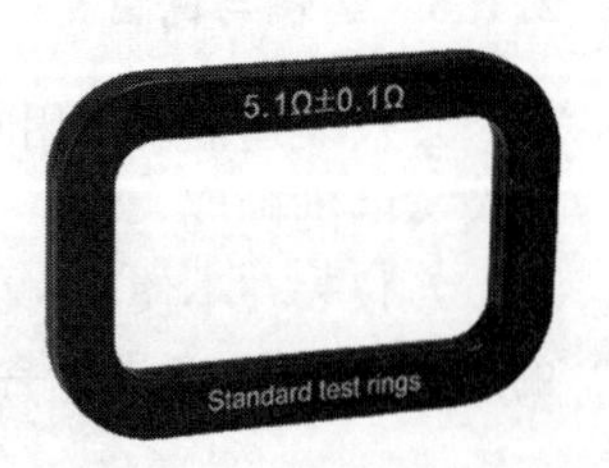

图 6-7　测试环

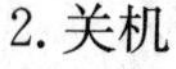

2. 关机

开机状态的钳表，按 POWER 键关机。

钳表在开机 5 min 后，液晶显示屏进入闪烁状态，闪烁状态持续 30 s 后自动关机，以降低电池消耗。在闪烁状态按 POWER 键可延时关机，钳形表继续工作。在 HOLD 状态下，需先按 HOLD 键退出 HOLD 状态，再按 POWER 键关机。

3. 电阻测量

开机自检完成后，显示“0LΩ”，即可进行电阻测量。此时，扣压扳机，打开钳口，钳住待测回路，读取电阻值。

如有必要，可以用随机的测试环检验一下。其显示值应该与测试环上的标称值一致(5.1 Ω)。

测试环上的标称值是在温度为 20 ℃下的值。

显示值与标称值相差±1，是正常的。

如：测试环的标称值为 5.1 Ω 时，显示 5.0 Ω 或 5.2 Ω 都是正常的。

显示“0LΩ”，表示被测电阻超出了钳表的上量限。

显示“L0.01 Ω”，表示被测电阻超出了钳表的下量限。

在 HOLD 状态下，需先按 HOLD 键退出 HOLD 状态，才能继续测量。

4. 数据锁定/解除/存储

在电阻测量过程中，按 HOLD 键锁定当前显示值，显示 HOLD 符号，再按 HOLD 键取消锁定，HOLD 符号消失，可继续测量。

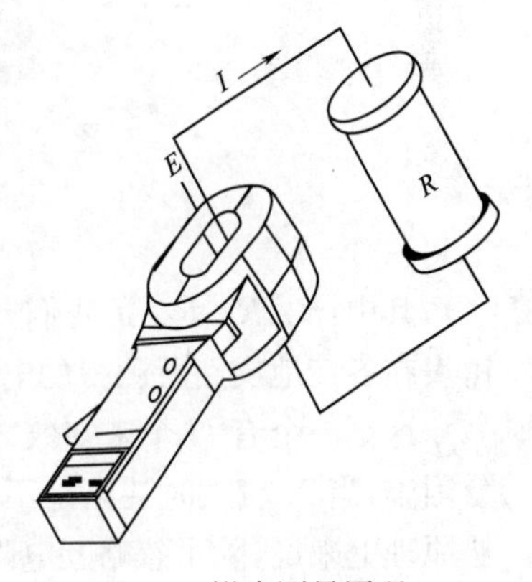

图 6-8 钳表测量原理

2.2.2 接地电阻测量原理

钳形接地电阻测试仪测量接地电阻的基本原理是测量回路电阻，如图 6-8 所示。钳表的钳口部分由电压线圈及电流线圈组成。电压线圈提供激励信号，并在被测回路上感应一个电势 E。在电势 E 的作用下将在被测回路产生电流 I。钳表对 E 及 I 进行测量，并通过公式 $R=\frac{E}{I}$ 即可得到被测电阻 R。

2.2.3 接地电阻测量方法

1. 多点接地系统

对多点接地系统(例如输电系统杆塔接地、通信电缆接地系统、某些建筑物等)，它们通过架空地线(通信电缆的屏蔽层)连接，组成了接地系统，如图 6-9 所示。

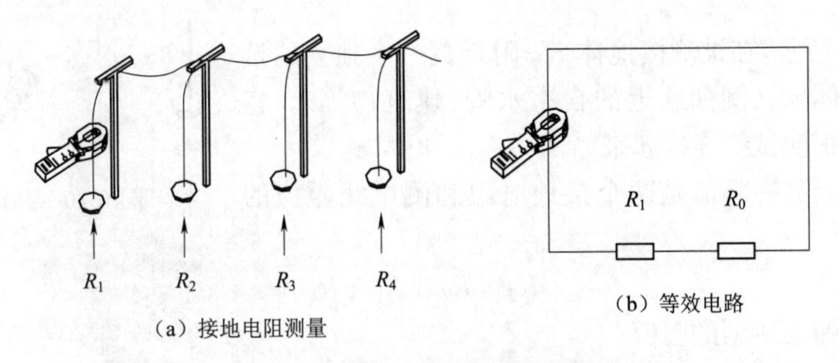

图 6-9 多点接地系统接地电阻测量

图 6-9(a)中 R_1 为欲测的接地电阻;R_0 为所有其他杆塔的接地电阻并联后的等效电阻。

虽然,从严格的接地理论来说,由于有所谓的“互电阻”的存在,R_0 并不是通常的电工学意义上的并联值(它会比电工学意义上的并联值稍大),但是,由于每一个杆塔的接地半球比起杆塔之间的距离要小得多,而且毕竟接地点数量很多,R_0 要比 R_1 小得多。因此,可以从工程角度有理由地假设 $R_0=0$。这样,我们所测的电阻就应该是 R_1 了。

2. 有限点接地系统

这种情况也较普遍。例如有些杆塔是 5 个杆塔通过架空地线彼此相连;再如某些建筑物的接地也不是一个独立的接地网,而是几个接地体通过导线彼此连接。

在这种情况下,如果将上图中的 R_0 视为 0 则会对测量结果带来较大误差。

出于与上述同样的理由,我们忽略互电阻的影响,将接地电阻的并联后的等效电阻按通常意义上的计算方法计算。这样,对于 N 个(N 较小,但大于 2)接地体的接地系统,就可以列出 N 个方程:

$$R_1+\frac{1}{\frac{1}{R_2}+\frac{1}{R_3}+\cdots+\frac{1}{R_N}}=R_{1T}$$

$$R_2+\frac{1}{\frac{1}{R_1}+\frac{1}{R_3}+\cdots+\frac{1}{R_N}}=R_{2T}$$

$$R_N+\frac{1}{\frac{1}{R_1}+\frac{1}{R_2}+\cdots+\frac{1}{R_{N-1}}}=R_{NT}$$

其中:R_1、R_2、R_N 是我们要求得的 N 个接地体的接地电阻;R_{1T}、R_{2T}、……、R_{NT} 分别是用钳表在各接地支路所测得的电阻。

这是一个有 N 个未知数、N 个方程的非线性方程组。它是有确定解的,但是人工解它十分困难,当 N 较大时甚至是不可能的,此时可采用有限点接地系统解算程序软件进行机解。从原理上来说,除了忽略互电阻以外,这种方法不存在忽略 R_0 所带来的测量误差。需要注意的是:如果接地系统中有几个彼此相连接的接地体,就必须测量出同样个数的测试值供程序解算,不能多也不能少,而程序输出也是同样个数的接地电阻值。

3. 单点接地系统

从测试原理来说,钳形接地电阻表只能测量回路电阻,对单点接地是测不出来的。但可以利用一根测试线及接地系统附近的接地极,人为地制造一个回路进行测试。下面介绍两种用钳表测量单点接地的方法,此方法可应用于传统的电压—电流法无法测试的场合。

(1)二点法

如图 6-10 所示,在被测接地体 R_A 附近找一个独立的接地较好的接地体 R_B(例如临近的自来水管、建筑物等)。将 R_A 和 R_B 用一根测试线连接起来。

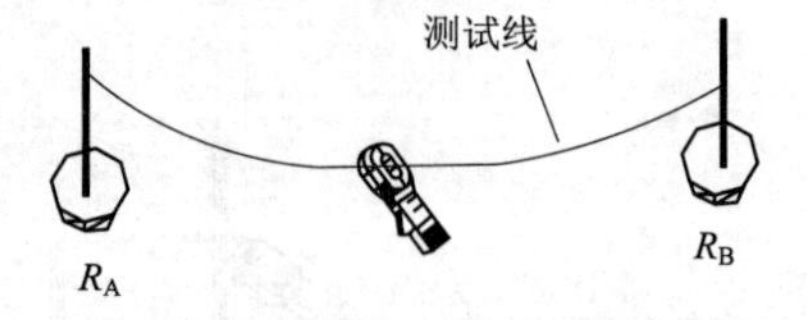

图 6-10　二点法测量

由于钳表所测的阻值是两个接地电阻和测试线阻值的串联值 R_T。

$$R_T=R_A+R_B+R_L$$

式中　R_T——钳表所测的阻值;

R_L——将测试线头尾相连后用钳表测出的阻值。

所以,如果钳表的测量值小于接地电阻的允许值,那么这两个接地体的接地电阻都是合格的。

(2)三点法

如图 6-11 所示,在被测接地体 R_A 附近找两个独立的接地体 R_B 和 R_C。

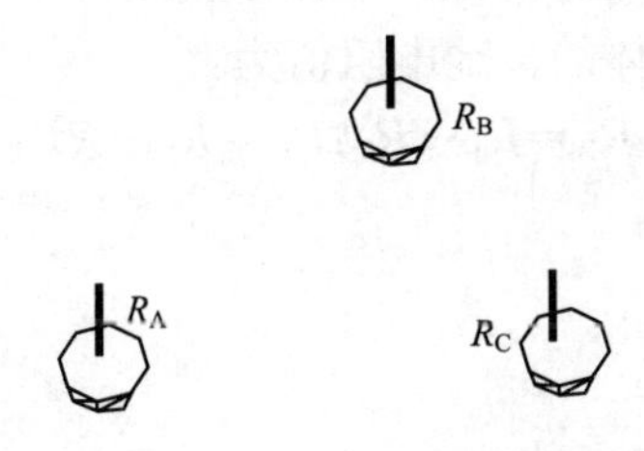

图 6-11　寻找辅助接地体

第一步,将 R_A 和 R_B 用一根测试线连接起来,如图 6-12 所示。用钳表读得第一个数据 R_1。

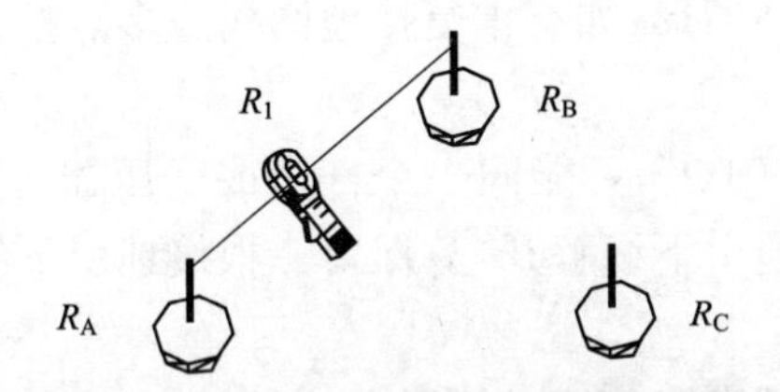

图 6-12　三点法测量第一步

第二步,将 R_B 和 R_C 连接起来,如图 6-13 所示。用钳表读得第二个数据 R_2。

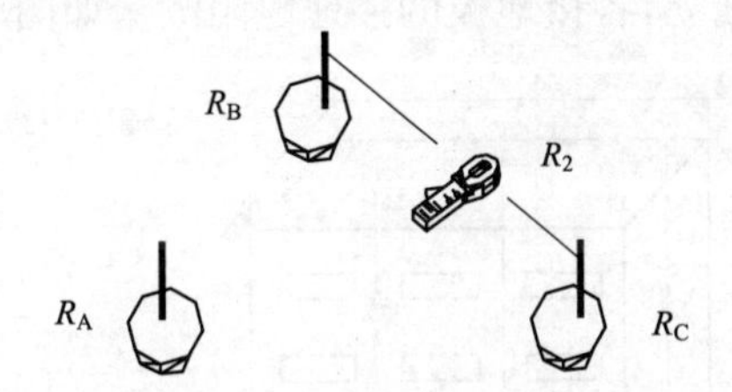

图 6-13　三点法测量第二步

第三步,将 R_C 和 R_A 连接起来,如图 6-14 所示。用钳表读得第三个数据 R_3。

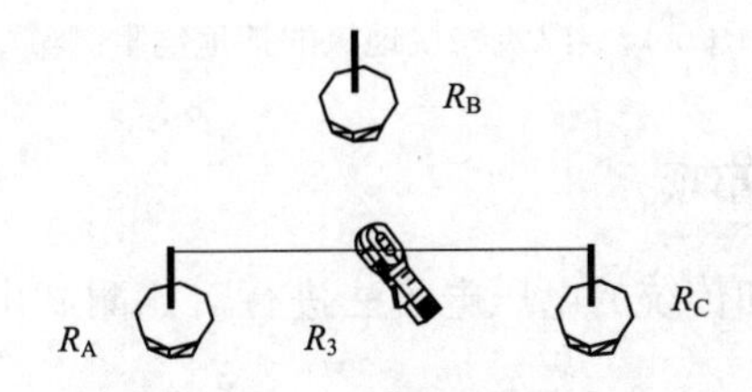

图 6-14　三点法测量第三步

上面三步中,每一步所测得的读数都是两个接地电阻的串联值。这样,就可以很容易地计算出每一个接地电阻值:

由于：　$$R_1=R_A+R_B;R_2=R_B+R_C;R_3=R_C+R_A$$

所以：　$$R_A=\frac{R_1+R_3-R_2}{2}$$

这就是接地体 R_A 的接地电阻值。为了便于记忆上述公式，可将三个接地体看作一个三角形，则被测电阻等于邻边电阻的和与对边电阻的差除以 2。

其他两个作为参照物的接地体的接地电阻值为：

$$R_B=R_1-R_4;R_C=R_3-R_A$$

2.2.4　现场应用

1. 电力系统的应用

(1)输电线路杆塔接地电阻的测量

通常输电线路杆塔接地构成多点接地系统，只需用钳形接地电阻表钳住接地引下线，即可测出该支路的接地电阻阻值。

(2)变压器中性点接地电阻的测量

变压器中性点接地有两种情形：如有重复接地则构成多点接地系统；如无重复接地按单点接地测量。

测量时，如钳表显示“L0.01Ω”，可能同一个杆塔或变压器有两根以上接地引下线并在地下连接。此时应将其他的接地引下线解开，只保留一根接地引下线。

(3)发电厂变电所的应用

钳形接地电阻表可以测试回路的接触情况和连接情况。借助一根测试线，可以测量站内装置与地网的连接情况。接地电阻可按单点接地测量。

2. 建筑物防雷接地系统的应用

建筑物的接地极如互相独立，各接地极的接地电阻测量如图 6-15 所示。

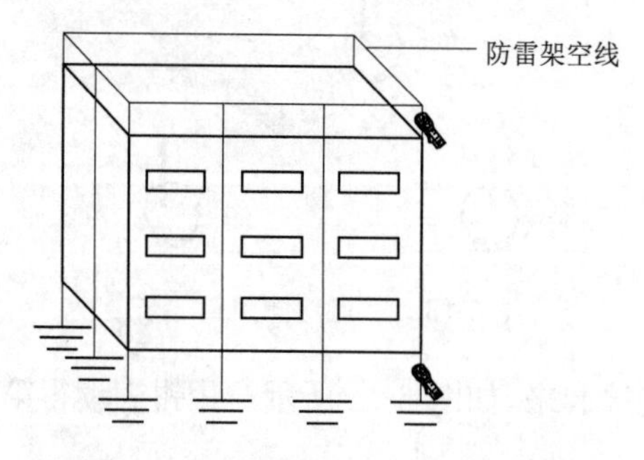

图 6-15　建筑物接地极的接地电阻测量

2.2.5　测量接地电阻的注意事项

1. 如果钳形接地电阻表和传统的电压电流法进行对比测试出现较大的差异，请检查如下问题：

(1)用传统的电压电流法测试时是否解扣了(即是否把被测接地体从接地系统中分离出来了)。如果未解扣，那么所测量的接地电阻值是所有接地体接地电阻的并联值。

测量所有接地体接地电阻的并联值是没有意义的。因为我们测量接地电阻的目的是将它与有关标准所规定的一个允许值进行比较，以判定接地电阻是否合格。

(2)用钳形接地电阻表所测得的接地电阻值是该接地支路的综合电阻，它包括该支路到公共接地线的接触电阻、引线电阻以及接地体电阻。而用传统的电压电流法在解扣的条件下，所测得的值仅仅是接地体电阻。

十分明显，前者的测量值要较后者大。差别的大小就反映了这条支路与公共接地线接触电阻的大小。

2. 测量点的选择

在某些接地系统中，如图 6-16 所示，应选择一个正确的测量点进行测量，否则会得到不同的测量结果。

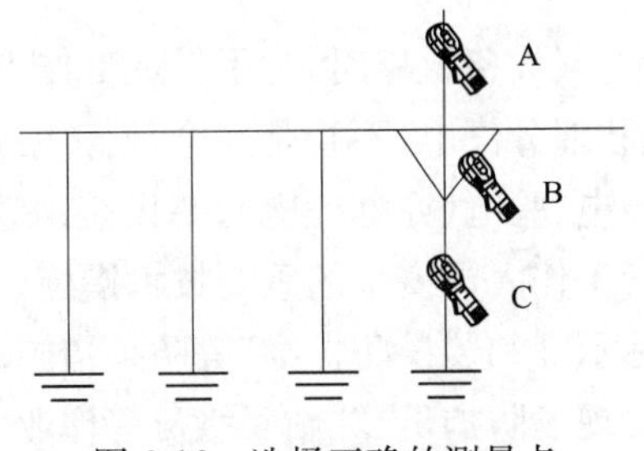

图 6-16　选择正确的测量点

在 A 点测量时，所测的支路未形成回路，钳表显示“0LΩ”，应更换测量点。

在 B 点测量时，所测的支路是金属导体形成的回路，钳表显示“L0. 01Ω”或金属回路的电阻值，应更换测量点。

在 C 点测量时，所测的是该支路下的接地电阻值。

综合练习

1. 单项选择题

(1)接触网远离作业是指在距接触网带电部分(　　)m 以外的附近设备上进行的作业。

A. 0. 5　　B. 1　　C. 2　　D. 3

(2)接触网作业中，作业人员及所携带的物件、作业工器具等与接触网带电部分距离小于 3m 的远离作业，每个作业地点均要设有专人监护，其安全等级不低于(　　)。

A. 一级　　B. 二级　　C. 三级　　D. 四级

(3)开展接触网远离作业要开具(　　)。

A. 接触网第一种工作票　　B. 接触网第二种工作票

C. 接触网第三种工作票　　D. 安全工作命令记录簿

(4)牵引变电所内高压设备外壳上作业时，作业前要先检查设备的(　　)必须完好。

A. 引线　　B. 接地　　C. 绝缘　　D. 状态

2. 简答与综合题

(1)接触网远离作业有哪些项目？

(2)牵引变电所内进行远离带电部分的作业时必须遵守哪些规定？

学习情境7　作业区防护

1　理论学习部分

在电力设备上工作或进行电气设备检修时，为了保证工作人员的安全，一般都是在停电状态下进行。停电分为全部停电和部分停电，不管是在全部停电还是部分停电的电气设备上或电力线路上工作，都必须采取停电、验电(亦称检电)、装设接地线以及悬挂标示牌和装设防护物四项基本措施，这是保证电气工作人员安全的重要技术措施。在牵引变电所、铁路电力设备进行检修作业一般采取“悬挂标示牌和装设防护物”等防护措施；而接触网检修中，由于是在轨道线路上进行，所以采取了设置现场防护员、驻站联络员等作业区防护措施。

1.1　作业区防护的意义

就接触网工种来说，无论停电作业、间接带电作业还是远离带电部分的作业都是团队作业，作业区防护人员在铁路线路上从事设备检修作业或施工过程中，一般只参与施工过程的行车安全监督和信息反馈，不会分派具体的检修工作。

【典型案例7-1】

××年7月16日8时30分，×××供电段××接触网工区在岩会—乱流上行区间34号杆进行测量时，测量人员背对来车方向作业，下行通过的货车声音淹没了上行开来的K176次客车的鸣笛声，当作业人员发现时，K176次客车已到眼前，作业人员急忙下道，刘××由于手持测量工具，下道迟了一步，被列车气浪冲倒在石砟上，造成轻伤。

案例分析：

在作业人员中没有指定防护人员，其余人员也没有起到防护的责任。在临线来车时，作业人员应立即停止作业或加强安全监控，而现场没有任何防护措施，而且还是背向来车方向，这是造成此次事故的主要原因。所以，在接触网作业，一定要设好防护后才开始作业。

1.2　接触网检修作业区防护

1.进行接触网施工或维修作业时，应在车站(机务段、机务折返段、机车检修段、车辆段等)行车室设联络员，施工及维修地点设现场防护人员。要求如下：

(1)联络员和现场防护人员应由指定的、安全等级不低于三级人员担任。

(2)在车站行车室设联络员时，区间作业，联络员设在该区间相邻车站的行车室；车站作业，联络员设在本站行车室。在机务(折返)段、机车检修段、车辆段内进行作业时，应根据现场情况，联络员可设在机务(折返)段、机车检修段、车辆段行车室或车站行车室。

(3)作业区段按照规定距离设置(一般区间作业时作业区两端800 m设专职行车防护人员,站内作业时作业区两端50 m设专职行车防护人员)现场防护人员,防护人员担当行车防护同时可负责监护接触网停电接地线状态。防护人员不得侵入机车车辆限界。

2.接触网施工维修作业防护按照《铁路技术管理规程》相关规定执行。接触网维修作业,现场防护人员应站在维修地点附近、且瞭望条件较好的地点进行防护,显示停车信号。

3.在双线区段、枢纽站场进行作业时,现场防护员除按规定做好本线防护外,还应监视邻线列车运行情况并及时报告工作领导人。

4.作业过程中,联络员、现场防护人员与工作领导人之间必须保持通信畅通并定时联系,确认通信良好。一旦联控通信中断,工作领导人应立即命令所有作业人员下道,撤至安全地带。

不同作业组分别作业时,不准共用现场防护人员。在未设好防护前不得开始作业,在人员、机具未撤至安全地点前不准撤除防护。

5.高速铁路中当设备发生故障,需在双线区间的一线上道检查、处理设备故障时,本线应封锁、邻线列车限速160 km/h及以下,并设置行车防护。设备管理单位应在《行车设备检查登记簿》内登记,提出本线封锁、邻线列车限速160 km/h及以下的申请,在得到列车调度员(车站值班员)签认后,方可上道作业,本线、邻线可不设置防护信号。司机应加强瞭望。

【典型案例7-2】

××年8月3日,甲是工作领导人,带领1个作业组在××区间1号至38号支柱间停电进行车梯巡检。1号与38号支柱间有6个隧道。14号隧道较长,处于曲线上,两隧道口不能通视。15号隧道较短。

作业组巡检到16号隧道第10悬挂点时,看到由15号隧道方向开来一辆重型轨道车。抬车梯下道已经来不及了,众人只好放下车梯跑开。大部分人有经验,沿限界外向来车方向跑,而只有乙和丙顺着轨道车开行方向跑,轨道车撞上了车梯后,车梯框架坠落将乙的小腿砸断。车梯的主架一段被撞飞后打断了丙的胳膊。车梯上2名操作人员丁、戊,发现轨道车开来时,立即爬上承力横杆和绝缘子串上,丁反应较快没受任何损伤。戊反应慢一些,被车梯框架划破左脚出血。

案例分析:

防护人员精力不集中,遇突发变故惊慌失措处置不当酿成。14~15号隧道间设了一位行车防护员,虽然14号隧道是曲线看不见车来,但能听见声音。防护员注意力不集中,来车时未听见声音。看见车来后又十分慌张,不是迎着轨道车给红旗拦车,而是拼命地向作业组所在的15号隧道跑,通知作业组。但人是跑不过轨道车的,事故就这样发生了。

防护人员在防护时一定要精力集中,遇事不要紧张,头脑保持冷静。如这次事故,防护员如果不是跑向作业组,而是迎着轨道车施以红旗拦车,事故可能会避免。

发现列车来时,车梯又来不及下道,作业组人员应赶快下道,在限界外迎着列车来的方向规避,离车梯停放点越远越好,若与列车同方向跑着规避,列车撞挂车梯后会伤及人员。

1.3 铁路防护栅栏内电力设备作业

1.天窗点内步行巡视栅栏内的电力设备时,巡视人员不少于二人,应设驻站联络员或驻所(调度)联络员。巡视时不应在道心行走、道床停留、不经望穿越线路;沿电缆沟径路行走时,注意走稳踏牢;严禁攀登接触网支柱;巡视人员应与联络员随时保持联系,注意避让车辆。

2."天窗"点外不应进入防护栅栏进行与高铁设备相关的检查、检测等作业。确需进入防护栅栏进行抢修等工作时,应按规定办理手续,执行相关规定,并应经专用通道进出,不应翻越栅栏。

3.栅栏内电力设备故障抢修作业时,按规定设驻站联络员和现场防护员,抢修工器具、材料摆放整齐,不得侵入限界,翻起的电缆沟盖板要摆放平稳,抢修完毕将盖板放平放实。

1.4 联络员、现场防护人员安全职责

联络员、现场防护人员须做到:

(1)具备基本的行车知识,熟悉有关行车防护知识,联络员还应熟悉行车室有关设备显示。

(2)熟悉有关防护工具、通信工具的使用方法及各种防护信号的显示方法,每次出工前应检查通信工具状态良好,行车防护用品携带齐全、有效。

(3)作业期间坚守岗位,精力集中,及时、准确、清晰地传递行车信息和信号,作业未销记前,不得擅离工作岗位。

(4)不得影响其他线路上列车正常运行。

2 操作技能部分

2.1 信号显示

铁路信号分为视觉信号和听觉信号。色灯、信号旗、火炬等属于视觉信号,号角、口笛、响墩发出的音响和机车、自轮运转特种设备的鸣笛声属于听觉信号。作业区防护中常选择响墩、火炬、信号旗、信号灯及手信号。

信号是指示列车运行及调车作业的命令,有关行车人员必须严格执行。

2.1.1 响墩、火炬信号

响墩、火炬信号都是紧急铁路信号装置,在铁路线路发生灾害故障、列车在区间发生事故以及其他紧急情况下被迫临时停车时使用。响墩爆炸声及火炬信号的火光,均要求紧急停车,如图 7-1 所示。

图 7-1 响墩

响墩主要成分为黑色炸药,通过火车碾爆产生巨响,以提醒司机紧急停车。

火炬点燃后可发出强烈红色光亮，要求开来列车见到火光立即停车。

响墩、火炬信号的试验、保管的规定：

使用中的响墩、火炬，每次使用前检查外观状态，有无破损、损坏等，检查使用寿命期是否过期；检查火炬是否完整，是否受潮、引火是否完好，固定脚叉是否良好。备用的响墩、火炬信号必须分别标明收到的年、月、日，并注明试验日期。每年五月规定试验一次，试验前先通知司机。

响墩在铁路通信技术不发达时期常采用，现在铁路供电段等部门已经较少见到。

2.1.2　铁路信号灯、信号旗

铁路信号灯、信号旗为视觉信号(图7-2)，红色灯光、红色旗表示停车，黄色灯光、黄色旗表示注意或减低速度，绿色灯光表示按规定速度运行。它们是指示列车运行和调车作业的命令，有关行车人员必须严格执行、正确显示，例如显示停车信号时昼间展开红色旗，夜间用红色灯光。

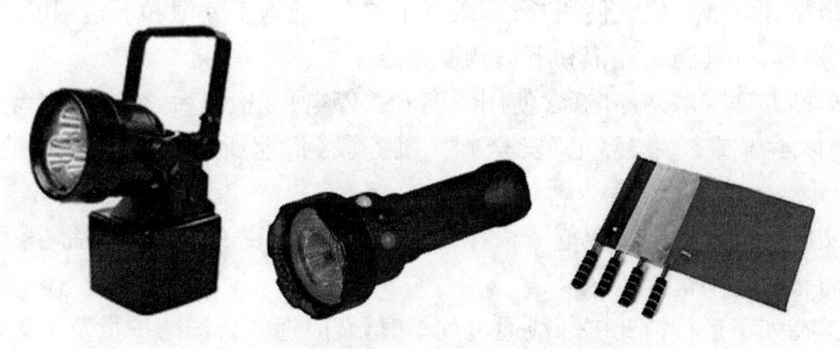

图7-2　铁路信号灯和信号旗

2.2　接触网作业防护设置

接触网作业防护包括驻站联络防护、座台要令防护、作业现场防护等。大多数情况下驻站联络防护的同时兼任座台要令防护；停电作业时，作业现场防护人员在担当作业区域两端作业现场行车防护职责的同时也负责接触网接地线安装和拆除的操作安全监护人。

2.2.1　驻站联络(要令)防护

1. 担当驻站联络(要令)员的要求：

(1)驻站联络员现场防护应由经过培训、考试合格的人员担当。

(2)施工封锁前40 min须到达控制施工区段安全的车站运转室(信号楼)签到；并向车站签到(登记施工单位、姓名、到达时间、联系电话、作业内容等)，严格按规定在(运统—46)上分别办理登记。

(3)驻站联络员与现场防护员要随时保持通信状态，掌握施工现场和列车运行情况，做好邻线通过列车时的安全防护，把控重点，掌握好施工准备情况、人员机具、安全措施落实情况。

(4)时刻与施工负责人保持联系；发现施工存在问题、需要协调解决的事项等异常时，及时通知车站值班员和施工负责人。

2. 到达驻站点时应向供电调度、车站值班员(列车调度)汇报以下内容：

(1)向车站签到;记录到达车站运转室的时间。

(2)向供电调度报到,汇报作业组成员及待命情况;作业地点的天气情况。

(3)与供电调度核对作业内容及作业地点(区间、杆号或隧道内定位号、公里标)、需停电牵引变电所及馈线、作业的安全措施等情况。

(4)向车站申请《行车设备施工登记簿》(运统—46),说明须封锁区间或站场占用股道、以及检修作业车运行及时间等情况;填好后与车站值班员确认。

3.驻站防护的基本工作内容

(1)熟悉各种通信工具、信号显示的使用;掌握相关专业的防护及信号知识,能监控车站控制台的显示。

(2)熟悉本专业各项作业形式,清楚本次作业地点、范围、内容、防护措施;掌握本次作业车辆、车梯运行计划及范围。熟悉本专业各种工作票、命令票及相关记录簿等的填写格式。

(3)熟悉管内线路、站场运行线路,清楚本次作业防护员姓名、防护地点;接地线位置(支柱号、公里标),以及本次作业地点。

(4)在编组站、区段站,确认使用“行车限制卡片”办理施工登记和下达调度命令;中间站确认供电臂停电里程、办理施工登记和下达调度命令。

(5)确认车站办理接触网停电(含使用隔离开关停电)或检修后,须在控制台有关按钮上揭示“区间停电”标示牌或线路“停电”安全帽。机务段(折返所/段)亦应揭示、悬挂相应的标示牌。

(6)确认实际停电范围与作业范围相符;及时向施工负责人传递各种命令;配合或多个单位作业时,及时报告各项情况。

(7)随时掌握列车运行情况。邻线通过列车时,及时通知现场防护员及工作领导人。

(8)出现突发事件时,能及时、准确地处理,并通知相关负责人,及时做好信息反馈。

(9)认真履行职责、坚守岗位。如有事确需短时离开,须经工作领导人同意,并与车站值班员取得联系的情况下,方可短时离开。

4.驻站防护要令程序

(1)提前(一般 40 min 以上)到控制施工区段的车站运转室,向车站值班员签到,核对当天作业施工计划。

(2)向供电调度汇报作业组到达待命情况。

(3)向车站申请施工封锁或占用(填写《行车设备施工登记簿》),需说明所用时间。

(4)等待接令,并向工作领导人汇报驻站防护及要令情况,汇报相邻区段是否有其他单位、部门的施工及情况。

(5)接令

①接供电调度发布停电命令,共同核对作业内容及作业范围、地点、时间;停电牵引变电所及停电馈线、停电范围。

②接列车调度发布命令,与车站值班员核对封锁区间或站场占用的范围(公里标)、封锁时间、返回时间、命令编号、发布人、签章人、施工主体单位及车次与车号相符。

③与停电的牵引变电所值班员核实停电牵引变及馈线;与施工负责人或跟班安全员共同确认。

(6)向工作领导人传达列车调度、供电调度发布命令内容,并核对。

(7)坚守驻站防护,将运转室控制台上反映的行车事项,或其他单位、部门在相邻区段的施工情况，及时通报工作领导人及现场防护员，并向工作领导人提醒停电、封锁剩余时间。

（8）消除命令

①与工作领导人核对施工封线、设备、行车等防护已撤除，人员、机具已集中撤出；设备已送电具备行车条件；人员、机具（含车辆）是否正常返回。

②向供电调度申请本次作业已完成，请求消除本次作业命令。

③向车站值班员申请完成填写《行车设备施工登记簿》，解除本次作业封锁或占用命令；与车站值班员确认并签字消令；确认车站值班员与列车调度是否办理好消除封锁或占用手续。

（9）与工作领导人汇报本次施工作业消除封锁、停电时间情况，并与工作领导人确认驻站防护事项；得到工作领导人同意后方可离开。

2.2.2　现场作业防护

1. 现场作业防护工作内容

（1）按标准着装、佩戴标识，出工前检查通信工具状态，带齐行车防护用品，熟悉当日作业项目、内容、地点、人员（分组）安排。

（2）与作业组保持规定距离和通信畅通。双线及站场区段除做好本线防护外，还应监视邻线列车运行动态情况并提前、及时报告工作领导人。

（3）具备基本的行车知识，熟悉有关行车防护知识和有关防护工具、通信工作的使用办法及各种防护信号的显示方法。

（4）严格遵守工作纪律，不得影响、干扰其他专业的正常工作，不得影响其他线路上列车正常运行。

（5）作业期间坚守岗位，精力集中，及时、准确、清晰地传递行车信息和信号，作业未销记前，不得擅离工作岗位。

（6）现场作业前按表 7-1 准备工作用品。

表 7-1　现场防护员准备工作用品表

序号	名称	单位	数量	备注
1	现场防护员臂章	个	1	
2	岗位培训合格证书	本	1	驻站联络员亦需要
3	对讲机（GSM-R 手持终端）	台	1	驻站联络员亦需要
4	区间电话	个	1	视具体作业情况
5	红、黄防护旗	副	1	昼间
6	双色信号灯	盏	1	夜间或隧道内
7	橙红色反光防护服	件	1	

2. 现场作业防护程序

（1）封锁上道作业

①根据分工要求，现场防护人员到达指定防护地点后，及时向工作领导人汇报。

②站在列车前进方向的左侧，保持 3 m 以上限界（速度大于 160 km/h 区段需保持 3.3 m 以上限界），且不影响瞭望。

③时刻与工作领导人间保持联系，随时注意接收作业组传来的信号，注意监视本线和邻线有无列车向作业组开来，在未得到作业组清理就绪的信号，发现本线来车时，展开红旗（夜间或

隧道内红色信号灯)拦停来车。

④作业结束后,按工作领导人要求返回作业组。

(2)不封锁线路上道作业

①根据分工要求,现场防护人员到达指定防护地点后,及时向工作领导人汇报。

②作业开始后,面对可能来车方向站立,保持3 m以上限界(速度大于160 km/h区段需保持3.3 m以上限界),且不影响瞭望。

③时刻与工作领导人保持联系,得知前方或邻线来车信号后,立即通知作业人员下道避让列车。

④特殊情况联系不上作业组成员或收到作业组成员来不及下道的信息时,果断展开红旗(夜间红色信号灯)拦停列车。

⑤作业结束后,按工作领导人要求返回作业组。

3.现场作业防护安全要求

(1)现场防护人员必须由经过安全教育培训合格(安全等级不低于三级),并取得任职资质的正式职工担任,熟悉有关行车防护知识,熟悉有关防护、通信工具使用方法及各种防护信号显示方法。

(2)现场防护人员必须参加点名分工。分工完毕,工作领导人对现场防护人员进行抽问。

(3)现场防护人员在执行任务时,不得侵入机车车辆限界。要坚守岗位,思想集中,不得离开所在防护地点,须时刻与工作领导人保持联系,认真、及时、准确地进行联系和显示各种信号,一旦中断联系,工作领导人立即通知作业组停止作业、撤离现场。

(4)现场防护人员与工作领导人对话时,坚持呼唤应答和内容复诵核对。

(5)当信息传递不畅或瞭望困难时,应在作业地点和驻站联络员间增设信息传递员(中间防护员)。

(6)不同作业组分别作业时,不准共用现场防护人员,在未设好防护前不得开始作业,在人员、机具未撤至安全地点前不准撤除防护。

(7)信息传递员设在作业地点与驻站联络员间,及时、准确地将驻站联络员的信息传递给作业组,并随时将作业组作业情况反馈给驻站联络员。除封锁线路进行的作业外,每三分钟与驻站联络员联络一次,使用区间电话时,应时刻监听电话。

(8)接触网维修作业时,现场防护人员应站在维修地点附近、且瞭望条件较好的地方进行防护,显示停车信号,停车信号方式可采用防护旗(昼间)和防护灯(夜间),信号设备应随身携带,不得放置于钢轨上或线路中心,且不得侵入建筑限界。

4.现场作业防护需掌握的手信号

(1)停车

昼间——展开的红色信号旗。无红色信号旗时,两臂高举头上向两侧急剧摇动,如图7-3(a)所示;

夜间——红色灯光。无红色灯光时,用白色灯光上下急剧摇动,如图7-3(b)所示。

(2)减速

昼间——展开的黄色信号旗。无黄色信号旗时,用绿色信号旗下压数次,如图7-4(a)所示;

夜间——黄色灯光,无黄色灯光时,用白色或绿色灯光下压数次,如图7-4(b)所示。

(a) 昼间停车信号

(b) 夜间停车信号

图 7-3 停车信号

(a) 昼间减速信号

(b) 夜间减速信号

图 7-4 减速信号

(3)降弓(显示人员应站在故障点的列车前进方向距故障点合适位置,如普速铁路一般选择 50～150 m 处)

昼间——左臂垂直高举,右臂前伸并左右水平重复摇动,如图 7-5(a)所示;

夜间——白色灯光上下左右重复摇动,如图 7-5(b)所示。

(4)升弓(显示人员应站在列车通过故障点后前方位置)

昼间——左臂垂直高举,右臂前伸并上下重复摇动,如图 7-5(c)所示;

夜间——白色灯光作圆形转动,如图 7-5(d)所示。

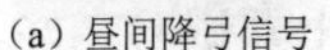

(a) 昼间降弓信号

(b) 夜间降弓信号

(c) 昼间升弓信号

(d) 夜间升弓信号

图 7-5 降弓、升弓手信号

(5)验电接地(已被更先进的对讲机等通信手段所替代,现在较少采用,接地完毕、撤除地线、撤地完毕等手信号运用现状与之相同)

昼间——红旗展开,高举过头,左右水平重复摆动;

夜间——白色灯光胸前左右水平重复移动。

(6)接地完毕

昼间——红旗展开画圆圈;

夜间——白色灯光上下垂直重复移动。

(7)撤除地线

昼间——红旗展开,高举过头,左右水平重复摆动;

夜间——白色灯光胸前左右水平重复移动。

(8)撤地完毕

昼间——红旗展开,手臂伸直画圆圈;

夜间——白色灯光上下垂直重复移动。

2.3　停电作业标准化防护用语训练

接触网停电作业时,座台要令人(有时也兼任驻站联络员和驻站行车防护员)应在控制施工区段的车站运转室现场,现场行车防护人员应站在维修地点附近、且瞭望条件较好的地方进行防护。现场行车防护人员还应能正确显示各种防护信号。

为了方便接下来的训练说明,假设各作业人员为:赵 A——工作领导人,钱 B——座台要令人,孙 C、李 D——作业区两端防护人(兼任地线监护人),周 E——其他小组监护人,吴 F——供电调度员。

1. 座台要令人提前到控制施工区段的车站运转室,向车站值班员签到,填写(运统—46)等文档,核对当天作业施工计划。向供电调度申请停电作业命令及供电调度员发布作业命令。

(1)座台要令人(申请停电作业命令):×接触网工区座台要令人钱 B,现在×车站(区间,区间要令时)申请停电作业命令,工作票号×号,停电作业范围×,作业内容×,时间×,接地线位置 XX 号支柱地线、XY 号支柱地线,接地线数量共×组,安全措施×。

(2)供电调度员:……(询问作业内容等)。

(3)供电调度员(发布作业命令):允许×接触网工区在×区间××～××进行停电作业。要求完成时间×点×分,命令编号×号,批准时间×点×分。供电调度员吴 F。

(4)座台要令人(复诵停电作业命令):允许×接触网工区在×区间××～××进行停电作业。要求完成时间×点×分,命令编号×号,批准时间×点×分,发令人吴 F。座台要令人钱 B 明白。

2. 地线组到达现场后,地线监护人向工作领导人报告准备情况。

(1)地线监护人(向工作领导人报告):地线监护人孙 C 报告,XX 号支柱地线已到达指定位置,验电器试验良好,并已做好验电接地和行车防护准备工作。

地线监护人李 D 报告,XY 号支柱地线已到达指定位置,验电器试验良好,并已做好验电接地和行车防护准备工作。

(2)工作领导人(接受报告):XX 号支柱地线(XY 号支柱地线)已到达指定位置,验电接地准备工作已完成,工作领导人赵 A 明白。

3. 座台要令人向作业组工作领导人报告供电调度下达的停电作业命令。

(1)座台要令人(向工作领导人报告):座台要令人钱 B 报告,供电调度已下达停电作业命令,要求完成时间×点×分,命令编号×号,批准时间×点×分。

(2)工作领导人(接受座台要令人的报告):要求完成时间×点×分,命令编号×号,批准时间×点×分。工作领导人赵 A 明白。

4. 工作领导人给验电接地监护人下达验电接地命令。

(1)工作领导人(给验电接地监护人下达验电接地命令):XX号支柱、XY号支柱地线(分别指作业区两侧地线位置接触网支柱号)地线监护人,供电调度已下达停电作业命令,命令编号×号,批准时间×点×分,要求完成时间×点×分,进行验电接地。工作领导人赵A。

(2)地线监护人(接受工作领导人下达的验电接地命令):命令编号×号,批准时间×点×分,要求完成时间×点×分。执行验电接地。地线监护人孙C明白。

命令编号×号,批准时间×点×分,要求完成时间×点×分。执行验电接地。地线监护人李D明白。

5. 地线监护人向工作领导人报告验电接地已完成。

(1)地线监护人(向工作领导人报告):地线监护人孙C报告,XX号支柱地线验电接地已完成。

地线监护人李D报告,XY号验电接地已完成。

(2)工作领导人(接受报告):XX号支柱地线(XY号支柱地线)验电接地已完成。做好行车防护。工作领导人赵A收到。

6. 工作领导人通知作业组成员开工作业。

(1)工作领导人:全体作业组成员注意,现在可以开始作业,停电到××时××分。工作领导人赵A。

(2)作业组成员:现在可以开始作业,停电到××时××分。明白。

7. 作业存在多个检修小组、有多个监护人时,工作领导人通知其他作业小组监护人开工。

(1)工作领导人:周E,赵A呼叫,地线已全部接好,可以开工作业,停电到×时×分。

(2)作业组其他小组监护人:地线已全部接好,可以开工作业,停电到×时×分。周E明白。

8. 作业过程中,邻线有车通过时,座台要令人(或行车防护人员)及时向工作领导人通报。

各种作业(包括后面所述的接触网间接带电作业和远离作业),凡是本线或邻线有列车通过、停车或调车作业时,座台要令人(或行车防护人员)都要提前5 min通知工作领导人(或监护人),并不断提醒督促工作领导人(或监护人)及时将人员、机具撤至限界以外安全地带避车。

(1)座台要令人(或行车防护人员):赵A,钱B呼叫,×站上行(下行)×道(或×～×区间上(下)行)有客(货)列车通过,请注意避让。

(2)工作领导人:×站上行(下行)×道(或×～×区间上(下)行)有客(货)列车通过,注意避让。赵A明白。

9. 作业过程中,工作领导人通知作业组其他小组监护人邻线有列车通过。

(1)工作领导人:周E,赵A呼叫,×站上行(下行)×道(或×～×区间上(下)行)有客(货)列车通过,请注意避让。

(2)作业组其他小组监护人:×站上行(下行)×道(或×～×区间上(下)行)有客(货)列车通过,注意避让。周E明白。

10. 作业结束其他小组成员、机具、材料全部下道后,小组监护人及时报告工作领导人。

(1)作业组其他小组监护人:赵A,周E呼叫,第二作业组作业已结束,人员、机具已撤至安全地带。

(2)工作领导人:第二作业组作业已结束,人员机具已撤至安全地带。赵A收到。

11. 停电检修作业完成后,工作领导人通知地线监护人拆除地线命令。

(1)工作领导人(给地线监护人下达拆除地线命令):XX号支柱地线、XY号支柱地线地线监护人，作业已完毕，全部人员已下网，撤除XX号支柱地线、XY号支柱地线全部接地线。工作领导人赵A。

(2)地线监护人：作业完毕，全部人员已下网，撤除XX号全部接地线，地线监护人孙C明白。

作业完毕，全部人员已下网，撤除XY号全部接地线，地线监护人李D明白。

12. 地线监护人向工作领导人报告已完成拆除地线。

(1)地线监护人：XX号支柱地线监护人孙C报告，XX号支柱地线×组地线已全部撤除。

XY号支柱地线监护人李D报告，XY号支柱地线×组地线已全部撤除。

(2)工作领导人：XX、XY号支柱地线×组地线已全部撤除。准备撤离(汽车运送人员、且车梯作业时，一并明确集合乘车地点)。工作领导人赵A。

13. 工作领导人通知座台要令人可以消除作业命令。

(1)工作领导人(向座台要令人下达消除作业命令的命令)：座台要令人钱B，×(命令编号)停电作业命令已完成，全部人员已下网，人员机具已下道，×组地线已全部拆除，不影响送电行车，可以申请消除×(命令编号)作业命令。工作领导人赵A。

(2)座台要令人(接受工作领导人下达的命令)：×(命令编号)停电作业命令已完毕，全部人员已下网，人员机具已下道，×组地线已拆除，不影响送电行车，可以申请消除×(命令编号)作业命令，座台要令人钱B明白。

14. 座台要令人向供电调度请求消除停电作业命令。

(1)座台要令人(向供电调度请求消除作业命令)：×工区座台要令人钱B，×号作业命令已完成，人员机具已下道，×组地线已全部撤除，不影响送电行车，请求消除作业命令。

(2)供电调度员(向座台要令人询问作业及其结束情况)……

(3)座台要令人(回答供电调度询问的情况)……

(4)供电调度员(下达消除作业命令)：完成时间×时×分。供电调度员吴F。

(5)座台要令人(接受供电调度员下达的命令)：完成时间×时×分。供电调度员吴F。消令人钱B。

15. 座台要令人向工作领导人报告消除作业命令。

(1)座台要令人(向工作领导人报告)：×号停电作业命令已消除。消令时间×时×分。座台要令人钱B。

(2)工作领导人(接受座台要令人的报告)：消令时间×时×分。准备撤离。工作领导人赵A。

(3)座台要令人：准备撤离，座台要令人钱B明白。

2.4　间接带电作业标准化防护用语训练

接触网间接带电作业时，驻站联络员(兼座台要令人和驻站行车防护员)应在控制施工区段的车站运转室现场，现场行车防护人员应站在维修地点附近、且瞭望条件较好的地方进行防护。现场行车防护人员还应能正确显示各种防护信号。除孙C、李D不再兼任地线监护人外，人员安排同停电作业。

1. 作业开始过程

(1)座台要令人员向供电调度申请间接带电作业命令

座台要令人员：×接触网工区座台要令人钱B，现在×车站申请间接带电作业命令。今天作业地点×，作业内容×。

审核作业内容后供电调度发布作业命令：允许×接触网工区在×车站XX号支柱～XY号支柱(公里标X至X)进行间接带电作业。要求完成时间×时×分，命令编号×号，批准时间×点×分。供电调度员吴F。

要令人认真复诵，确认无误后，接受命令编号和批准时间。

(2)座台要令人员向作业组工作领导人报告供电调度下达的间接带电作业命令

座台要令人员：赵A，驻站联络员钱B报告，供电调度已下达间接带电作业命令，命令编号×，批准时间×点×分。

工作领导人：(复诵)，赵A明白。

(3)作业存在多个检修小组、有多个监护人时，工作领导人逐个通知其他作业小组监护人开工。以下几条如有多个监护人时，类似呼叫、复诵。

工作领导人：周E，赵A呼叫，行车防护已设好，可以开工作业。注意作业安全。

作业组其他小组监护人：(复诵)，周E明白。

(4)工作领导人通知作业组成员开工作业

工作领导人：全体作业组成员注意，现在可以开始作业，注意安全。工作领导人赵A。

作业组成员应回答：(复诵)，明白。

(5)作业过程中，邻线有车通过时，驻站联络员(或行车防护人员)及时向工作领导人通报，联系用语同停电作业中此类情况。

当在较大车站作业时，由于调车机频繁作业，座台人员必须将各类列车作业情况，通过几道、进几道及道岔号，停车或者通过情况要及时准确无误地通知工作领导人，工作领导人认真复诵，并确认。反之，作业组变更作业地点时，应立即告知座台防护人员(行车防护人员)并进行复诵确认。

(6)作业过程中，工作领导人通知作业组其他小组监护人邻线有列车通过，联系用语同停电作业中此类情况。

(7)邻线或本线有列车通过，需要暂停作业，作业人员、机具、材料全部下道。完成后，作业组其他小组监护人及时告知工作领导人，工作领导人及时告知座台防护人。

作业组其他小组监护人：赵A，周E呼叫，人员，机具全部下道，列车可以正常通过。

工作领导人：(复诵)，赵A明白。

工作领导人：钱B，赵A呼叫，人员，机具全部下道，列车可以正常通过。

座台防护人：(复诵)，钱B明白。

2.作业结束过程

(1)作业完成、当作业组其他小组成员、机具、材料全部下道后，作业组其他小组监护人及时告知工作领导人。

作业组其他小组监护人：赵A，周E呼叫，作业已结束，人员机具已撤至安全地带。

工作领导人：(复诵)，赵A明白。

(2)工作领导人通知座台要令人可以消除作业命令

工作领导人：钱B，赵A呼叫，作业已结束，人员机具已撤至安全地带，可以消令。

座台要令防护人：(复诵)，钱B明白。

(3)坐台防护人把间接带电命令消除后，立即通知工作领导人

座台防护人：赵A，钱B呼叫，间接带电命令已消除，安全良好。

工作领导人：(复诵)，赵A明白。

2.5 《行车设备施工登记簿》填记要求、填记格式

2.5.1 基本要求

1. 施工登记前，由施工单位指定的驻站联络员负责登、销记时，应向车站值班员提交《施工登销记委托书》，综合维修、紧急修和故障修时无须提交。持《施工登销记委托书》（样式见图 7-6）履行登、销记职责的驻站联络员在《行车设备施工登记簿》"施工负责人"项目栏签认时，均填记"施工负责人"单位及姓名，并在"备注"栏内注明"驻站联络员"单位及姓名。

施工登销记委托书

________车站：

________段________车间（工区）将于________年________月________日________时________分至________日________时________分，在________线________区间（站）__km__m至__km__m处，进行________施工。

施工负责人________职务________将指派驻站联络员________代替施工登销记和签名。

________段（公章）

________年________月________日

图 7-6 《施工登销记委托书》

2. 施工登记前，施工负责人（驻站联络员）应先预拟草稿，经车站值班员确认无误后，方可正式登记。登、销记过程中出现错误时，一律画圈以示抹消，重新填写，禁止随意涂改、撕页、粘贴。

3. 综合型施工及综合维修中，涉及其他施工（维修）单位时，由施工（维修）主体单位负责统一登、销记（根据现场临时请求且与施工不同步进行的配合项目由配合单位自行登、销记）。其他单位及设备管理单位负责人确认本单位登、销记内容正确无误后，分别在《行车设备施工登记簿》上签认本单位及姓名。

4. 车站必须认真审核《行车设备施工登记簿》上所有登、销记内容，发现与施工计划不符、超出计划范围、施工配合单位签认不齐全时，不得办理登、销记手续。

5. 现场实际施工负责人与施工日计划公布的施工负责人不一致时，不准施工。确需变更施工负责人时，施工单位必须在施工协调会或会前提出，按规定填写《施工负责人变更通知书》（样式见图 7-7），报相关业务部门审核后，交调度所施工室备案，并提交登记站，调度所施工室审核后交相关台列车调度员。

列车调度员根据登记站的汇报及审核后的《施工负责人变更通知书》，发布相关调度命令。

6.《施工登销记委托书》和《施工负责人变更通知书》由登记站留存备查。

2.5.2 内容填记说明

《行车设备施工登记簿》供电施工登、销记填记样表见表 7-2。

2.5.2.1 请求施工（慢行及封锁）登记

1. 第 1 栏："本月施工编号"应填记"施工日计划号或综合维修计划号"。

2. 第 2 栏："施工项目"，按施工日计划中的"施工项目"内容填写；综合维修时，按主体维修单位专业填写，例如："供电综合维修"。

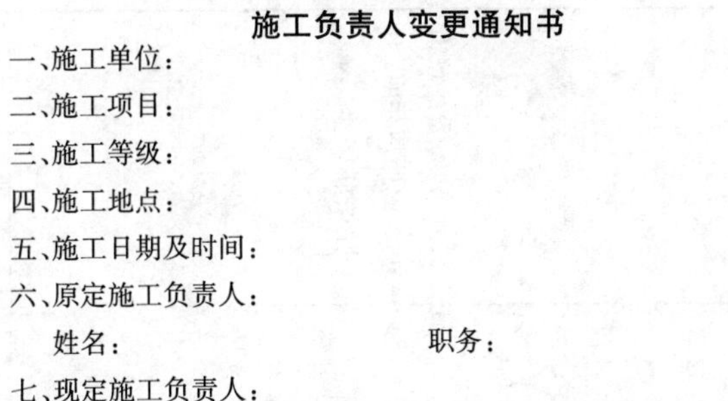

施工负责人变更通知书

一、施工单位：
二、施工项目：
三、施工等级：
四、施工地点：
五、施工日期及时间：
六、原定施工负责人：
　　姓名：　　　　职务：
七、现定施工负责人：
　　姓名：　　　　职务：

_____段(公章)
_____年____月____日

图7-7 《施工负责人变更通知书》

3. 第3栏："月日时分"按实际到站联系时间填写。

4. 第4栏：涉及影响有关行车设备使用的施工，相关设备管理单位均应在"设备单位检查人"栏签认单位及姓名。

5. 第5栏："所需时分"按施工日计划批准的时间填写。因施工组织调整"所需时分"不能超过批准时间。

2.5.2.2　承认施工

第6栏：命令号及发令时间、慢行及封锁起止时间，由车站值班员根据列车调度员下达的同意施工命令逐项填记。

2.5.2.3　施工后开通检查确认、销记

1. 第7栏："月日时分"按实际申请开通时间填写。

2. 第8栏：恢复使用范围和条件(开通后恢复常速确认)，由施工负责人(持书面委托书的驻站联络员)根据施工放行列车的条件如实填记恢复的范围及行车速度。综合维修结束，在调度命令规定的时间内完成，无设备变化，登记站确认所有维修单位按时开通、设备恢复正常使用、维修销记的签认正确齐全，立即向请点站汇报后，方可签字确认开通。请点站确认所有登记站维修作业结束，再向列车调度员汇报开通情况。

2.5.2.4　施工开通

第9栏：车站值班员根据施工单位在施工后开通检查、销记项填记的恢复使用范围和条件及设备单位检查人的签名，向列车调度员请求开通，并将开通的调度命令号码及时间填记后即可签字确认开通。

2.5.2.5　备注

第10栏："备注"，填写各种备注情况，如：驻站联络员持有《施工登销记委托书》到车站登、销记时，备注栏中注明驻站联络员工作单位及姓名："驻站联络员：×××单位×××"。

2.5.3　其他

1. 取消施工前慢行的组织模式，所有施工前慢行全部纳入施工点内。

2. 工务逐级提速的施工，施工后达不到应有的提速条件。施工单位以实际限速条件销记，车站值班员应报告列车调度员，按重新下达的限速调度命令执行。列车调度员重新下达限速调度命令并废止运行揭示命令，其后无论限速条件是否与运行揭示命令相符，施工单位均须销记确认限速条件，由列车调度员下达限速调度命令。

表 7-2　行车设备施工登记簿

运统—46(施工)

请求施工(慢行及封锁)登记					承认施工	施工后开通检查确认、消记		施工开通	备注
本月施工编号	施工项目	月日时分	(1)影响使用范围(需要的慢行或封锁条件) (2)施工负责人签名 (3)设备单位检查人签名 (4)车站值班员签名	所需时分	(1)命令号及发令时间 (2)慢行及封锁起止时间 (3)车站值班员签名 (4)施工负责人签名	月日时分	(1)恢复使用范围和条件(开通后恢复常速确认) (2)施工负责人签名 (3)设备单位检查人签名 (4)车站值班员签名	(1)开通(恢复常速)命令号及开通时间 (2)施工负责人签名 (3)设备单位检查人签名 (4)车站值班员签名	
032	新线整治	5月1日7:20	(1)根据×月×日施工日计划,××供电段在××站至××站间进行新线整治施工,请求封锁××至××区间上(下)行线,××至××间上(下)行线加开路用列车,施工完毕后返回××站。××供电臂上(下)行同时停电 (2)施工负责人:××段××× (3)设备单位检查人:××段××× (4)车站值班员:×××	60 min	一、(1)DX-7791号,8:00发令 (2)8:00至9:00区间封锁 (3)车站值班员:××× (4)施工负责人:××段××× 二、(1)DX-7792号,8:02发令 (2)8:02至9:00停电 (3)车站值班员:××× (4)施工负责人:××段×××	5月1日9:00	(1)施工完毕,57002次已整列到达××站,请求开通××至××区间上(下)行线恢复设备正常使用,同时××供电臂上(下)行恢复供电 (2)施工负责人:××段××× (3)设备单位检查人:××段××× (4)车站值班员:×××	一、(1)DX-7793,9:02区间开通 (2)施工负责人:××段××× (3)设备单位检查人:××段××× (4)车站值班员:××× 二、 (1)DX-7794,9:02分恢复供电 (2)施工负责人:××段××× (3)设备单位检查人:××段××× (4)车站值班员:×××	(注:如为委托登销记时,此处须注明) 驻站联络员:××段×××

3. 水电设备施工、维修作业不影响行车设备使用、作业地点远离车站和铁路，对不停止信号、通信、客车上水等行车设备使用的水电设备施工及维修作业不需到车站办理登、销记手续。

综合练习

1. 单项选择题

(1)进行接触网施工或维修作业时，应在车站(机务段、机务折返段、机车检修段、车辆段等)行车室设联络员，施工及维修地点设现场防护人员。联络员和现场防护人员应由指定的、安全等级不低于(　　)人员担任。

A. 一级　　B. 二级　　C. 三级　　D. 四级

(2)作业过程中，联络员、现场防护人员与工作领导人之间必须保持通信畅通并定时联系，确认通信良好。一旦联控通信中断，工作领导人应(　　)。

A. 立即命令所有作业人员下道，撤至安全地带

B. 立即派人前往联络员、现场防护人员所在位置查看

C. 更换通信工具或通信方式

D. 继续坚持安全检修作业，保证检修任务的完成

(3)一般区间接触网作业时作业区两端(　　)设专职行车防护人员，站内作业时作业区两端(　　)设专职行车防护人员。

A. 80 m，5 m　　B. 8 000 m，500 m

C. 50 m，800 m　　D. 800 m，50 m

(4)驻站联络员应当在施工封锁前(　　)到达控制施工区段安全的车站运转室(信号楼)签到。

A. 5 min　　B. 20 min　　C. 40 min　　D. 80 min

(5)现场防护员特殊情况联系不上作业组成员或收到作业组成员来不及下道的信号时，应(　　)。

A. 展开黄色信号旗。无黄色信号旗时，用绿色信号旗下压数次

B. 果断展开红旗(夜间红色信号灯)拦停列车

C. 点亮黄色灯光，无黄色灯光时，用白色或绿色灯光下压数次

D. 左臂垂直高举，右臂前伸并上下重复摇动；夜间时用白色灯光作圆形转动

2. 判断题

(1)现场防护人员必须由经过安全教育培训合格(安全等级不低于三级)，并取得任职资质的正式职工担任，熟悉有关行车防护知识，熟悉有关防护、通信工具使用方法及各种防护信号显示方法。(　　)

(2)不同作业组分别作业时，相互之间距离较近时准许共用现场防护人员以节约人力资源。(　　)

(3)为防止防护人员影响正常的接触网检修作业，防护人员必须站位在其他线路上进行防护作业。(　　)

(4)在双线区段、枢纽站场进行作业时，现场防护员仅且仅需按规定做好本线防护。(　　)

(5)现场防护员应按标准着装、佩戴标识，出工前检查通信工具状态，带齐行车防护用品，熟悉当日作业项目、内容、地点、人员(分组)安排。　（　）

3.简答与综合题

(1)对接触网检修的现场防护员执行防护任务时有哪些要求?

(2)某接触网工区管内发生弓网故障，紧急处理后临时开通，需要如何显示降弓和升弓手信号?

学习情境8　签发工作票

1　理论学习部分

签发工作票是电力运行管理中一项防止误操作的有效安全措施。正确签发工作票可以明确电力设备检修工作(包括检修、维护、安装、改造、调试、试验等)中的职责,评估检修工作中可能发生的问题,并针对问题采取必要的措施避免事故发生。工作票制度是保证安全的组织措施之一。

1.1　保证安全的组织措施

1.1.1　工作票制度

工作票是准许在各种电气设备上工作的书面命令,也是执行保证安全技术措施的书面依据。

所有供电设备不管是运行状态、备用状态、待修状态,均由供电调度(或电力调度)负责运行管理,如果需要检修必须得到供电调度的同意。检修人员接到任务后,首先按规定办理工作票,在工作票中写好要修的设备,计划开始和完成的时间、所需落实的安全措施。填好工作票后按规定交检修技术、管理人员审核后,办理落实工作票中的各项内容,才可进入现场作业。

【典型案例8-1】

××年8月1日,×电力自闭线1至2号杆间的高压电缆,由于电缆发生相间短路接地,自6月30日该线路1至3号杆隔离开关开口停止运行。南自闭线由×单臂供电至3号杆隔离开关南侧。经研究决定高压电缆改为架空电线路,由×供电所电力包修组负责施工。施工停电范围:×配南自闭柜至南自闭线路23号杆隔离开关北侧。到7月31日南自闭2号杆以南的工作已全部完工,剩下从南自闭2号杆到配电室引入口的部分收尾工作。23号杆隔离开关便合闸送电至3号杆隔离开关南侧。

8月1日施工,没有签发工票,技术员停电用口头命令向工长布置任务交代说:“昨天谁干啥,今天还干啥,昨天未绑完瓷瓶的那棵杆是杨×去的,今天先在那棵杆南侧挂一组接地封线。”并同意让徒工刘××一道去完成这项任务。当时工长在分配工作中也没有向杨刘二人交代清楚整个工作范围和停电范围,只让到未绑完瓷瓶的那棵杆南侧,设接地封线一组。杨刘二人却误认为到3号杆去挂接地封线。由于他们臆测设备不带电,所以当刘××在挂封线过程中,没有检电,没有穿戴防护用品,且把封线背在肩上,挂接时造成身体直接接触导电部分,触电死亡。

案例分析:

严重违反《铁路电力安全工作规程》规定,没有严格执行停电作业工作票制度;作业前,工作执行人未详细交代施工作业范围及停电范围，执行安全措施不严密，不彻底；作业人员严重违章作业，未按停电、检电、挂封线的作业程序工作。

1.1.1.1　牵引变电所工作票制度

牵引变电所电气设备的检修作业分五种：

(1)高压设备停电作业——在停电的高压设备上进行的作业及在低压设备和二次回路上进行的需要高压设备停电的作业。

(2)高压设备带电作业——在带电的高压设备上进行的作业。

带电作业按作业方式分为直接带电作业和间接带电作业。

直接带电作业——用绝缘工具将人体与接地体隔开，使人体与带电设备的电位相同，从而直接在带电设备上作业。

间接带电作业——借助绝缘工具，在带电设备上作业。

按照《牵引变电所安全工作规程》规定：牵引变电所不应采用高压设备直接带电作业。确需高压设备间接带电作业时需经供电调度批准，并参照国家有关标准执行。

(3)高压设备远离带电部分的作业(简称远离带电部分的作业)——当作业人员与高压设备带电部分之间保持规定的安全距离条件下，在高压设备上进行的作业。

(4)低压设备停电作业——在停电的低压设备上进行的作业。

(5)低压设备带电作业——在带电的低压设备上进行的作业。

根据作业性质的不同，牵引变电所工作票分三种：

(1)第一种工作票，用于高压设备停电作业。

(2)第二种工作票，用于高压设备带电作业。

(3)第三种工作票，用于远离带电部分的作业、低压设备上作业，以及在二次回路上进行的不需高压设备停电的作业。

1.1.1.2　接触网工作票制度

接触网的检修作业分为三种：

(1)停电作业——在接触网停电设备上进行的作业。

(2)间接带电作业——借助绝缘工具间接在接触网带电设备上进行的作业。

(3)远离作业——在距接触网带电部分 1 m 及其以外的高空作业、较复杂的地面作业(如安装或更换火花间隙和地线、开挖支柱基坑)、未接触带电设备的测量等。

根据作业性质的不同，接触网工作票分为三种：

(1)接触网第一种工作票，用于停电作业。

(2)接触网第二种工作票，用于间接带电作业。

(3)接触网第三种工作票，用于远离作业。

1.1.1.3　铁路电力工作票制度

在铁路电力运行中的高压设备上作业按下列分类：

(1)全部停电作业，系指电力线路全部中断供电或变、配电设备进出线全部继开的作业。

(2)邻近带电作业，系指变配电所内停电作业处所附近还有一部分高压设备未停电；停电作业线路与另一带电线路交叉跨越、平行接近，安全距离不够者；两回线以上同杆架设的线路，在一回线上停电作业，而另一回线仍带电者；在带电杆塔上刷油、除鸟巢、紧杆塔螺丝等的作业。

(3)不停电的作业，系指本身不需要停电和没有偶然触及带电部分的作业。如更换绑桩、涂与杆号牌、修剪树枝、更换灯泡、检修外灯伞等的作业。

(4)带电作业，系指采用各种绝缘工具带电从事高压测量工作，检修或穿越低压带电线路，拆、装引入线等工作，以及在高压带电设备外壳上的工作。

在铁路电力设备上工作，应遵守工作票制度，其方式如下：

1. 填用停电作业工作票

在下列设备上全部停电、邻近带电的作业，应签发停电工作票：

(1)高压变、配电设备上的作业；

(2)高压架空线路和高压电缆线路上的作业；

(3)高压发电所停电(机)检修，或两套以上有并车装置的低压发电机组，当任一机组停电作业；

(4)在控制屏(台)或高压室内二次接线和照明回路上工作时，需要将高压设备停电或做安全措施者；

(5)在两路电源供电的低压线路上的作业。

【典型案例 8-2】

××年 12 月 21 日上午，某供电公司所属某分局进行 10 kV 某分支线路更新工作。主要工作任务是：更换某分支 32 号 4～5 段导线，立 32-4 号杆，并安装 32-3 号、32-7 号变台及架设变台两侧低压线。

7 时 30 分，工作执行人张×(检修班长)带队进入工作现场并宣读工作票及安全组织措施，同时将工作人员分为 5 个小组。开工后，工作执行人张×在进行现场巡视检查时，发现执行立杆、放线的第五组，在放线过程中需要跨越本市某砂轮厂专线。该线路已废弃多年，三相导线缠绕在一起，并固定在瓷瓶上，故认为该线路已无电。为方便施工，张×临时决定将该段线路拆除，并将拆除地点选择在交叉跨越点北侧耐张分支杆处。该耐张分支杆南北侧导线已断开，南侧导线为废弃导线，北侧与东侧分支导线相连接并带电。8 时 20 分左右，工作执行人张×带领工人李×进行拆除该段导线的工作。由于 2 人对该挡耐张分支实际情况不清楚，特别是将带电的北侧、东侧导线误认为是同一条废弃线路。李×登杆进行验电挂地线，执行人张×在地面监护。对该扦南侧导线(为废弃线路)验明无电后，准备挂接地封线。在张×寻找合适的地线接地点时，杆上的李×在移动中触及带电导线，触电死亡。

案例分析：

工作执行人张×临时决定增加工作内容，却没有填用工作票，这是严重违章行为。何况当事人对临时增加工作的线路情况并不熟悉，而工作班成员李×也对工作线路带电与不带电情况以及是否填用工作票没有提出异议。工作执行人和工作班人员，一个是违章指挥，一个是盲目执行。这样，他们共同跨越了防止事故发生的第一道防线。

如果工作执行人张×严格执行工作票制度，原工作票上没有的工作内容不擅自做主增加，这项工作不进行，自然不会有这次事故。如果工作班成员李×严格执行工作票制度，拒绝执行工作票以外的工作任务，那么，不幸也就不会发生。

没有认真执行“工作许可制度”。《电力安全工作规程》规定：“工作许可人完成有关安全措施，向工作执行人报告允许开工时间。工作执行人必须在得到工作许可人许可后，方可开始工作”。事故案例中的工作，事故当事人不但没有填用工作票，而且没有办理工作许可手续。

工作中，执行人张×虽然在现场，但却没有起到监护工作组员的安全作用，工作组员李×

至少有两处违章,张×都没有发现。

2. 填用带电作业工作票

在下列设备上作业,应填写带电作业工作票:

(1)在高压线路和两路电源供电的低压线路上的带电作业;

(2)在控制屏(台)和二次线路上的工作,无需将高压设备停电的作业;

(3)在旋转的高压发电机励磁回路上,或高压电动机转子电阻回路上的工作;

(4)用绝缘棒和电压互感器定相,以及用钳形电流表测量高压回路的电流。

【典型案例 8-3】

××年 6 月 17 日,某电厂 5 号机组大修中,电厂检修总公司电检分公司仪表班在做变送器通电实验时,电厂 5 号机组大修系统进入调试阶段,电检分公司仪表班 5 名工作人员在 65 乙段停电设备 CT 回路加二次电流对变送器进行校验工作。将近中午,班长到 65 乙段宣布工作结束,随即先行离开工作现场。但王×认为 65 乙备 CT 回路端子排侧测试数据有些不准确,提出在 CT 根部接线处再测一次,于是 5 人到 65 乙备柜。当时,有 1 人提醒说:带电指示灯亮,此柜有电。但王×说没事,随即拆除了运行人员设置的遮拦绳、带电标示牌,强行打开 65 乙备开关柜的下柜门,进行 CT 二次端子电流试验。11 时 57 分,65 乙备开关柜母线发生短路,弧光将 5 名工作人员烧伤。王×因烧伤严重,经医院抢救无效死亡。

案例分析:

电检分公司仪表班在进行 65 乙备工作时,超越工作范围,不开工作票,是发生这起事故的主要原因。

在检修过程中,没有对有可能导致事故发生的危险点提前进行充分的分析、识别、预测,并有针对性地制定有效控制措施。

王×在有人提示设备带电的情况下,没有引起足够的重视,逆反心理严重,侥幸心理作怪,逞能心理抬头,违规蛮干,最终酿成事故。

3. 填用倒闸作业票

将电气设备由运行、备用(冷备用及热备用)、检修中的一种状态转变为另一种状态时应填用倒闸作业票。

4. 以口头或电话命令时,应填入安全工作命令记录簿(图 8-1)。

在下列设备上作业,按口头或电话命令执行:

(1)单一电源供电的低压线路停电作业。

(2)测量接地电阻,悬挂杆号牌,修剪树枝,测量电杆裂纹、打绑桩和杆塔基础上的工作。

(3)低压电缆上的作业。

(4)拉、合线路高压开关、配电变压器一、二次开关和变、配电所内开关的单一操作。

当作业范围涉及相邻铁路局、供电段时,必须取得铁路局电力调度口头或电话命令。当作业范围涉及本段其他配电所时,必须取得供电段电力调度的口头或电话命令;受令人和发令人双方均应认真记录、录音,并复诵无误后方可执行。

安全工作命令记录簿虽然不属于工作票,但安全工作命令记录簿应看作与工作票同等重要。

1.1.2 工作许可制度

工作许可制度是电力工作中工作许可人根据工作票的内容要求在做好设备停电安全技术

措施后,向工作领导人(工作执行人)发出工作许可的命令,工作领导人方可开始工作;同时在检修工作中、工作间断与转移以及工作终结,必须由工作许可人许可的制度。

安全工作命令记录簿

<table>
<tr><td colspan="2">年　　月　　日　　时　　分第　　号</td></tr>
<tr><td>发布命令人职务</td><td>接受命令人职务</td></tr>
<tr><td colspan="2">传达方式:</td></tr>
<tr><td colspan="2">工作地点及任务:</td></tr>
<tr><td colspan="2">工作组人员:</td></tr>
<tr><td colspan="2">应采取的安全措施:</td></tr>
<tr><td colspan="2">注意事项:</td></tr>
<tr><td colspan="2">本工作应于　　月　　日　　时　　分开工,至　　月　　日　　时　　分完成</td></tr>
<tr><td colspan="2">实际于　　月　　日　　时　　分开工,至　　月　　日　　时　　分完成</td></tr>
<tr><td colspan="2">记事:</td></tr>
</table>

注:本表应装订成册(16 开纸印版面 210×145)。

图 8-1　安全工作命令记录簿

1.1.2.1　牵引变电所工作许可的办理

1. 牵引变电所工作许可一般由牵引变电所值班员担任。值班员在做好安全措施后,要到作业地点进行下列工作:

(1)会同工作领导人按工作票的要求共同检查作业地点的安全措施。

(2)向工作领导人指明准许作业的范围、接地线和旁路设备的位置、附近有电(停电作业时)或接地(直接带电作业时)的设备,以及其他有关注意事项。

(3)经工作领导人确认符合要求后,双方在两份工作票上签字后,工作票一份交工作领导人,另一份值班员留存,即可开始作业。

2. 停电作业时,在消除命令之前,禁止向停电的设备上送电。在紧急情况下必须送电时要按下列规定办理:

(1)通知工作领导人,说明原因,暂时结束作业,收回工作票。对非牵引负荷,在送电前必须通知有关用户。

(2)拆除临时防护栅、接地线和标示牌,恢复常设防护栅和标示牌。

(3)属供电调度管辖的设备,由供电调度发布送电命令;其他设备由牵引变电所工长批准送电。

(4)值班员将送电的原因、范围、时间和批准人、联系人的姓名等记入值班日志。

3. 停电作业的设备,在结束作业前需要试加工作电压时,要按下列规定办理:

(1)确认作业地点的人员、材料、部件、机具均已撤至安全地带。

(2)由值班员将该停电范围内所有的工作票收回,拆除妨碍送电的临时防护栅、接地线及标示牌，恢复常设防护栅和标示牌。

(3)按照设备停、送电的所属权限，值班员将试加工作电压的时间分别报告供电调度和通知有关用户，并将供电调度和接到通知的人员的姓名、所属单位及时间记入有关记录。

(4)工作领导人与值班员共同对有关部分进行全面检查，确认可以送电后，在牵引变电所工长或工作领导人的监护下，由值班员进行试加工作电压的操作。

(5)试加工作电压完毕，值班员要将其开始和结束的时间及试加电压的情况记入有关记录。试加工作电压结束后如仍需继续作业，必须由值班员根据工作票的要求，重新做安全措施、办理准许作业手续。

1.1.2.2 接触网工作许可的办理

接触网检修作业时，由工作领导人指定安全等级符合规定的工作组成员担任工作许可人，负责座台、要令、作业区防护、验电接地等安全措施的完成，完成安全措施后才可开始工作。

1.1.2.3 电力工作许可的办理

在不经变配电所停电的线路上作业时，由工作执行人指定工作许可人完成安全措施后可开始工作。

凡经电力变、配电所的作业，工作许可人由值班员担当。工作许可人应审查工作票所列安全措施是否完备，是否符合现场条件，在完成所内停电、检电、接地封线等安全措施后还应：

(1)会同工作执行人检查安全措施，以手触试证明检修设备确无电压。

(2)对工作执行人指明带电设备的位置，接地线安装处所和注意事项。

(3)双方在工作票上签名后方可开始工作。

工作执行人、工作许可人都不得擅自变更安全措施，值班员不得变更检修设备的运行接线方式。遇有特殊情况需要变更时，应取得工作签发人的同意。

停电作业的线路与其他单位的带电线路交叉跨越安全距离不够时，应同有关单位办理停电许可手续。

严禁约定时间停电、送电。

【典型案例 8-4】

××年 5 月 20 日，×供电所包修组在×站维修低压线路时，临时负责人孙×，看到三个工作组已有两个工作组工作完毕，且时间已 11 时 30 分了，便估计维修公寓线路的工作组也已基本完工，就命令孙×同志送电，此时，在线路杆上工作的王×尚未离杆，致使其触电，造成轻伤。

案例分析：

孙×严重违章，违反严禁约时、臆测停、送电规定，凭主观臆想估计完工，盲目命令送电。

1.1.3 工作监护制度

工作监护制度是保证人身安全和正确操作的重要措施。在作业过程中，工作监护人和工作领导人（工作执行人）都应在现场认真监护工作组员的安全。工作组员应服从工作执行人和监护人的指挥。装设、拆除地线作业和倒闸作业同样需要进行安全监护，此类型安全监护在停电作业和倒闸作业学习情境中介绍。

1.1.3.1 牵引变电所工作监护

当进行牵引变电所电气设备的带电作业和远离带电部分的作业时，工作领导人和设置的专门监护人主要是负责监护作业组成员的作业安全，不参加具体作业（图 8-2）。

图 8-2　牵引变电所工作安全监护

当进行电气设备的停电作业时，工作领导人除监护作业组成员的作业安全外，在下列情况下可以参加作业：

(1)当全所停电时。

(2)部分设备停电，距带电部分较远或有可靠的防护设施，作业组成员不致触及带电部分时。

当牵引变电所内作业人员较多或作业范围较广，工作领导人监护不到时，也可设监护人，设置的监护人员由工作领导人指定安全等级符合要求的作业组成员担当。

【典型案例 8-5】

根据某供电段 3 月份检修计划，下辖的客专供电车间和检修车间于 3 月 21 日 8 时 30 分至 17 时，对管内牵引变电所 1011 进线侧至 1B、3B、5B(变压器)绝缘子清扫，隔离开关引线端子、引线各部螺栓检查紧固，变压器检修。牵引变电所内由东向西依次有 5B、1B、3B、2B、4B、6B 六台变压器。参加作业 29 人，其中，供电车间 25 人，检修车间 4 人。作业领导人是供电车间主任陈某，监控干部是段技术科牵引变电专职魏某，作业的安全监护人是检修车间变压远动工区工长李某和检修车间副主任杨某。

8 时 20 分，供电调度下达第 92666 号命令。8 时 37 分，工作领导人陈某组织在作业区域 3B、2B 之间的隔离防火墙北侧设置了一条警示带将有电区和停电区隔开，但防火墙南侧到牵引变电所墙体间通道处未设置警示带。2 号牵引变压器北侧标有变压器“2B”等设备编号，但南侧没有设置编号。

10 时 12 分，对牵引变电所设备检修和清扫作业正在进行时，2、4 号牵引变压器主保护动作跳闸，作业人员发现负责现场监控的杨某(男，45 岁)身上着火，躺在 2 号变压器上。作业人员立即断电、挂地线、使用灭火器灭火，将杨军抬下变压器，送往烧伤医院救治，经医院诊断为全身多处高压电击伤，烧伤面积 60%，深度Ⅱ至Ⅳ度。2B 变压器上的 T 线(27.5 kV)母排固定端子和压力释放计外壳分别有放电点，2B 变压器顶面留有衣服烧焦的灰烬。

案例分析：

牵引变电所停电检修作业过程中，检修车间副主任杨某离开负责监控的有电区域和停电区域隔离警示带处，擅自参与作业，误登停电作业区外正常运行的 2 号(2B)变压器，造成变压器带电部位通过人体与变压器壳体导通，产生弧光放电，导致全身多处高压电击伤。

检修车间变压远动工区工长李某，作为本次作业的安全监护人，本应在工作领导人的领导下,认真履行监护责任,但由于杨某"车间副主任"的特殊身份,现场监护人李某没有将杨某作为作业组员和重点看护人员对其进行有效监控,不去管理杨某违章参与1001、1B之间设备检修作业,致使现场监护失去作用而出现盲区。现场监护人违章参与作业,不履行监护职责是这起事故的一个重要原因。

当作业需要时可以派遣作业小组(包括监护人)到作业地点以外的处所作业。作业人员和监护人的安全等级满足表8-1的规定。

表8-1 被派遣作业小组安全等级要求

	停电作业	(间接)带电作业
作业人员的安全等级	不低于二级	不低于三级
监护人的安全等级	不低于三级	不低于四级

禁止任何人在高压分间或防护栅内单独停留和作业。

牵引变电所工长和值班员要随时巡视作业地点,了解工作情况,发现不安全情况要及时提出,若属危及人身、行车、设备安全的紧急情况时,有权制止其作业,收回工作票,令其撤出作业地点;必须继续进行作业,要重新办理准许作业手续,并将中断作业的地点、时间和原因记入值班日志。

1.1.3.2 接触网工作监护

接触网作业监护工作一般由工作领导人来完成,根据作业需要也可以专设工作监护人,比如《普速铁路接触网安全工作规则》中规定:

间接带电作业时,每个作业地点均要设有专人监护,其安全等级不低于四级;停电作业时,每个监护人的监护范围不超过2个跨距,在同一组软(硬)横跨上作业时不超过4条股道(图8-3),在相邻线路同时作业时,要分别派监护人各自监护;当停电成批清扫绝缘子时,可视具体情况设置监护人员。监护人员的安全等级不低于三级。

图8-3 软横跨上作业

1.1.3.3 铁路电力工作监护

与接触网作业监护工作一般由工作领导人来完成类似,电力线路作业时的工作监护人由工作领导人或工作执行人担任;在变电所、配电所内作业时一般由配电值班员担任;或由能独立工作、熟悉设备和有一定工作经验的人员担任。

完成工作许可手续后，工作执行人(监护人)应向工作组员交代带电部位，已采取的安全措施和其他注意事项。在下列情况下工作执行人可参加具体工作。

(1)在变、配电设备上进行全部停电作业。

(2)在变、配电设备上进行邻近带电作业，工作组员不超过三人，且无偶然触及带电设备可能时。

(3)架空线路停电作业的工作地点较集中，且附近又无其他电线路时。

对工作条件复杂，有触电危险的工作，应设专职监护人。专职监护人不得兼任其他工作。

在工作中遇有雷、雨、暴风或其他威胁工作组员安全的情况时，工作领导人(工作执行人)或监护人应及时采取措施，必要时停止工作。

【典型案例 8-6】

××年 10 月 27 日，某供电企业检修班对 10 kV 线路进行停电登杆检查和清扫绝缘子，赵×与王×(小组负责人)负责 86 号至 99 号杆塔的检查和清扫。首先由赵×登 99 号杆，王×监护。赵×登杆时，既不戴安全帽，又不系安全带，并说："这条线明年就要改造，用不着清扫了，只要上杆后看一下。"而监护人王×对赵×的一系列违章行为和工作态度并未制止和批评。当赵×登上杆塔后，发现绝缘子很脏污，便告诉王×，王×说："擦一擦。"这时，王×就没再对赵进行监护，在杆下整理安全帽，系安全带，准备去登 98 号杆，没有看到赵×踩着下横担向带电的线路的中线导线侧移动，当赵×距中线 0.5 m 处准备抓导线擦绝缘子时，导线对人体放电，赵×触电后，身体失去平衡，从塔上 15.3 m 处坠落地面，经抢救无效死亡。

案例分析：

作业人员赵×在既不戴安全帽又未系安全带的严重违章情况下就登杆作业；赵×还对工作任务不清楚，思想不集中，对本来就带电运行还挂有警告红旗的电线路，竟然在拆下警告红旗后，马上就去清扫绝缘子，造成误碰触带电线路，从高处坠落死亡，这是发生这次事故的主要原因。

监护人王×在赵×的一系列违章情况下登杆作业毫无反应，不批评、不制止，甚至放弃对赵×进行监护，在杆下做登下一杆塔的准备工作是发生这次事故的重要原因。

1.1.4 工作间断、转移工地制度

1.1.4.1 牵引变电所作业中的工作间断、转移工地

牵引变电所作业中需暂时中断工作离开作业地点时，工作领导人负责将人员撤至安全地带，材料、零部件和机具要放置牢靠，并与带电部分之间保持规定的安全距离，将高压分间的钥匙和工作票交给值班员。继续工作时，工作领导人要征得值班员的同意，取回钥匙和工作票，重新检查安全措施，符合工作票要求后方可开工。

在作业中断期间，未征得工作领导人同意，作业组成员不得擅自进入作业地点。

1.1.4.2 电力作业中的工作间断、转移工地

在白天，因吃饭或休息暂时中断变、配电所电力作业时，全部接地线可保留不动，但工作人员不宜单独留在高压室内，暂时中断电线路作业时，如工作人员已离开现场，应派人看守工地。恢复工作前，工作执行人应检查接地线等安全措施。

使用数日有效的停电工作票，每日(次)收工时，应清理工地，开放已封闭的道路，将工作票交给值班员，但临时接地线、防护物及标示牌可保持不动，次日开工前，工作许可人必须检查工地所有安全措施，重新履行许可开工手续，方可开始工作。

【典型案例 8-7】

××年 5 月 21 日，某检修班要停电检修一条 10 kV 配电线路，由于与某工程改造冲突，检修工作进行了一半，经调度同意恢复送电后 23 日继续干。23 日停电时由于停电设备与安全措施与 21 日相同（实际上由于工程局设备改造，信号电源情况已发生变化）未重新签发工作票，执行旧票过程中车间信号两路电源全部停电，造成行车故障。

案例分析：

工作间断后未重新填发工作票是这起事故的主要原因。

当一个工作组按照工作票在几个工作地点依次进行工作时，应按下列规定转移工地：

(1)工作人员在规定时间内只可在指定地点工作，如无工作执行人命令，不得自行转移工地。

(2)每次转移到新工地时，应履行工作许可手续，并在工作票上注明新工作地点及在安全措施栏内记入装设接地线的电杆号数。

(3)转移工地时，应在工作票上填记。

【典型案例 8-8】

××年 6 月 28 日，×供电段×电力工区对×线娘娘庙至千阳间 10 kV 电力贯通线 28 号—126 号杆进行电缆预防性试验作业，工作票签发人陶×，工作票执行人薛×（工长），作业组成员有电力工倪×等 4 人。在 125 号—126 号杆子间电缆试验作业完后，作业组于 12 时 50 分转移第二作业地点，准备对 98 号—99 号杆子间的电缆进行预防性试验。作业组成员正在从汽车上卸工具材料时，电力工倪×在监护人未到场的情况下，登上 99 号杆进行挂接地封线操作。当其登至距杆顶约 3 m 处时，其左臂触及已停电的电缆弓子线 A 相，被感应电电击，倪×从距杆根部高约 7.5 m 处坠落，滚下护坡，经急送医院抢救无效后，倪×于当日 15 时 10 分死亡。

案例分析：

电力工倪×未经工作许可和未得到工作执行人的命令，擅自上杆没有进行检电，触及电缆弓子线，触电后坠落，坠落时安全帽未系紧脱落，致其头部受伤，是这次死亡事故的主要原因。

工作执行人（监护人）薛×不认真执行有关“转移工作地点”安全制度，转移第二作业地点后，没有履行工作许可手续和办理工作地点转移手续，未召集工作组员交代安全措施和注意事项，而是忙于卸车，未发现倪×擅自上杆作业，未履行对工作组员安全的不断监护的职责等，是这次死亡事故的重要原因。

1.1.4.3　接触网作业中的工作间断、转移工地

接触网检修需要在天窗时间内一次性完成，工作中一般不会出现工作间断、转移工地情况。

1.1.5　工作结束和送电制度

1.1.5.1　牵引变电所工作票的结束和送电

1. 牵引变电所作业全部完成时，由作业组负责清理作业地点，工作领导人会同值班员检查作业中涉及的所有设备，确认可以投入运行，工作领导人在工作票中填写结束时间并签字，然后值班员即可按下列程序结束作业：

(1)拆除所有的接地线，点清其数目，并核对号码。

(2)拆除临时防护栅和标示牌，恢复常设的防护栅和标志。

(3)必要时应测量设备状态。

在完成上述工作后,值班员在工作票中填写结束时间并签字,作业方告结束。

使用过的工作票由发票人和牵引变电所工长负责分别保管。工作票保存时间不少于3个月。

2. 当办完结束工作票手续后,值班员即可向供电调度请求消除停电作业命令。

供电调度员确认该作业已经结束,具备送电条件时,给予消除作业命令时间,双方记入作业命令记录中。

同一个停电范围内有几个作业组同时作业时,对每一个作业组,值班员必须分别向供电调度请求消除停电作业命令。

3. 只有当在停电的设备上所有的停电作业命令全部消除完毕,值班员方可按下列要求办理送电手续:

(1)属供电调度管辖的设备,按供电调度命令送电。

(2)对不属供电调度管辖的供电给非牵引负荷的设备要与用电主管单位联系,确认作业结束,具备送电条件,方准合闸送电。并将双方联系人的姓名、送电时间记入值班日志或有关记录中。

(3)对牵引变电所有权倒闸的设备,值班员确认所有的工作票已经结束、具备送电条件后方可合闸送电。

1.1.5.2 接触网工作票的结束和送电

1. 接触网工作票中规定的作业任务完成后,由工作领导人确认具备送电、行车条件,清点全部作业人员、机具、材料撤至安全地带,拆除接地线,宣布作业结束,通知要令人请求消除停电作业命令。

2. 接地线拆除后,人员、机具必须与接触网设备保持规定的安全距离。作业车辆驶出封锁区间(站场进入指定位置后)或人员及机具撤离至铁路建筑限界以外后,方可申请取消行车封锁。几个作业组同时作业,当作业结束时,每个作业组须分别向供电调度申请消除停电作业命令。

3. 供电调度送电时按下列顺序进行:

(1)确认整个供电臂所有作业组均已消除停电作业命令。

(2)按照规定进行倒闸作业。

(3)通知列车调度员接触网已送电。

作业结束后,工作领导人要将工作票和相应命令票交工区统一保管。在工作票有效期内没有执行的工作票,须在右上角盖“作废”印章(图8-4)交回工区保管。所有工作票保存时间不少于12个月。

1.1.5.3 电力工作的结束和送电

电力工作完工后工作组应清理工具、材料,工作执行人详细检查工作质量,工作人员全部由作业设备上撤离后,按下列程序恢复送电:

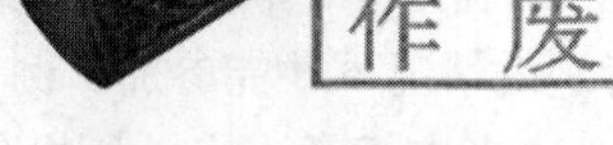

图8-4 “作废”印章

1. 线路局部停电作业,由工作执行人通知工作许可人撤除地线,摘下标示牌,然后合闸送电。

2. 干线停电作业,配电值班员接到工作执行人工作已结束的通知后,将工作执行人姓名、通知时间及方法等记入工作票和工作日志内,然后摘下标示牌,撤离接地线,方可合闸送电。

多组作业时,应注意标示牌数目和结束工作的组数相符。

3. 在变、配电设备上作业时,配电值班员接到工作执行人工作已经结束,工作组人员已撤除工地的报告后,将完工的时间记录在两份工作票内,按下列次序恢复送电:

(1)核对摘下的标示牌数和结束工作组数是否相符;

(2)撤除临时接地线,并按登记号码核对无遗漏;

(3)撤除临时防护物及各种标示牌;

(4)恢复常设栅栏;

(5)合闸送电。送电后,工作执行人应检查设备运行情况,正常后方可离开现场。

1.1.6 工作票所列人员的条件和责任

1. 工作票签发人

电力工作票签发人由工长、调度员、所主任、技术人员或段总工程师指定人员担任;接触网工作票签发人由安全等级四级以上的接触网工作人员担任;牵引变电所工作票签发人由安全等级四级以上的牵引变电所工作人员担任,但牵引变电所当班值班员不得签发工作票。

工作票签发人在安排工作时,要做好下列事项:

(1)所安排的作业项目是必要和可能的;

(2)所采取的安全措施是正确和完备的;

(3)所配备的工作领导人和作业组成员的人数和条件符合规定。

2. 工作领导人

电力作业的工作领导人一般由电力所主任、技术人员或工长担任,负责统一指挥两个以上电力工作组的同时作业和总的作业安全。其中某一个工作组则由熟悉设备、工作熟练、责任心强、有一定组织能力的人员担任工作执行人,具体负责该工作组的作业和安全事项;接触网工作领导人由安全等级四级以上的接触网工作人员担任;牵引变电所工作领导人由安全等级四级以上的牵引变电所工作人员担任。

(1)同一张工作票的签发人和工作领导人必须由两人分别担当。

(2)工作领导人(工作执行人)在组织作业时,要做好下列事项:

①确认作业内容、地点、时间、作业组成员等均符合工作票提出的要求。

②检查确认作业采取的安全措施正确而完备。

③检查落实工具、材料准备,与安全员(安全监护人)共同检查作业组成员着装、工具、劳保用品齐全合格。每次开工前,工作领导人要向作业组全体成员宣讲工作票,布置安全措施,说明停电区段和带电设备的具体位置。

④监督作业组成员的作业安全。

⑤检查确认工作质量,按时完成任务。

3. 作业中的工作领导人

作业中,工作领导人主要是负责监护作业组成员的作业安全,一般不参加具体作业;只有特别的情况下才能参加。例如《牵引变电所安全工作规程》明确规定:

“当进行牵引变电所电气设备的带电作业和远离带电部分的作业时,工作领导人主要是负责监护作业组成员的作业安全,不参加具体作业。当进行牵引变电所电气设备的停电作业时,工作领导人除监护作业组成员的作业安全外,在下列情况下可以参加作业:①当全所停电时。②部分设备停电,距带电部分较远或有可靠的防护设施,作业组成员不致触及带电部分时。”

【典型案例 8-9】

××年8月10日，××水电段××网工区在×车站上行2道更换32号软横跨下部固定绳花篮螺栓作业，14时15分作业结束，工作领导人兼监护人童××中断了对作业人员黄×的监护，使黄×由上行无电区接近下行有电区摘安全带时，安全带铁环甩越上、下行间隔断绝缘子，造成放电，导致黄×触电后从接触网上坠落，送医院抢救无效死亡，构成人身死亡事故。

案例分析：

工作领导人兼监护人童××在乙结束作业下网时，自己忙于安排人员整理工具材料、清理现场，中断了对作业人员黄×的监护。当黄×接近带电设备时，童××未发现，未能及时提醒，最终酿成事故。

4. 工作监护人

工作监护人的责任是：

(1)在现场不断监护工作人员的安全。

(2)发现危及人身安全的情况时，应立即采取措施，坚决制止继续作业。

(3)一旦发生意外情况，应迅速采取正确的抢救措施。

5. 工作许可人

电力工作中工作许可人由配电值班员或能独立工作、熟悉设备和有一定工作经验的人员担任。在线路停电作业时，由工作执行人指定工作许可人完成有关安全措施。

工作许可人的责任是：

(1)完成作业现场的停电、检电、接地封线等安全措施；

(2)检查停电设备有无突然来电的可能；

(3)向工作执行人报告允许开工时间。

6. 工作组员

工作组员应由技术、安全考试合格者担任。

工作票中规定的作业组成员一般不应更换，若必须更换时，应由发票人签认，若发票人不在可由工作领导人签认。工作领导人更换时，必须由发票人签认。

作业组成员要服从工作领导人(监护人)的指挥、调动，遵章守纪。对不安全和有疑问的命令，要及时果断地提出，坚持安全作业。

【典型案例 8-10】

××年6月11日，××供电大修队在××站进行大型特殊带电作业——整锚段更换承力索。新工马××从绝缘挂梯登上放线台后，监护人陈××因前方承力索卡滞，放线盘无法转动放线，这时监护人陈××命令新工马××在放线台上不要动，自己去前方查看承力索卡滞原因。

新工马××在放线台上躺了一会儿，未报告监护人，擅自从放线平台下到绝缘挂梯上。由于挂梯下面无人扶，挂梯摆动，新工马××触及放线平台接地部分，右手顺势抓住了带电部分，强大的短路电流经放线平台至新工马××的右手，身体、脚、放线平台接地部分构成了回路，高空坠落，身上着装银铜均压服顿时着火，着火高度约1.5 m，现场人员束手无策，着火约2 min后，临时从旁边道口看守房中拿棉被盖住火熄灭，随即截车送部队医院，送到医院后，经检查新工马××3度烧伤约占97%，在医院抢救7天后新工马××死亡。

案例分析：

新工马××不听从监护人的指挥，在没有人扶绝缘挂梯的情况下擅自下放线平台触电。

2 实践技能部分

2.1 不同工种对工作票的填用要求

各工种工作票的正确填写有相似的地方，例如工作票填写中都规定是进行本工种设备检修作业的书面依据，填写时要字迹清楚、正确，需填写的内容不得涂改和用铅笔书写。但是由于电力、接触网、牵引变电所有各自的工种特点和作业特征，所以在填写时又有各自针对本工种的特殊要求和特别规定。

2.1.1 牵引变电所工作票的填用要求

1. 工作票要1式2份，1份交工作领导人，1份交牵引变电所值班员。值班员据此办理准许作业手续，做好安全措施。

2. 事故抢修、情况紧急时可不开工作票，但应向供电调度报告概况，听从供电调度的指挥；在作业前必须按规定做好安全措施，并将作业的时间、地点、内容及批准人的姓名等记入值班日志中。

3. 在必须立即改变继电保护装置整定值的紧急情况下，可不办理工作票，由当班的供电调度员下令，值班员更改定值，事后供电调度员和值班员应将上述过程记录入值班日志中。

4. 第一种工作票的有效时间，以批准的检修期为限。若在规定的工作时间内作业不能完成，应在规定的结束时间前，根据工作领导人的请求，由值班员向供电调办理延期手续。

第二种、第三种工作票有效时间最长为1个工作日，不得延长。因作业时间较长，工作票污损影响继续使用时，应将该工作票重新填写。

5. 发票人在工作前要尽早将工作票交给工作领导人和值班员，使之有足够的时间熟悉工作票中内容及做好准备工作。

6. 工作领导人和值班员对工作票内容有不同意见时，要向发票人及时提出，经过认真分析，确认正确无误，方准作业。

7. 工作票中规定的作业组成员，一般不应更换；若必须更换时，应经发票人同意，若发票人不在，可经工作领导人同意，但工作领导人更换时必须经发票人同意，并均要在工作票上签字。工作领导人应将作业组成员的变更情况及时通知值班员。

8. 非专业人员在牵引变电所工作时须遵守下列规定：

(1)若需设备停电，要按停电的性质和范围填写相应的工作票，办理停电手续，并须在安全等级不低于三级人员的监护下进行工作，工作票一张交给当班值班员，另一张交给监护人，监护人负责有关电气安全方面的监护职责。

(2)若设备不需停电，由值班员负责做好电气方面的安全措施(如加设防护栅、悬挂标示牌等)，向有关作业负责人讲清安全注意事项，并记录在值班日志或有关记录中，双方签认后方准开工。必要时可派安全等级不低于二级的人员进行电气安全监护。

9. 一个作业组的工作领导人同时只能接受1张工作票。一张工作票只能发给一人作业组。同一张工作票的签发人和工作领导人不得由同一人担任。

2.1.2 接触网工作票的填用要求

1. 打印方式填写的工作票,工作票签发人和工作领导人必须签字确认。

工作票填写一式两份,一份由发票人保管,一份交给工作领导人。

事故抢修和遇有危及人身或设备安全的紧急情况,作业时可以不签发工作票,但必须有供电调度批准的作业命令,并由抢修负责人布置安全、防护措施。

2. 工作票有效期不得超过3个工作日(1～3种全部包括)。

作业结束后,工作领导人要将工作票和相应命令票交工区统一保管。在工作票有效期内没有执行的工作票,须在右上角盖"作废"印记交回工区保管。所有工作票保存时间不少于12个月。

3. 工作票签发人和工作领导人安全等级不低于四级。同一张工作票的签发人和工作领导人必须由两人分别担当。

4. 发票人一般应在作业6小时之前将工作票交给工作领导人,使之有足够的时间熟悉工作票中的内容并做好准备工作。工作领导人对工作票内容有不同意见时,应向发票人提出,经认真分析,确认无误后,签字确认。

【典型案例8-11】

××年5月13日某接触网工区工作领导人甲带领8人在××车站检修货物线分段绝缘器处隔离开关。甲是由单线工区调来双线工区的接触网工,接触网工龄15年。乙是发票人,停电为上行线。

上行线停电后,操作人丙和丁上接触网清扫隔离开关瓷瓶,并检查各部螺栓及零件是否牢固完好。检查完毕,丙让地面人员戊拉开开关,观察开关是否灵活。

戊拉开开关后,丙用手摸了一下连接上行正线的刀闸,"啊"的一声,立刻趴在了刀闸上。丁用手去拉丙,遭电击掉下,幸亏有安全带,人被安全带吊在空中。

戊忽然想起,隔离开关没有短接线,隔离开关打开后,刀闸上行侧等于没有接地线,是感应电将丙与丁击倒。

甲看到丙、丁触电后,立即采取措施,将丙与丁救下。对丙做人工呼吸,但为时已晚,丙已经停止了呼吸。丁右手被感应电击伤。

案例分析:

工作领导人严重失职。工作领导人在接到工作票时没有认真审阅,没有对工作票所安排的设置接地线的位置提出疑问,没有认真分析工作票中所采取的安全措施是否正确、完备。其次是工作领导人甲在单线工作多年,对双线区段一线停电,一线有电,停电线路所带感应电足以威胁人身安全认识不足或根本没有认识。对戊打开开关后线路失去接地线没有进行制止,导致了这次事故的发生。

每次作业,一名工作领导人同时只能接受一张工作票。一张工作票只能发给一名工作领导人。

5. 工作票中规定的作业组成员一般不应更换,若必须更换时,应由发票人签认,若发票人不在可由工作领导人签认。工作领导人更换时,必须由发票人签认。

当需变更作业种类、作业地点、作业内容、需停电的设备、封锁或限行条件等要素之一时,必须废除原工作票,签发新的工作票。

【典型案例8-12】

甲是工作领导人,带领15人在某车站进行停电作业。内容为处理45号支柱下锚补偿绳与下锚拉线摩擦问题;更换30号支柱隔离开关。

工作票中安全措施为:(1)要令后验电接地,两根地线分别接在28号、50号支柱处。(2)高空作业系好安全带,防止高空掉物。(3)做好行车防护。(4)检查工具材料是否足够和合格。

停电作业前甲宣读了工作票,人员安排为自己带领一个作业组8人拆装隔离开关;乙带领5人处理斜拉线摩擦问题。甲作业组12时10分换好隔离开关消完令后向回走。乙正在带领人装限磨器。但乙作业组作业中,因限制器螺栓部分锈蚀不能使用,又返回工区取来一根,耽误了时间。甲消完令走到乙跟前说已消令,接触网已送电。操作人丙听到后感到害怕,猛然从支柱上跳下,摔伤小腿骨。

案例分析:

甲宣读完工作票,实际又将1个作业组分成了2个作业组。分成2组后,甲只要了一个命令。而乙作业组知道是停电更换限磨器,甲在停电后通知了乙接触网已停电。甲在送电前未与乙联系就将电送上,使丙得知消息后惊慌从支柱上跳下。

工作票开的不正确,该项作业实际是两个不关联的作业,而且作业地点又不同,应开两张工作票,一张为停电作业工作票,即第一种工作票;一张为远离作业工作票,即第三种工作票。并根据停电作业还是远离带电部分的作业分别采取不同的安全措施,这样事故就不会发生了。

工作领导人未在工作前认真考虑螺栓锈蚀问题,没有预想在更换限制器时会遇到什么困难,因此,材料准备不够。虽然工作票中也写了这么一条,但实际只是写上念念而已,如果在作业前能预想到限制器螺栓长期不动,风吹日晒,有可能锈死,带上钢锯和几根新螺栓,乙作业组就会在甲作业组结束工作之前完成自己的工作,从而避免这起事故。

6.工作领导人应提前组织作业组成员(含作业车司机)召开工前预备会,宣讲工作票并进行作业分工、安全预想,将本次作业任务和安全措施逐项分解落实到人,并进行针对性安全提示。作业组成员有疑问时应及时提出,工作领导人组织答疑并确认无误。

工前预备会是确保作业人员熟悉本次作业内容、各项安全措施及注意事项的必要环节,直接关系本次作业的安全,很多事故的发生都与工前预备会召开质量不高、参加人数不全有很大的关系。

作业前,工作领导人应组织作业组成员列队点名,并确认作业安全用具准备充分、作业组人员身体及精神状态良好后,方准作业。(与旧版对比不用在作业前列队宣讲工作票)

作业完毕,工作领导人应组织召开收工会,对当日工作完成情况、存在的问题进行总结。

【典型案例8-13】

××年3月20日××车间接触网停电后,按工作领导人甲的安排,接触网工乙(安全等级为三级)登上54号钢柱,紧固横向承力索。该钢柱接触网与10 kV电力线路同杆合架,10 kV电力线路位于钢柱顶部。

乙登上钢柱顶部,欲紧横向承力索时,身体触及10 kV电力线。遭电击从高空坠落,头部撞在地面道岔转辙机上,当即死亡。

案例分析:

本次事故主要原因之一是工作领导人未在开工前向作业组成员宣读工作票,布置安全措施,未指明同杆架设的10 kV线路有电,乙在高空作业时误触有电设备造成的。如果工作领导人在开工前按要求认真宣读工作票,指明带电设备位置,这起事故完全是可以避免的。

7.更换火花间隙、检修支柱下部地线和避雷引下线等开路作业时,应使用短接线先行短接,设置短接线时不得影响轨道电路。

雷、雨、雪、雾天气时，不得进行更换火花间隙、检修支柱下部地线和避雷引下线等作业。

8.对接触网巡视、较简单的地面作业(如支柱培土、清扫基础帽等)可以不开工作票，由工区负责人向工作领导人布置任务和安全防护措施，说明作业的时间、地点、内容，并记入值班日志中。

9.V形停电接触网检修作业使用的工作票右上角应加盖“上行”或“下行”印记。工作票中要有针对V形停电接触网检修作业的特殊性提出的安全措施。主要是：

(1)写明上行(下行)封锁及停电，下行(上行)未封锁及有电，人员机具和作业车平台旋转不得侵入下行(上行)限界的范围。

(2)防止误触有电设备的安全措施。

(3)防止感应电伤害的安全措施。

(4)防止穿越电流伤害的安全措施。

(5)防止电力机车将电带入作业区段的安全措施(相比《普速铁路接触网安全工作规则》，《高速铁路接触网安全工作规则》多了本款内容)。

在设备较复杂的区段作业时，应附页画出作业区段简图，标明停电作业范围、接地线位置，并用红色标记带电设备。

【典型案例8-14】

某网工区在某车站上行处理缺陷，内容是更换32号软横跨下部固定绳花篮螺栓。更换完毕后，监护人让网上作业人员乙下网。让甲拆除网上Ⅱ道的直吊线后下网，14时15分，甲拆完后监护人令其下网，自己去忙于工具材料的整理。甲摘掉安全带沿软横跨下网时误入下行接触网有电区触电死亡。

案例分析：

操作人甲作业前参加了工作票宣读和作业分工、安全措施布置，知道是V停作业，上行停电、下行有电。但在作业完成后却走向下行有电区下网，导致自己触电死亡。监护人忙于工具材料的整理，中断了对甲下网的监护，违反了部令“时刻在场监督作业组成员的作业安全”的规定。停电作业时工作领导人、监护人应时刻在场监护作业组成员的作业安全，在复线区段V停作业更应加强监护。如监护人需要短时离开时，应指定安全等级符合规定的人员临时监护，即任何时候监护不得中断。

2.1.3　电力工作票的填用要求

1.工作票签发人不能兼任工作执行人；工作领导人、工作执行人均不能兼任工作许可人。

2.工作票应用钢笔、圆珠笔填写，字迹清晰，不得涂改，并于作业前一天交给工作执行人或工作领导人。工作中如需改变工作内容及扩大或变更工作地点时，应更换新的工作票。

工作执行人要求变更工作组员时，应取得工作票签发人同意，并在工作票内注明变更理由。

3.工作票的有效期不得超过三天，工作间断超过24小时应重新填发工作票。

4.工作票按下列规定填发和管理：

(1)在发、变、配电所内作业或由发、变、配电所停电的线路上作业时，应填写一式两份，其中一份发给值班员，另一份发给工作执行人(有工作领导人时，发给工作领导人)。上述以外的作业，可填一份发给工作执行人。

(2)一般一个工作地点或一个检修区段填发一张工作票。但如在一个发、变、配电所内全部停电或在一个站场内(由配电所依次倒闸停送电时除外)几条线路全部停电,并有两组同时工作时,可仅签发一张工作票发给工作领导人。如上述作业仅有一组工作,需要检修另一线路时,应按转移工地办理。

当一个工作执行人负责的工作尚未结束以前,禁止发给另一张工作票。

(3)发给工作领导人的工作票,应注明工作组数及各工作执行人的姓名。

(4)各工作负责人在工作前对工作票中的内容有疑问时,应向签发人询问明白,然后进行工作。

(5)工作结束后由作业班组保存半年。

5.事故紧急处理可不签发工作票,但必须采取安全措施。

6.施工单位在水电段管辖的电力设备上施工时,应向水电段有关的电力工区或变配电所办理工作票手续。

2.2 正确签发牵引变电所工作票

2.2.1 牵引变电所第一种工作票的填写

2.2.1.1 填写要求

1.工作票应分别按所、月份编号(例如:9-6,其中9代表月份,6代表该所9月份第一种工作票已累计办理至第三张),办理工作票时不得在原字上涂改,写错、多余的可以划“横杠”,另在靠近位置补充填入,但字迹要清楚、正确,每张工作票更改超过1处或脏污严重的工作票必须重新填写。

2.作业地点及内容:地点应具体到室外、高压室、室内配电盘、高压柜等,必要时应指明具体部位,内容应具体到设备运行编号及修程,作业范围符合规定。

3.工作时间:填写工作票办理及停电作业的时间。

4.工作领导人:填写具备工作领导人资格并符合要求的人员。

5.作业组成员姓名及安全等级:工作领导人含在作业组成员总数内,配备的作业组成员的人数和条件符合规定。

6.必须采取的安全措施

(1)断开的断路器和隔离开关

①在停电的高压设备上作业,其他设备的带电部分(自耦变中性线应视为带电部分)距作业人员小于表4-1规定者均须停电(视为停电作业设备)。

对停电作业的设备,必须从可能来电的各个方向切断电源,并有明显的断开点(对进、出线设备和压互、GIS柜内设备、自用变二次设备允许无明显的断开点),即通过倒闸操作使设备处于撤出运行状态。

②在低压设备和二次回路上进行的引起一次设备中断供电或影响安全运行的作业,必须将有关设备停止运行,即通过倒闸操作使设备处于停止运行状态或撤出运行状态。

③本栏应将正常倒闸操作所断开和已经断开但需确认的断路器(空气开关)和隔离开关(刀闸)按运行编号逐台分别写清。断开的断路器和隔离开关的填写顺序为先负荷侧,后电源侧,先断路器,后隔离开关,断路器小车的拉出比照隔离开关执行。隔离开关加锁和确认进、出线停电在本栏内注明。

(2)安装接地线的位置

①对于“在低压设备和二次回路上进行的引起一次设备中断供电或影响安全运行的作业，必须将有关设备停止运行，即通过倒闸操作使设备处于停止运行状态或撤出运行状态”此项。停电但不在其高压部分作业的设备可不挂接地线。

②对于可能送电至停电作业设备上的有关部分均要装设接地线。在停电作业的设备上如可能产生感应电压且危及人身安全时应增设接地线。

③所装设的接地线与带电部分应保持足够的安全距离，并应装在作业人员可见到的地方。

④变电所全所停电时，在可能来电的各路进出线均要装设接地线。

⑤当变压器、电压互感器(放电线圈)、断路器、室内配电装置单独停电作业时，应按下列要求执行：变压器和电压互感器的高、低压侧以及变压器的中性点(中性点单独接地的除外)均要分别装设接地线(自用变和电压互感器的低压侧允许接地短封)。断路器进、出线侧要分别装设接地线。母线两端均要装设接地线。在室内配电装置上，接地线应装在该装置导电部分的规定地点，这些地点的油漆应刮去并标出记号。配电装置的接地端子要与接地网相连通，其接地电阻须符合规定。

采用GIS开关柜的分区所，在对馈线上网隔离开关、供电线及电缆进行检修作业时，作业现场无法进行常规接挂地线的情况下，应操作GIS开关柜三工位开关及断路器对该线路进行接地。高压气体柜停电检修需闭合接地闸刀和断路器时，必须将相关内容填入本栏。例如：“合2711D、合271”。

⑥部分停电时，若作业地点分布在电气上互不相连的几个部分时(如在以断路器或隔离开关分段的两段母线上作业)，则各作业地点应根据安装接地线的位置分别验电接地。

⑦在自耦变中性线上作业时，一般应将在所内与其直接相连的中性线相关馈线全部停电后进行，填写第一种工作票，并按高压设备停电检修的规定装设接地线。

单条馈线停电检修不满足以上要求时，对不断开中性线的作业，中性线在采取可靠接地措施后可按低压设备带电作业对待。作业范围外侧各方向均应装设地线，且地线总数不少于两组，接地线的接地端应连接于不同的接地端子上。

⑧当电容器组停电检修时，在电容器组两端验电并装设接地线后，必须对每组电容器外壳及每个电容器逐个放电。当电容式压互停电检修时，必须对压互一次侧充分放电并接地后方可作业。当高压可控硅控制箱停电检修，控制箱高压侧熔断器熔断时，必须用接地短封线对控制箱高压侧充分放电后方可作业。

⑨在高压室外进行穿墙套管停电检修时，如工作地点与所装接地线的距离小于5 m，工作地点虽然在接地线外侧，也可不另装接地线。

⑩接地线装设地点应具体、清楚，接地线根数采用阿拉伯数字，接地线组数采用大写数字。

(3)装设防护栅、悬挂标示牌的位置

①在工作票中填写的已经断开的所有断路器(空气开关)和隔离开关(刀闸)的操作手柄或按钮上，均要悬挂“有人工作，禁止合闸”的标示牌，标示牌可简写成“禁合”牌。压互二次侧空气开关可多个悬挂一个“禁合”牌。

②在室外设备上作业时，作业地点附近的带电设备和旁路设备要悬挂“高压危险，禁止攀登”的标示牌，标示牌可简写成“禁攀”牌，并必须设防护绳将检修设备和非检修设备隔离开。

当接触网线路或室外设备停电检修需三工位接地开关闭合时，要在闭合的接地开关和断路器上悬挂“有人工作、禁止分闸”标示牌。

③当进行电气设备的高压试验时，在作业地点的周围必须设置围栅，围栅周围应向外悬挂“止步，高压危险”的标示牌。高压试验围栅的设置、拆除、转移均由试验人员负责。

④在部分停电作业时，当作业人员可能触及带电部分时，要装设防护栅(绝缘挡板)，并在防护栅上悬挂“止步，高压危险”的标示牌(对绝缘挡板可将标示内容印刷在挡板一侧)；对高压室已安装的绝缘挡板，禁止拆除，作为常设防护栅不再写入工作票安全措施中。

(4)注意作业地点附近有电的设备

①与停电检修设备相距在3 m以内的高压设备。

②邻近型号相似的高压设备，虽然与停电检修设备相距在3 m以外，也列为附近有电的设备。

③与作业设备有明显断开点的停电设备，一律按有电设备对待。

④对于在低压设备和二次回路上进行的需要高压设备停电的作业，还应指明停电检修范围内停止运行设备的高压部位带电。

(5)其他安全措施

①保证检修范围各来电方向有明显断开点的断路器和隔离开关断开后，及时断开其操作电源(合闸电源刀闸或空气开关；手车式断路器拉出后只需定位闭锁，不用断开其合闸电源)。

②为保证检修安全，断开被检修设备交、直流回路的空气开关、刀闸开关，取下其熔断器。

③在全部或部分带电的盘上进行作业时，应将有作业的设备与运行设备以明显的标志(如白布带)隔开，相邻盘应加锁或用明显的标志封闭。

④撤除自动装置，断开或短接联动回路，将位置选择开关打至“当地”位等。

⑤当进行二次回路带电作业、低压带电作业、有危险液体、气体的作业及易引起误动的作业时，应在本栏注明，必要时明确注意事项。

⑥中性线带电检修时，检查自耦变中性点到上、下行轭流变中点的中性线连接良好，并注明“严禁断开中性线”。

⑦指定该次作业中的作业劳动保护检查员和包保人员(包保人员不在作业组成员之内)，作业劳动保护检查员自工作票签发后至作业开始前以及作业结束后，履行检查员职责。

7.已经完成的安全措施：

第1栏：应按左栏要求逐项写清。

第2栏：应按左栏接地线的位置及接地线的实际编号逐项写清，包含放电的部位及放电棒编号。

第3、4、5栏：与左侧相同时可打“√”号。

8.开始工作时间：值班员根据电调命令做好安全措施，并会同工作领导人共同检查确认后，双方分别填写工作开始时间并签名。工作票应提前办理，以保证作业组的作业时间。

9.变更作业组成员记录：填写变更人的姓名及安全等级；当变更工作领导人时，由新工作领导人签名。

10.工作延长时间：值班员填写供电调度员姓名及批准的延长时间，双方并签名。

11.工作结束时间：工作领导人会同值班员检查作业中涉及的所有设备，确认可以投入运行，值班员对检修的设备进行必要的测量验收后，工作领导人填写结束时间并签名。

12.作业结束：值班员恢复安全措施，填写拆除地线共几组及结束时间并签名。

2.2.1.2　填写样票

牵引变电所第一种工作票(第1页)

××变电所(亭)				第9-6号
作业地点及内容	室外101断路器小修			
工作票有效期	自2021年09月19日08时00分至2021年09月19日18时30分止			
工作领导人	姓名:钱B　安全等级:4			
作业组成员姓名及安全等级(安全等级填在括号内)	孙C(4)	李D(3)	周E(2)	吴F(2)
	( )	( )	( )	( )
	( )	( )	( )	( )
	( )	( )	( )	( )
				共计5人

必须采取的安全措施(本栏由发票人填写)	已经完成的安全措施确认(本栏值守人员签字确认)
1.断开的断路器和隔离开关:断开202A和202BDL拉出小车并防滑,断开102DL拉开1022和1029GK并加锁。	1.已经断开的断路器和隔离开关确认:202A、202B和102DL,1022和1029GK。 确认人:
2.安装接地线的位置:102DL靠2B侧1组3根,102DL靠2LH侧1组3根。 地线______组,共计______根	2.接地线装设确认:102DL靠2B侧1组3根,编号05、06、07,装设位置√,102DL靠2LH侧1组3根,编号15、16、17,装设位置√。 确认人:
3.装设防护栅悬挂标示牌的位置:在102、202A、202BDL和1022、1029GK操作手柄上各挂一块禁合牌,在1022GK、202A.202BDL机构上各挂一块禁攀牌。	3.防护栅、标示牌装设确认:√ 确认人:

牵引变电所第一种工作票(第2页)

<table>
<tr><td>4. 注意作业地点附近有电的设备是：1022GK 进线侧、202A 和 202BDL 出线侧。</td><td>4. 注意作业地点附近有电设备确认：√

确认人：</td></tr>
<tr><td>5. 其他安全措施：断 102、202A. 202BDL 控制和保护电源，将其选择开关打至当地位，撤除 1# B 自投装置。</td><td>5. 其他安全措施确认：√

确认人：</td></tr>
<tr><td colspan="2">发票日期：2021 年 09 月 19 日发票人：赵 A(签字)
根据供电调度员第57506号命令准予 2021 年 09 月 19 日 10 时 20 分开始工作。
值守人员：吴 F (签字)
经检查安全措施已做好，实际于____年____月____日____时____分开始工作。
工作领导人：____(签字)
变更作业组成员记录：
发票人：____(签字)
工作领导人：____(签字)
经供电调度员同意，工作时间延长到____年____月____日____时____分。
值守人员：____(签字)
工作领导人：____(签字)
工作已于____年____月____日____时____分全部结束。
工作领导人：____(签字)
接地线共___组和临时防护栅、标示牌已拆除，并恢复了常设防护栅和标示牌，工作票于____年____月____日____时____分结束。
值守人员：____(签字)</td></tr>
</table>

说明：本票用 A4 纸。

2.2.2 牵引变电所第三种工作票的填写

2.2.2.1 填写要求

1.工作票应分别按所、月份编号(例如:9-2,其中9代表月份,2代表该所9月份第三种工作票已累计办理至第二张),办理工作票时不得在原字上涂改,写错、多余的可以划"横杠",另在靠近位置补充填入,但字迹要清楚、正确,每张工作票更改超过1处或脏污严重的工作票必须重新填写。

2.作业地点及内容:地点应具体到室外、高压室、控制室等,必要时应指明具体部位,内容应具体到设备运行编号(或类别数量)及维修项目。作业地点及内容一般不超过一个作业地点和一个类别。

3.工作票有效期:最长为1个工作日(24小时),不得延长。

4.工作领导人:应由具备工作领导人资格的人员担当。

5.作业组成员姓名及安全等级:工作领导人含在作业组成员总数内,配备的作业组成员的人数和条件符合规定。作业组成员总数最少不得少于2人。

6.必须采取的安全措施:

(1)远离带电部分作业时,要强调作业人员在任何情况下与带电部分之间必须保持规定的安全距离;在高压设备外壳上作业时,作业前要检查设备的接地必须完好,并注明不得攀登设备。

(2)低压设备停电检修时,断开各来电方向交、直流回路和控制保护回路的空气开关、刀闸开关,取下其熔断器。低压设备带电检修时,改变转换开关的位置,断开相关回路连片、压板等。

(3)在回流线上带电作业需断开回流线时,必须装设可靠的旁路线。

在自耦变中性线上带电作业时,作业范围外侧各方向均应装设地线,且地线总数不少于两组,接地线的接地端应连接于不同的接地端子上。

低压设备、二次回路上作业时,应根据具体情况装设短接线、接地短封线。

(4)设置必要的高压防护栅和相应的标示牌,在低压设备电源开关的操作把手上悬挂"禁合"牌。在低压设备作业点附近的其他带电设备间装设绝缘挡板。

(5)明确指出高压带电部分(包括停止运行设备的高压部位)的位置。指明邻近的低压运行设备。

(6)进行低压带电作业,作业人员应穿紧袖口的工作服,戴工作帽、手套和防护眼镜,穿绝缘靴或在绝缘垫上工作;所有的工具必须有良好的绝缘手柄。

(7)在二次回路上作业时,必须遵守:作业人员不得进入高压分间或防护栅内,同时与带电部分之间的距离要等于或大于《牵引变电所安全工作规程》第65条(即表4-1)规定的数值;所有互感器二次回路均有可靠的保护接地;直流回路不得接地或短路。在带电的电压互感器和电流互感器二次回路上作业,还须遵守下列规定:

电压互感器:注意防止发生短路或接地,作业人员戴手套,并使用绝缘工具,必要时作业前撤出有关的继电保护;连接的临时负荷,在互感器与负荷设备之间必须有专用刀闸和熔断器。

电流互感器:严禁将其二次侧开路。短路其二次侧绕组时,必须使用短路片或短路线,并连接牢固,接触良好,严禁用缠绕方法进行短接。作业时必须有专人监护,操作人必须使用绝缘工具并站在绝缘垫上。

(8)有危险液体的作业及易引起误动的作业时应注明,必要时明确注意事项。

(9)中性线带电检修时,检查自耦变中性点到上、下行轭流变中点的中性线连接良好。

(10)指定该次作业中作业劳动保护检查员时,作业劳动保护检查员自工作票签发后开始履行检查员职责。

7. 已经完成的安全措施:

应填写装设接地线、旁路线的编号,装设位置打一个"√"号。

其他安全措施与左侧相同时可打"√"号。

8. 开始工作时间:值班员根据电调"通知"命令做好安全措施,并会同工作领导人共同检查确认后,双方填写工作开始时间并签名。工作票应提前办理,以保证作业组的作业时间。

9. 变更作业组成员记录:填写变更人的姓名及安全等级当变更工作领导人时,由新工作领导人签名。

10. 工作结束时间:工作领导人会同值班员检查作业中涉及的所有设备,确认可以投入运行,值班员对检修的设备进行必要的测量验收后,工作领导人填写结束时间并签名。

11. 作业结束:值班员恢复安全措施,填写结束时间并签名。

2.2.2.2　填写样票

牵引变电所第三种工作票

××变电所(亭)　　　　第 9-2 号

<table>
<tr><td rowspan="2">作业地点及内容</td><td rowspan="2" colspan="2">室外更换 $1^{\#}$ 主变硅胶</td><td>发票人</td><td>赵 A(签字)</td></tr>
<tr><td colspan="2">发票日期 2021 年 09 月 12 日</td></tr>
<tr><td>工作票有效期</td><td colspan="4">自 2021 年 09 月 12 日 08 时 00 分至 2021 年 09 月 12 日 18 时 00 分止</td></tr>
<tr><td>工作领导人</td><td colspan="4">姓名:钱 B　安全等级:3</td></tr>
<tr><td rowspan="4">作业组成员
及安全等级</td><td>孙 C(4)</td><td>李 D(3)</td><td>周 E(2)</td><td>( )</td></tr>
<tr><td>( )</td><td>( )</td><td>( )</td><td>( )</td></tr>
<tr><td>( )</td><td>( )</td><td>( )</td><td>( )</td></tr>
<tr><td colspan="4">共计 4 人(含工作领导人)</td></tr>
<tr><td colspan="3">必须采取的安全措施
(本栏由发票人填写)</td><td colspan="2">已经完成的安全措施确认
(本栏值守人员签字确认)</td></tr>
<tr><td colspan="3">1. 注意与变压器带电部分保持规定的安全距离。
2. 检查变压器外壳接地完好。</td><td colspan="2">确认人:吴 F√</td></tr>
<tr><td colspan="5">已做好安全措施准予在 2021 年 09 月 12 日 10 时 00 分开始工作。
值守人员:吴 F(签字)
经检查安全措施已做好,实际于 2021 年 09 月 12 日 10 时 02 分开始工作。
工作领导人:钱 B(签字)
变更作业组成员记录:/
发票人:/(签字)
工作领导人:/(签字)
工作已于 2021 年 09 月 12 日 10 时 35 分全部结束。
工作领导人:钱 B(签字)
作业地点已清理就绪,工作票于 2021 年 09 月 12 日 10 时 38 分结束。
值守人员:吴 F(签字)</td></tr>
</table>

说明:本票用 A4 纸。

2.3　正确签发接触网工作票

2.3.1　接触网第一种工作票的填写

2.3.1.1　填写要求

1.“V”停作业时,工作票右上角加盖“上行”或“下行”印章。联合作业应加盖“联合作业”印章。垂直停电不加盖印章。若工作票未发生作用,则在工作票加盖“作废”印章。

2.“接触网工区”栏:应填“××”工区全称。

3.“第号”栏:分别按月及工作票签发顺序编号,如3-2,表明3月份的第二张停电作业工作票(相应的命令票为3-2-1则表示3月份第二张工作票的第一张命令票)。

4.“封锁范围”栏:应填写本次作业封锁范围和图纸相符的区间或站场名称,上、下行线别,支柱号范围、起止公里标范围(不含枢纽地区)。如在站场作业还应说明股道(道岔)编号。

5.“作业范围”栏:应填写本次作业范围和图纸相符的区间或站场名称,上、下行线别,支柱号范围、起止公里标范围(不含枢纽地区)。如在站场作业还应说明股道(道岔)编号。

6.“作业内容”栏:填写实际作业内容,作业内容的名称应规范、具体。如不得笼统填写“处理缺陷、提速施工”等内容。

7.“发票日期”栏:应填写当时发票日期且比有效日期起始时间提前一天。工作票所有日期和时间栏中:年用4位数表示,月和日用两位数表示;时和分用两位数表示。如“2021年03月02日”,不得填写成“21-3-2”。

8.“工作票有效期”:工作票签发实行采用一天一票制度,填写本张工作票具体使用日期,有效期不得超过24 h。

9.“工作领导人”栏:填写工作领导人的姓名(全称)及相应的安全等级。

10.“作业组成员姓名及安全等级”栏:填写所有作业组成员姓名全称及相应的安全等级,要从左至右逐行填写,多余空格划斜杠。如果作业组人数较多时,应写在工作票的附页上,共计人数为含工作领导人在内的全体作业组成员。安全等级必须和安全合格证上的安全等级相符。

11.“需停电设备”栏:××变电所××#馈线,××站(区间)××#-××#间接触网设备停电。

12.“装设接地线位置”栏:具体到××站(或区间)××#柱(站线时还需要具体到××股道),附加悬挂需要装设地线时,应明确附加悬挂线索的名称和支柱编号。所有接地线的支柱号应在“需停电设备”栏范围内。停电范围要大于接地线范围,接地线范围要大于作业范围。

13.“作业防护措施”栏:填写作业组的行车防护措施。如:坐台防护地点;封锁占用的线路、禁止电力机车通过的线路,按规定填签“运统—46”;现场行车防护措施、防护距离等。

14.“其他安全措施”栏:安全措施应有针对性,必须根据每次作业的具体地点、项目、机具、环境、人员配置等情况认真制定,同时应填写本次作业包保干部姓名。如:

(1)防止误触有电设备的安全措施。

(2)防止感应电伤人的安全措施。

(3)防止穿越电流伤人的安全措施。

(4)防止短接轨道电路的安全措施。

(5)防止列车碰撞的安全措施。

(6)不得晚消令等。

(7)包保干部:×××。

15."变更作业组成员记录"栏:作业组成员原则上不准变更,特殊情况变更时,必须填写变更人员姓名全称和相应安全等级,并按规定理签字。

16."工作票结束时间"栏:填写工作票实际结束时间且与工作有效期及命令票一致。

17."工作领导人、发票人"栏:应由发票人、工作领导人按照规定亲自签字。

18.第一种工作票按月度装订后交工区(车间)专人保管,统一存放在第一种工作票资料盒中,保存期限不少于12个月。

2.3.1.2　填写样票

接触网第一种工作票

五里堡接触网工区　　　　第 4-1 号

封锁范围	京广线下行五里堡—小李庄区间$7^{\#}$～$39^{\#}$(K×××+×××—K×××+×××)间线路			发票人	赵A
作业范围	五小区间下行$13^{\#}$～$33^{\#}$间接触网设备				
作业内容	综合检修			发票时间	2021年09月04日
工作票有效期	自2021年09月05日08时00分至2021年09月05日18时00分止				
工作领导人	姓名:钱B			安全等级:4	
作业组成员姓名及安全等级(安全等级写在括号内)	孙A(4)	李C(4)	周D(3)	吴E(3)	郑F(3)
	王G(3)	冯H(3)	陈I(3)	褚J(3)	卫K(3)
	蒋L(2)	沈M(2)	韩N(2)	杨O(2)	朱P(2)
	秦Q(2)	尤R(1)	许S(1)	( )	( )
	( )	( )	( )	( )	( )
	( )	( )	( )	( )	共计:19人
需停电的设备	薛店变电所$1^{\#}$馈线、五小区间$9^{\#}$～$37^{\#}$间接触网设备				
装设接地线的位置	五小区间$11^{\#}$～$35^{\#}$柱及相应两支柱上AF、PW线				
作业区防护措施	五里堡车站信号楼派人座台防护、要令,填写运统46,封锁五小区间下行。严禁电力机车通过小李庄车站、谢庄车站、薛店车站上下行渡线。作业组两端各设800 m行车防护				
其他安全措施	1.工作领导人分工明确,作业组全体人员各负其责,坚守岗位。 2.验电接地按程序,严禁臆测行事挂接地线。 3.高空作业人员扎好安全带,短接线、检修按工艺。 4.推车梯人员思想集中,扶稳车梯,上下呼唤应答。 5.作业完毕,清理现场,确认无误及时消令,勿晚消令				
变更作业组成员记录					
工作票结束时间	2021年09月05日12时00分				
工作领导人(签字)	钱B		发票人(签字)	赵A	

说明:本票用白色纸印绿色格和字。规格:A4

2.3.2　接触网第二种工作票的填写

2.3.2.1　填写要求

1.“接触网工区”栏:应填“××”工区全称。

2.“第号”栏:分别按月及工作票签发顺序编号,如 3-2,表明 3 月份的第二张间接带电作业工作票。

3.“作业地点”栏:应填写下列内容:和图纸相符的区间或站场名称,上、下行线别,支柱号范围。如在站场作业还应说明股道(道岔)编号。

4.“作业内容”栏:填写实际作业内容,作业内容的名称应规范、具体。如不得笼统填写“处理缺陷”。

5.“发票日期”栏:应填写当时发票日期且比有效日期起始时间提前一天。工作票所有日期和时间栏中:年用 4 位数表示,月和日用两位数表示;时和分用两位数表示。如“2021 年 03 月 02 日”,不得填写成“21-3-2”。

6.“工作票有效期”:工作票签发实行采用一天一票制度,填写本张工作票具体使用日期。

7.“工作领导人”栏:填写工作领导人的姓名(全称)及相应的安全等级。

8.“作业组成员姓名及安全等级”栏:填写所有作业组成员姓名全称及相应的安全等级,要从左至右逐行填写,多余空格划斜杠。如果作业组人数较多时,应写在工作票的附页上,共计人数为含工作领导人在内的全体作业组成员。所有作业组成员安全等级符合带电作业的相关规定。

9.“绝缘工具状态”栏:填写绝缘工具状态和绝缘工具有效绝缘电阻值,且有效绝缘电阻不低于“接触网安规”规定值。

10.“安全距离”栏:填写绝缘工具最小有效绝缘长度及最小空气绝缘间隙,且最小有效绝缘长度和最小空气间隙不小于“接触网安规”规定值。

11.“作业防护措施”栏:填写和本次作业有关的必要的安全防护措施,如:坐台防护地点;封锁占用的线路,按规定填签(运统—46);现场行车防护距离等。

12.“其他安全措施”栏:安全措施应有针对性,根据带电作业的性质结合每次作业的具体地点、项目、机具、环境、人员配置等情况制定必要的有效的安全措施,同时应填写本次作业包保干部姓名。

13.“变更作业组成员记录”栏:作业组成员原则上不准变更,特殊情况变更时,必须填写变更人员姓名全称和相应安全等级,并按规定理签字。

14.“工作票结束时间”栏;填写工作票实际结束时间且与工作有效期及命令票一致。

15.“工作领导人”“发票人”栏:应由发票人、工作领导人按照规定亲自签字。

16.第二种工作票的签发应一式两份,按月度装订后交工区(车间)专人保管,统一存放在第二种工作票资料盒中,保存期限不少于 12 个月。

2.3.2.2　填写样票

接触网第二种工作票

五里堡接触网工区　　　　　　　　　　　　　　　　　　　　第　4-6　号

作业地点	五小区间		发票人		孙 A
作业内容	带电测量		发票时间		2021 年 04 月 07 日
工作票有效期	自 2021 年 04 月 08 日 08 时 00 分至 2021 年 04 月 08 日 18 时 00 分止				
工作领导人	姓名：钱 B			安全等级：4	
作业组成员姓名及安全等级（安全等级填在括号内）	孙 A(4)	李 C(4)	周 D(3)	吴 E(3)	郑 F(3)
	（ ）	（ ）	（ ）	（ ）	（ ）
	（ ）	（ ）	（ ）	（ ）	（ ）
	（ ）	（ ）	（ ）	（ ）	（ ）
	（ ）	（ ）	（ ）	（ ）	（ ）
	（ ）	（ ）	（ ）	（ ）	共计：6 人
绝缘工具状态	绝缘工具状态良好，分段测量有效绝缘电阻应不得少于 100 MΩ，整个有效绝缘部分绝缘电阻应不低于 10 000 MΩ				
安全距离	绝缘测杆最小有效绝缘长度应不小于 1 000 mm，空气最小绝缘间隙应不少于 600 mm				
作业区防护措施	测量时向供电调度申请撤除薛店变电所 $1^{\#}$、$2^{\#}$ 馈线重合闸，作业组两端各设 800m 行车防护				
其他安全措施	1. 测量前按规定对绝缘工具进行检查，检查合格方可使用。 2. 作业中严禁攀登支柱，并时刻注意避让列车。 3. 作业完毕及时向供电调度消除重合闸撤除命令				
变更作业组成员记录					
工作票结束时间	2021 年 04 月 08 日 18 时 00 分				
工作领导人（签字）	钱 B		发票人（签字）		孙 A

说明：本票用白色纸印红色格和字。规格：A4

2.3.3　接触网第三种工作票的填写

2.3.3.1　填写要求

1.“接触网工区”栏：应填“××”工区全称。

2.“第号”栏：分别按月及工作票签发顺序编号，如 3-2，表明 3 月份的第二张远离作业工作票。

3.“作业地点”栏：应填写下列内容：干线名称；和图纸相符的区间或站场名称；上、下行线别；支柱号范围，如在站场作业还应说明股道（道岔）编号。

4.“作业内容”栏：按规定填写实际作业内容。

5.“发票日期”栏：应填写当时发票日期且比有效日期起始时间提前一天。工作票所有日期和时间栏中：年用 4 位数表示，月和日用两位数表示；时和分用两位数表示。如“2021 年 03 月 02 日”，不得填写成“21-3-2”。

6.“工作票有效期”:工作票签发实行采用一天一票制度,填写本张工作票具体使用日期。

7.“工作领导人”栏:填写工作领导人的姓名(全称)及相应的安全等级。

8.“作业组成员姓名及安全等级”栏:填写所有作业组成员姓名全称及相应的安全等级,要从左至右逐行填写,多余空格划斜杠。如果作业组人数较多时,应写在工作票的附页上,共计人数为含工作领导人在内的全体作业组成员。

9.“安全措施”栏:填写必要的,有针对性的安全措施,有包保干部参加作业时应填写本次作业包保干部姓名。

10.“变更作业组成员记录”栏:作业组成员原则上不准变更,特殊情况变更时,必须填写变更人员姓名全称和相应安全等级,并按规定理签字。

11.“工作票结束时间”栏:填写工作票实际结束时间。

12.“工作领导人、发票人”栏:应由发票人、工作领导人按照规定亲自签字。

13.第三种工作票按月度装订后交工区(车间)专人保管,统一存放在第三种工作票资料盒中,保存期限不少于12个月。

2.3.3.2　填写样票

接触网第三种工作票

许昌接触网工区　　　　　　　　　　　　　　　　　　第 4-3 号

作业地点	许昌车站38#支柱		发票人	孙A	
作业内容	更换火花间隙		发票时间	2021年04月07日	
工作票有效期	自2021年04月08日08时00分至2021年04月08日18时00分止				
工作领导人	姓名:钱B		安全等级:4		
作业组成员姓名及安全等级(安全等级填在括号内)	孙A(4)	李C(4)	周D(3)	吴E(3)	郑F(3)
	( )	( )	( )	( )	( )
	( )	( )	( )	( )	( )
	( )	( )	( )	( )	( )
	( )	( )	( )	( )	( )
	( )	( )	( )	( )	共计:6人
安全措施	1.工作领导人分工明确,全组人员听从指挥,按章作业。 2.带齐所用工具、材料,检查合格,更换设备按工艺。 3.作业地点设专人监视往来列车,及时通知全组作业人员。 4.更换火花间隙前,用同等截面短接线将两端短接牢固。 5.作业人员、工具、材料不得侵入限界,做好检修记录				
变更作业组成员记录					
工作票结束时间	2021年04月08日16时20分				
工作领导人(签字)	钱B		发票人(签字)	孙A	

说明:本票用白色纸印黑色格和字。规格:A4

2.4 正确签发铁路电力停电工作票、倒闸作业票

铁路电力停电工作票包括工作票编号、工作领导人、工作执行人、工作组员、工作地点和工作内容、计划工作时间、工作终结时间、停电范围、安全措施，工作许可人、工作票签发人等相关内容。一个完整的停电作业工作票程序如图 8-5 所示。

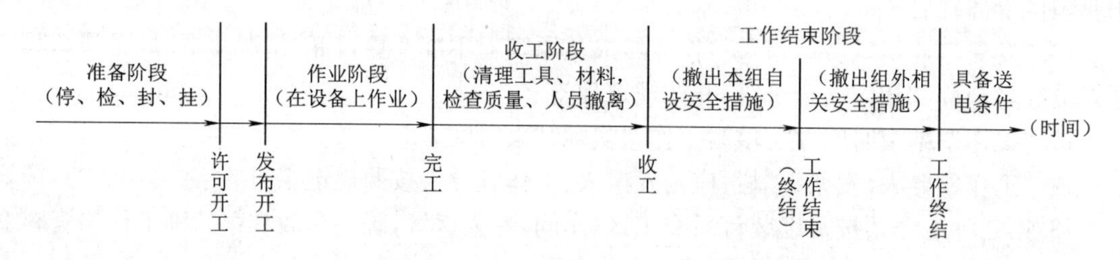

图 8-5 停电作业工作票程序示意图

2.4.1 铁路电力停电工作票

2.4.1.1 *填写要求*

1. 签发编号：按签发单位月累计进行编号。

由车间签发的“工作票”在编号前加 A；电力工区签发的在编号前加 B；配电所签发的在编号前加 C（例如：编号为“第 A5-1 号”工作票，其中“A”表示由车间签发、“5”表示五月份、“－1”表示当月签发的第一张工作票）。

2. 单位名称：所有工作组（单位）全称。

（1）段组织的两个及以上车间（或单位）参加的停电作业，“单位”应填写作业车间（或单位）名称（例如：××供电车间、××变电车间、局电力试验所等）。

（2）车间组织的两个及以上本车间班组参加的停电作业，“单位”填写作业车间名称。

（3）由一个班组参加的停电作业，“单位”填写作业班组名称。

3. 工作组员

（1）工作组数、人数必须填写准确。

（2）两个及以上作业组应在各组人员名单前用“1”“2”等注明所属作业组。

（3）需配电所停电并在所内做安全措施的外线作业（所内值班人员无作业任务），配电所值班员只担任工作许可人，倒闸操作人员（包括许可人）不列为工作组员；需电力工区配合拉、合线路开关，设置安全措施的停电作业，外线配合倒闸作业人员，只担任工作许可人不直接参与施工作业，外线配合倒闸人员不列为工作组员。

（4）需配电所人员参加的停电作业（所内人员对所内设备有停电作业任务），所内人员可单独设工作组并列为工作组员，但当班值班员至少应有一人坚守值班岗位，不得参加施工作业，不得列入工作组员。

（5）工作组员不含工作执行（领导）人。

4. 计划工作时间、许可开工时间、发布开工命令时间、收工或接到工作已结束通知时间、拆除安全措施时间、恢复送电时间等要准确到“分”。

5.工作地点及任务

工作地点及任务要填写明确,配电所内及电力外线两个以上工作组不同地点及任务要分别填写清楚。

(1)配电所以一个或几个电气连接部分为单位,如:××配电所××母线段(或××柜)停电检修(试验)等。

(2)电力架空(电缆)线路,停电及作业区段应注明线路的名称、起止杆号,分支线名称、起止杆号,双回路应注明各回路名称编号。

(3)自闭(贯通)线路停电检修作业,若分成两个以上独立作业小区段并依次进行的检修作业,应按各作业区段分别填写作业任务。

6.安全措施

(1)应、已采取安全措施要求及对照表

应采取安全措施(签发人填写)	已采取措施(许可人填写)
1.停电:应停运的柜名和应断开的线路隔离开关、断路器编号,包括填写前已停运的柜名和有反送电可能的供电设备	1.已停运的柜名和已断开的线路隔离开关或断路器编号
2.检封:明确检电、设置接地封线的地点、数量(对全封闭不可检电设备可进行间接验电,明确应合上的接地刀闸及断路器编号)	2.已在指定地点检电、设接地封线编号、数量(对全封闭不可检电设备可进行间接验电,明确应合上的接地刀闸及断路器编号)
3.明确加锁、挂牌、设防护的具体地点、数量和种类	3.已在指定地点加锁、挂牌,设防护的数量和种类

(2)安全措施的采取应由工作执行人(领导人)进行全过程控制,“已采取的安全措施”应完成一项,填写一项,不得事后补填。

(3)经配电所停电,需做安全措施的外线作业,外线采取的安全措施,除填入执行(领导)人携带的“停电作业工作票”内,外线许可人或执行(领导)人,必须用电话等方式通知值班员填入配电所工作票中。

(4)恢复送电按“倒闸作业票”进行,均不填入本栏内。

(5)“禁止合闸,有人工作!”标示牌,简化记录为“禁止合闸”牌。

(6)自闭(贯通)电线路停电检修作业,若分成几个独立小区段进行检修,当完成第一区段任务后,其余各区段,按转移工地办理,独立检修小区段采取的安全措施应分别填在工作票内。

(7)已采取措施一栏,可提前打印出,但“已”字必须在操作后填写。

(8)远动区段自闭贯通线路开口及倒闸作业应优先采用高压远动开关进行操作。

(9)高、低压接地封线应分别编号。

(10)单台变压器检修时,必须首先进行检电、放电。一次侧为母线排和负荷开关连接形式,可在一次侧母线排上挂接地封线;一次侧为绝缘皮线和跌落保险连接形式,可在一次侧连接变压器的接线端短接线接地。

(11)工作票中接地封线的编号,在“应采取安全措施”栏中可以不填编号,但在“已采取安全措施”栏中必须填写接地封线编号,并与“作业范围示意图”中的接地封线编号对应位置一致。

(12)高压柜内接地刀作为高压柜“五防”安全措施之一,只能在高压柜自身停电保养、维修时使用，当配电所配合外线作业采取安全措施时，不能代替“接地封线”使用，对于不能直接设置接地封线的设备，可采用接地刀代替“接地封线”使用。

(13)向互供和环供高压线路供电的高压柜倒闸操作时，禁止不经检电直接合上接地刀。

(14)高速铁路贯通线路及所带设备(包括箱式变电站)的维护、保养等作业，设备所属供电臂的一级、综合贯通线路应全部停电。特殊情况不能全部停电时，经供电调度批准，按照特殊作业方式办理，但应保证停电范围比作业范围向两方向各扩大延伸一个停电区间，并保证每个可能来电方向有2组及以上高压开关处于断开位置。

(15)不在同一地点的操作任务应逐项按照实际操作顺序进行填写。

(16)对无法进行直接验电的设备，可以进行间接验电。即检查隔离开关(刀闸)的机械指示位置、电气指示、仪表及带电显示装置指示的变化，且至少有两个及以上指示已同时发生对应变化；若进行遥控操作，则应同时检查隔离开关(刀闸)的状态指示、遥测、遥信信号及带电显示装置的指示进行间接验电。

7.工作终结及送电

(1)只有本工作组自设的安全措施，且只填发一份工作票的施工检修作业，按“收工”程序办理。

(2)除本工作组自设安全措施外，还在配电所设有安全措施，填发两份工作票的施工检修作业，发给执行人(或领导人)的工作票，按“收工”程序办理；发给配电所值班员(工作许可人)另一份工作票，按“接到工作已结束通知”程序办理。

(3)恢复送电：

恢复送电栏内只填写恢复送电结束时间(如果工作任务不含变压器低压设备检修，按高压线路恢复正常供电结束时间填写；否则应按低压恢复供电时间填写)。

8.工作范围示意图要有方向标、作业线路(设备)要标明名称，工作范围要用虚线框起。

9.工作许可人、执行人(领导人)在开工、工作终结及送电、转移工地记录栏中的签字，一般情况下由本人签字。当许可人距执行(领导)人较远时，许可人可通过电话等方式通知执行人(领导人)，由执行人或领导人在工作票内代签许可人名字。

10.配电所全所(或半边母线)停电作业、或由多个作业组参加的大型停电施工，工作票填写的内容较多，一页填写不下时，可分两页或多页填写。填写两页及以上的工作票，除第7栏(“安全措施”)以外的所有内容均填在该工作票首页，并在每页工作票的底部中间位置标明具体页码“第＊页”。

11.工作票中几个名词的定义

(1)开工：工作组员被允许开始在设备上进行作业(许可人设置或拆除安全措施不能视为正式的施工检修作业)。

(2)完工：工作组员在设备上完成作业。

(3)收工：完工后工作组进行清理工具、材料，工作执行人检查工作质量，工作组员全部从作业设备上撤离。

(4)工作结束：工作组收工后，撤除工作组自行设置的“安全措施”。

(5)工作终结：工作结束，非本工作组自行设置的“安全措施”也全部撤除，具备送电条件。

说明：只需工作组自行采取安全措施的作业(如：不涉及配电所停电做安全措施的线路作业)，其“工作结束”和“工作终结”的含义相同。

2.4.1.2　填写样票

停电作业工作票

签发日期　2021年07月15日　　　　　　　　　　　　　　　　　　　第C7-1号

1. 单位：修试组　　工作票签发人：刘××　签字刘××

2. 工作领导人：职务：工作执行人：黄××职务工长

3. 工作组员：于××、张××、吴××、赵××、谢××、江××、韩××计1组7人

4. 工作票接到时间：(配电值班员)7月15日15时00分　　裴××签字

工作执行(领导)人7月15日15时20分　黄××签字

5. 工作地点及任务：乙配电所Ⅱ段母线停电检修

6. 计划工作时间：自7月16日8时00分至7月16日18时00分

7. 安全措施：

应采取安全措施(签发人填写)	已采取措施(许可人填写)
一、停电：	一、停电：
1. 停运南环柜； 2. 停运母联柜； 3. 断开母隔柜1MG1刀闸； 4. 停运电源二柜； 5. 停运所变二柜； 6. 断开电源二室外2DY3刀闸； 7. 断开南环室外2NH3刀闸	1. 已停运南环柜； 2. 已停运母联柜； 3. 已断开母隔柜1MC1刀闸； 4. 已停运电源二柜； 5. 已停运所变二柜； 6. 已断开电源二室外2DY3刀闸； 7. 已断开南环室外2NH3刀闸
二、检电封线：	二、检电封线：
1. 在电源二柜2DY1刀闸与室外2DY3刀闸间检电，设接地封线1组； 2. 在南环柜2NH2刀闸与室外2NH3刀闸间检电设接地封线1组； 3、. 在母联柜2ML0断路器与母隔柜1MG1刀闸间检电，设接地封线1组	1. 已在电源二柜2DY1刀闸与室外2DY3刀闸间检电，设1#接地封线1组； 2. 已在南环柜2NH2刀闸与室外2NH3刀闸间检电设2#接地封线1组； 3. 已在母联柜2ML0断路器与母隔柜1MG1刀闸间检电，设3#接地封线1组
三、加锁挂牌：	三、加锁挂牌：
1. 在电源二2DY3、南环2NH3及母隔柜1MG1刀闸操作手柄上加锁各1把共3把，并挂“禁止合闸”牌各1个共3个； 2. 在电源二、南环、母联柜KK开关上挂“禁止合闸”牌各1个共3个； 3. 在电源二、南环、母联的柜门上挂“已接地”牌各1个共3个	1. 已在电源二2DY3、南环2NH3及母隔柜1MG1刀闸操作手柄上加锁各1把共3把，并挂“禁止合闸”牌各1个共3个； 2. 已在电源二、南环、母联柜KK开关上挂“禁止合闸”牌各1个共3个； 3. 已在电源二、南环、母联的柜门上挂“已接地牌”各1个共3个

8. 开工记录：

许可开工				发布开工命令	
变(配)电所		外　线			
日时分	许可人签字	日时分	许可人签字	日时分	工作执行(领导)人签字
16/8:45	胡××			16/8:50	黄××

9. 工作终结及送电：

收工或接到工作已结束通知		拆除安全措施				恢复送电	
		外 线		变(配)电所			
日时分	执行(领导)人签字	日时分	许可人签字	日时分	许可人签字	日时分	许可人签字
16/17:05	黄××			16/17:45	胡××	16/17:55	胡××

10. 人员变动：原工作执行人________离去，变更________为工作执行人

变更时间：________月________日________时________分，工作票签发人________签字

原工作组员：____________________离去，增加____________________为组员

变更时间：________月________日________时________分，工作票签发人________签字

11. 转移工地记录：

工作地点	许可开工时间		开工时间	完工时间	拆除安全措施		执行(领导)人(签字)
	时分	许可人(签字)			时分	许可人(签字)	

12. 工作票延期：有效期延长到____月____日____时____分，工作票签发人________签字。

13. 工作范围示意图：

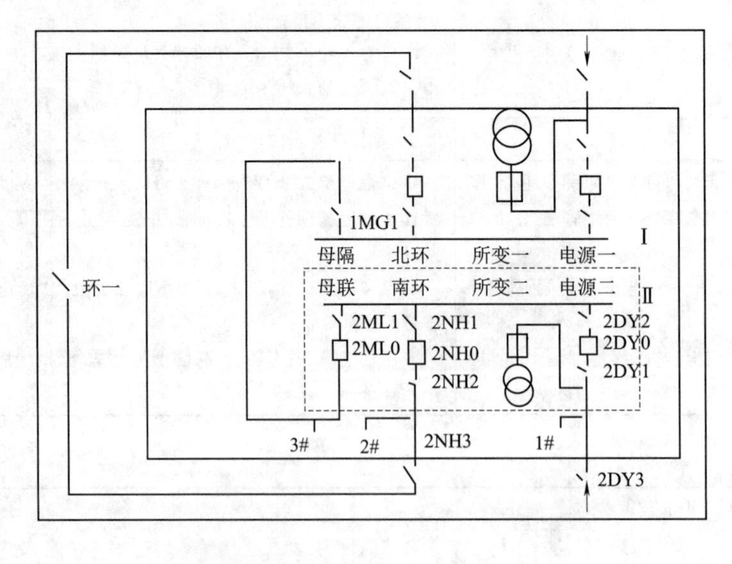

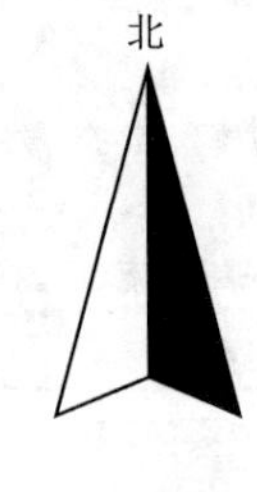

2.4.2 电力倒闸作业票的填写

2.4.2.1 填写要求

1. 单位：填写倒闸作业操作单位(班组)名称。

2. 编号：按操作单位(班组)倒闸作业目的先后顺序编号。操作单位(班组)每个倒闸作业目的使用一个编号，当该项倒闸作业目的操作项目较少，一张倒闸作业票能够填完时，按照“1、2、3…”顺序进行编号；当倒闸作业项目较多，一张倒闸票填写不完时，按照“1-1、1-2…＊－N”(其中，第一位数字＊代表该项倒闸作业目的编号，第二位数字N代表该项倒闸作业目的“倒闸作业票”的不同页码。如：编号为“2-3”的倒闸作业票代表第2个倒闸操作目的的第3张倒闸作业票。

3. 倒闸作业目的：除应写明倒闸原因外，还需写明停电或送电。

4. 倒闸作业根据：应按照工作票、安全命令记录簿或调度命令进行填写。

5. 倒闸作业时间，应写明倒闸作业的开始时间和结束时间，计时准确到“分”。

6. 倒闸操作内容及顺序，按《铁路电力安全工作规程》规定办理，并将标示牌、防护物纳入“倒闸作业票”内。

7. 倒闸作业和安全措施设置需进行相互确认的项目，必须填入倒闸作业票。

8. 作废或执行后的倒闸作业票应加盖“已执行”或“作废”章。

2.4.2.2　填写样票

倒闸作业票

单位：乙电力工区　　　　第 1 号

	倒闸作业目的：停电(甲配电所南馈10 kV电力线路$1^{\#}$至$75^{\#}$杆检修)		
	倒闸作业根据：A7-2工作票		
	开始：7月21日8时00分		完成：7月21日8时45分
序号		倒闸作业顺序	完成情况
一		停电	
1		确认通信站由主用电源供电正常	√
2		断开通信站备用变压器低压总开关	√
3		联系确认甲配电所南馈柜已停运	√
二		检电封线	
1		在南馈线路$35^{\#}$杆西侧检电	√
2		在南馈线路$35^{\#}$杆西侧设置$2^{\#}$接地封线1组	√
三		加锁、挂牌	
1		在通信站备用变压器低压配电箱门上加锁1把	√
2		在通信站备用变压器低压配电箱门上挂“禁止合闸”牌一个	√
倒闸操作者：张××			签发人：黄××

综合练习

1.单项选择题

(1)作业组成员要服从(　　)的指挥、调动,遵章守纪。

A.工作领导人　　B.监护人　　C.发票人　　D.工长

(2)在牵引变电所的低压设备和二次回路上进行的需要高压设备停电的作业属于(　　)。

A.高压设备远离带电部分的作业　　B.低压设备停电作业

C.低压设备带电作业　　D.高压设备停电作业

(3)未接触带电设备的接触网测量属于(　　)。

A.停电作业　　B.间接带电作业　　C.远离作业

(4)《普速铁路接触网安全工作规则》中规定:接触网停电作业时要设有专人监护,每个监护人的监护范围不超过(　　)个跨距,在同一组软(硬)横跨上作业时不超过(　　)条股道。

A.1,2　　B.2,4　　C.3,6　　D.4,8

(5)牵引变电所设备检修的工作许可一般由(　　)担任。

A.牵引变电所工长

B.牵引变电所值班员

C.牵引变电所助理值班员

D.由工作领导人指定的、安全等级符合规定的人员

2.判断题

(1)工作票制度是保证安全的技术措施之一。(　　)

(2)按照《铁路电力安全工作规程》的规定,在全部停电的低压线路上的作业应按口头或电话命令执行,并填入安全工作命令记录簿。(　　)

(3)安全工作命令记录簿不属于工作票。(　　)

(4)在铁路牵引变电所或者电力变配电所设备检修工作过程中需要工作间断与转移时,工作领导人(或工作执行人)有着对检修现场的绝对掌控权。(　　)

(5)在电力设备检修中设置的专职监护人必要时可以兼任其他工作。(　　)

3.简答与综合题

(1)作业组成员职责是什么?

(2)接触网V形天窗检修作业时,工作票中要有针对V形停电接触网检修作业的特殊性提出的安全措施。这些安全措施主要包括哪些内容?

学习情境 9　设备巡视检查

1　理论学习部分

铁路供电系统的稳定运行关系着铁路运输的正常进行、关乎人民生活和生产活动乃至国家和社会的稳定。电力系统的每一次故障都有可能给铁路运输、乃至整个社会造成无法估量的损失。所以保证电力系统安全运行是供电段等铁路电力部门的首要任务。设备巡视检查是有效保证铁路供电系统安全的一项基础工作，其目的是掌握设备运行状况及周围环境的变化，发现设备缺陷和危及设备安全的隐患，保证设备的安全运行和电力系统稳定。

1.1　牵引变电所设备巡视和检查

1. 牵引变电所设备巡视的安全要求

(1)除有权单独巡视的人员外，其他人员无权单独巡视。

有权单独巡视的人员是：牵引变电所值班员和工长；安全等级不低于四级的检修人员、技术人员和主管的领导干部。

(2)值班员巡视时，要事先通知供电调度或助理值班员；其他人巡视时要经值班员同意。在巡视时不得进行其他工作。

当 1 人单独巡视时，禁止移开、越过高压设备的防护栅或进入高压分间。如必须移开高压设备的防护栅或进入高压分间时，要与带电部分保持足够的安全距离，并要有安全等级不低于三级的人员在场监护，如图 9-1 所示。

图 9-1　牵引变电所设备巡视

(3)在有雷、雨的情况下必须巡视室外高压设备时，要穿绝缘靴、戴安全帽，并不得靠近避雷针和避雷器。

2. 设备巡视周期和巡视要求

(1)值班人员应按规定对变配电设备进行巡视检查。设备巡视中，各种设备的一般项目和要求、特别项目和要求均应正常。发现设备缺陷时，设备缺陷记录由巡视人员、发现缺陷的人员和处理缺陷负责人填写日常运行中发现的缺陷及其处理情况。

(2)值班人员每班至少巡视 1 次(不包括交接班巡视)；每周至少进行 1 次夜间熄灯巡视；每次断路器跳闸后对有关设备要进行巡视；遇有下列情况，要适当增加巡视次数：

①设备过负荷，或负荷有显著增加时；

②设备经过大修、改造或长期停用后重新投入系统运行；新安装的设备加入系统运行；

③遇有雾、雪、大风、雷雨等恶劣天气、事故跳闸和设备运行中有异常和非正常运行时，如图 9-2 所示。

图 9-2　夜间巡视和雪中巡视

(3)其他的巡视频次要求

值班人员对新装或大修后的变压器投入运行和 24 h 内巡视 1 次。无人值班的所，由维修班组负责每周至少巡视一次。变电所工长值日勤期间，要参加交接班巡视。

1.2　接触网设备巡视和检查

对运行中的接触网设备定期进行巡视和检查的目的是对接触网的工作状态及其电力机车的取流状态进行外观检查，及时发现缺陷，以便安排检修，确保供电安全。设备检查有全面检查、单项设备检查及非常规检查之分。

全面检查、单项设备检查具有检查、测量和试验等多重职能。针对无法或不易通过静态和动态检测、监测手段掌握设备及零部件运行状态的所有项目，利用天窗在接触网作业车作业平台、车梯或支柱上进行近距离检查，并进行必要的测量和试验等。全面检查是对所有设备进行检查；单项设备检查是对个别设备进行专项检查，并兼有维护保养职能。

非常规检查通常在特殊情况下或根据需要进行。

1. 接触网设备巡视检查的分类

接触网设备的巡视检查是对接触网外观、绝缘部件状态、外部环境及电力机车、动车组取流情况进行目视检查，分为步行巡视检查和登乘巡视检查等，如图 9-3 所示。

图 9-3　接触网设备巡视

2. 接触网步行巡视工作要求：

(1)巡视不少于两人，其中一人的安全等级不低于三级。

(2)巡视人员应携带望远镜和通信工具，一般情况下应面向来车方向。

(3)任何情况下巡视，对接触网都必须以有电对待，巡视人员不得攀登支柱并时刻注意避让列车。

(4)必须上道查看设备时，两人必须一人防护，一人上道检查。

【典型案例9-1】

××年8月26日21时30分，××供电段辖内电气化区段塔岗—卫辉间接触网设备故障。A接触网工区出动16人巡查处理故障。巡至48号支柱处，发现牵引23502次货物列车的SS4-0350机车后弓损坏，工长翟××将人员分成两组，翟××等9人在48号支柱检查处理受电弓等故障，副工长赵×等7人，向卫辉方向扩大巡查。经继续检查发现114号支柱反定位管被打弯、108号支柱定位管被打脱落，赵×安排人员分别继续巡查和在故障处所留守待命，其中接触网工罗××在114号支柱待命。约23时07分罗××通过对讲机断续听到工长翟××说："两端地线已接好，可以上去"(后经调查是通知机车停车位置地线已接好，可以上车顶作业)，便自己攀登支柱处理故障，被高压感应电电击后吊在114号支柱上。刚刚向北行走的赵×听到身后有放电声，往回跑发现后，立即报告工长组织人员将罗××急送医院抢救，因伤势过重抢救无效，罗××于次日1时55分死亡。

案例分析：

接触网工罗××未联系、未确认已停电，在无人监护情况下，擅自攀登支柱，违章上网作业，触及虽已停电但未采取任何安全措施的接触网设备，被感应电电击，是造成这起事故的主要原因，严重违反了"巡视中在任何情况下均必须以接触网有电对待"这一条规定。

3. 步行巡视检查周期和内容

(1)巡视检查周期

对接触网安全巡检装置不易到达的专用线、联络线、支线、车站侧线、远离线路的供电线等处所，巡视周期1个月；对接触网安全巡检装置能够到达的线路，巡视周期3个月。

(2)巡视检查主要内容

①有无侵入限界、妨碍列车运行的障碍。

②各种线索(包括供电线、正馈线、加强线、回流线、保护线、架空地线、吸上线和软横跨线索等)、零部件、各种供电附属设施等有无烧损、松脱、偏移等情况。

③补偿装置有无损坏，动作是否灵活。

④绝缘部件(包括避雷器、电缆终端)有无破损和闪络。

⑤吸上线及各部地线的连接是否良好。

⑥支柱、拉线与基础有无破损、下陷、变形等异常，如图9-4所示。

图9-4　支柱培土

⑦限界门、安全挡板或网栅、各种标识是否齐全、完整。

⑧自动过分相地面磁感应器有无缺损、破裂或丢失。

⑨有无因塌方、落石、山洪水害、施工作业及其他周边环境等危及接触网供电和行车安全的现象。

4.登乘巡视检查

所谓接触网登乘巡视检查(图 9-5),就是让接触网工作人员凭有效证件,在正常开行的列车上执行接触网巡视检查任务;也可以申请在列车运行间隙开行专用车(或车列,如接触网检修作业车、接触网检测车等)执行接触网巡视检查任务。通过登程巡视,在司机室能够更加清楚地查看设备是否运行正常,是否有侵入限界的风险等。

(1)登乘巡视检查周期:需要时。

(2)登乘巡视检查主要内容:接触网状态及外部环境,有无侵入限界、妨碍列车运行的障碍,有无因异物、落石、山洪水害、施工作业及其他周边环境等危及接触网供电和行车安全的现象。绝缘部件有无闪络放电现象以及电力机车、动车组受电弓取流情况。

(a) 登乘接触网作业车巡视

(b) 登乘列车巡视

图 9-5　登乘巡视检查

5.接触网设备巡视检查的其他要求

(1)下列维修作业可在天窗点外进行,但严禁利用速度 160 km/h 及以上的列车与前一趟列车之间的间隔时间作业。

①对接触网步行巡视、静态测量、测温等设备检查作业。

②接触网打冰,处理鸟窝、异物。

③在道床坡脚以外栅栏以内的标志安装及整修、基础整修、接地装置整修、支柱基坑开挖等不影响设备正常运行的作业。

上述作业必须制定天窗点外维修作业计划,天窗点外维修作业计划由供电车间或供电段一级批准,具体审批程序由各铁路局集团公司规定。

(2)对接触网巡视、较简单的地面作业(如支柱培土、清扫基础帽等)可以不开工作票,由工区负责人向工作领导人布置任务和安全防护措施,说明作业的时间、地点、内容,并记入值班日志中。

停电天窗时间内,使用接触网作业车或专用车辆进行接触网巡视或检测作业,可不装设接地线。未装设接地线时,禁止攀登平台、车顶和支柱。

(3)供电车间主任每半年对管内设备至少巡视检查 1 次,供电段段长每年对管内关键设备至少巡视检查 1 次。

1.3　铁路电力设备巡视和检查

1. 发、变、配电所的配电值班人员及其他有关人员可以单独巡视高压设备，清扫通道，但不得移开或进入常设遮栏内。如需进入时，应有人监护，并与高压带电体之间保持不小于表 4-4 中规定的安全距离。

雷、雨天气巡视室外高压设备时，应穿绝缘靴，但不得靠近避雷器和避雷针。

2. 当所内高压设备发生接地故障时，工作人员不得接近故障点 4 m 以内，在室外不得接近故障点 8 m 以内。如需进入上述范围或操作开关时，必须有绝缘通道(绝缘台)或穿绝缘靴，接触设备的外壳和构架时，应戴绝缘手套。

巡线人员如发现导线断线，应设置防护物，并悬挂“止步！高压危险”的警告牌，防止行人接近断线地点 8 m 以内，并迅速报告电力调度和有关领导，等候处理。

3. 巡视电线路时，可由有实际工作经验的电力工单独进行。对未经技术安全考试合格的人员不得单独巡线[图 9-6(b)]。

昼间巡线可以登杆更换灯泡和插入式保险，拧紧最下部低压横担螺帽等，但与高压带电部分必须保持表 4-4 中规定的安全距离，不得与低压导线接触。巡线时应始终认为线路上有电。

(a) 所内设备巡视

(b) 巡视电线路

图 9-6　铁路电力设备巡视

夜间巡线和登杆更换灯泡、熔丝，必须两人进行。巡线时应沿着线路的外侧进行，以免触及断落的导线。夜间不应攀登灯塔(桥)进行作业(图 9-7)。

图 9-7　昼间灯塔(桥)作业

遇有雷雨、大风、冰雪、洪水及事故后的特殊巡视,应由两个人一同进行。

2　操作技能部分

2.1　接触网巡视技能训练基本条件说明

1. 巡视技能训练用接触网线路

推荐训练用接触网线路为 500 m 双线铁路高速接触网,其中 1 条股道的接触悬挂推荐为 JTMH120＋CTS150,张力为 20 kN＋25 kN,支柱外侧悬挂回流线(直供＋回流线供电方式);另 1 道接触悬挂推荐 JTMH120＋CTMH150,张力为 21 kN＋30 kN,支柱外侧悬挂 AF 线与 PW 线(AT 供电方式);导高均为 5 300 mm,结构高度均为 1 600 mm。在接触网线路上可设置训练用接触网故障。

或者亦可选择其他符合接触网运行维修规则要求的普速接触网线路。同样需要可设置训练用接触网故障。

2. 选择其中 150 m 左右的接触网线路作为巡视检查的指定设备,巡视技能训练按照《普速铁路接触网运行维修规则》(铁总运〔2017〕9 号)或者《高速铁路接触网运行维修规则》(铁总运〔2015〕362 号)中有关步行巡视与登车梯检查要求对该区域的接触网设备进行检查,发现缺陷及时记录。

3. 巡视技能训练可选择步行巡视与登车梯检查两种方式,需提供必备的巡视检查工具供巡视技能训练人员使用,包括签字笔等,个人工具除外。采用登车梯检查时还需提供车梯与车梯辅助人员,确认接触网已做好停电安全措施。

4. 训练现场应提供该接触网平面布置图、接触网缺陷查找记录表、接触网供电示意图(用于显示该缺陷段接触网在示意图中的位置)、接触网停电工作票(结合签发接触网停电工作票使用)等。

2.2　安全及其他

1. 个人着装规范,个人工具佩戴齐全。

2. 步行巡视与登车梯巡视工具佩戴齐全。

3. 仪器工具材料无损伤、无丢失遗漏。

4. 登车梯巡视时配合人员的安全等级等应满足普速或高速铁路的“接触网安全工作规则”的相关要求。

2.3　巡视观察点与记录

1. 步行巡视观察项目

(1)接触网上重点巡视观察点

①接触悬挂、附加悬挂各部线索弛度和有无烧伤、断股、散股等;

②接触网支持装置、定位装置状态是否良好;

③各部绝缘部件是否有破损、烧伤、闪络放电痕迹；

④补偿装置状态，a、b值是否符合安装曲线；

⑤接地装置是否连接良好；

⑥支柱下锚装置各部地脚螺栓完好，无抽出迹象等；

⑦隔离开关状态良好，无放电现象；开关操作机构良好，无弯曲变形；操作箱锁闭良好；

⑧支柱、硬横跨、硬横梁等处状态良好，无弯曲变形；

⑨分相处各种标志牌是否齐全完好、地磁感应装置是否良好。

(2)地面重点巡视观察点

接触网线下设备、鸟巢、危树、异物、污染源、上跨线、桥、厂房、广告牌等构筑物，周边环境以及临近高速铁路的施工等。

2. 登车梯巡视重点观察点

(1)观察各线索的状态，是否有烧伤、损伤、松散断股等现象；

(2)观察各零部件是否有损伤、损坏；

(3)各部螺栓有无松脱现象；

(4)各部绝缘部件是否有破损、瓷釉剥落、闪络放电痕迹；

(5)定位坡度、线岔交叉点位置；

(6)隔离开关、避雷器、分段绝缘器等部件的运行状态；

(7)电气连接部分有无烧伤、变色，压接线夹有无变形、裂纹等缺陷。

3. 记录填写工整、清晰。

2.4 巡视结果的处理

1. 能够准确查出缺陷，并能够按所查缺陷的严重性不同给予不同的处理，以巡视记录表中所填写的缺陷为准。

2. 接触网设备巡视可结合接触网工作票签发来进行，例如依据所查出缺陷按故障临时处理且考虑最大程度减少对运输的影响来签发接触网停电工作票，工作票的签发应符合《普速铁路接触网安全工作规则》(《高速铁路接触网安全工作规则》)中关于工作票签发的相关要求。

综合练习

1. 单项选择题

(1)铁路电力巡线人员如发现导线断线，应设置防护物，并悬挂“止步！高压危险”的警告牌，防止行人接近断线地点(　　)m以内，并迅速报告电力调度和有关领导，等候处理。

A. 2　　B. 4　　C. 8　　D. 12

(2)牵引变电所设备巡视时除有权单独巡视的人员外，其他人员无权单独巡视。有权单独巡视的人员不包括(　　)。

A. 牵引变电所值班员和工长　　B. 安全等级不低于四级的检修人员

C. 技术人员和主管的领导干部　　D. 牵引变电所助理值班员

(3)技术人员巡视牵引变电所时要经(　　)同意。

A. 主管的领导干部　B. 值班员

C. 供电调度　D. 牵引变电所工长

(4)无人值班的牵引变电所，由维修班组负责每(　　)至少巡视一次。

A. 天　B. 周　C. 旬　D. 月

(5)对接触网安全巡检装置不易到达的专用线、联络线、支线、车站侧线、远离线路的供电线等处所，一般规定其步行巡视周期为(　　)。

A. 一周　B. 1 个月　C. 3 个月　D. 6 个月

2. 判断题

(1)《铁路电力安全工作规程》中规定：巡视电线路时，可由有实际工作经验的电力工单独进行。(　　)

(2)铁路电力设备巡视和检查在遇有雷雨、大风、冰雪、洪水及事故后的特殊巡视，应由两个人一同进行。(　　)

(3)接触网步行巡视过程中发现有断线落在轨道上时要立即将断线拉离轨道，以免影响信号显示和列车通行。(　　)

(4)铁路电力巡线时应沿着线路的内侧进行。(　　)

3. 简答与综合题

(1)简述接触网巡视检查主要内容。

(2)简述牵引变电所设备巡视的安全要求。

(3)对运行中的接触网设备定期进行巡视和检查的目的是什么？设备检查怎么分类？

学习情境 10　倒闸作业

1　理论学习部分

电气设备分为运行、备用(冷备用及热备用)、检修三种状态。将设备由一种状态转变为另一种状态的过程叫倒闸。通过操作隔离开关、断路器以及挂、拆接地线将电气设备从一种状态转换为另一种状态或使系统改变了运行方式,这种操作就叫倒闸操作。牵引变电所、接触网和电力对于倒闸操作都有着严格的规定。

1.1　牵引变电所倒闸

1. 需供电调度下令倒闸的断路器和隔离开关,倒闸前要由值班员向供电调度提出申请,供电调度员审查后发布倒闸命令;值班员受令复诵,供电调度员确认无误后,方准给予命令编号和批准时间;每个倒闸命令,发令人和受令人双方均要填写倒闸操作命令记录(格式见附表1)。供电调度员对1个牵引变电所1次只能下达1个倒闸作业命令,即1个命令完成之前,不得发出另1个命令。

对不需供电调度下令倒闸的断路器和隔离开关,倒闸完毕后要将倒闸的时间、原因和操作人、监护人的姓名记入值班日志或有关记录中。

2. 倒闸作业必须由助理值班员操作,值班员监护。

值班员在接到倒闸命令后,要立即进行倒闸。用手动操作时操作人和监护人均必须穿绝缘靴,戴安全帽,同时操作人还要戴绝缘手套,如图10-1所示。

隔离开关的倒闸操作要迅速准确,中途不得停留和发生冲击。

图 10-1　隔离开关倒闸

3. 倒闸作业完成后,值班员立即向供电调度报告,供电调度员及时发布完成时间,至此倒闸作业结束。

4. 倒闸作业按操作卡片进行,没有操作卡片的倒闸作业由值班员编写倒闸表并记入值班日志中,由供电调度下令倒闸的设备,倒闸表要经过供电调度员审查同意。

5. 编写操作卡片及倒闸表要遵守下列原则:

(1)停电时的操作程序:先断开负荷侧后断开电源侧;先断开断路器后断开隔离开关。送电时,与上述操作程序相反。

(2)隔离开关分闸时,先断开主闸刀后闭合接地闸刀;合闸时,与上述程序相反。

(3)禁止带负荷进行隔离开关的倒闸作业和在接地闸

刀闭合的状态下强行闭合主闸刀。

6. 与断路器并联的隔离开关，只有当断路器闭合时方可操作隔离开关。

当回路中未装断路器时可用隔离开关进行下列操作：

(1)开、合电压互感器和避雷器。

(2)开、合母线和直接接在母线上的设备的电容电流。

(3)开、合变压器中性点的接地线(当中性点上接有消弧线圈时，只有在电力系统没有接地故障的情况下才可进行)。

(4)用室外三联隔离开关开、合 10 kV 及以下，电流不超过 15 A 的负荷。

(5)开、合电压 10 kV 及以下电流不超过 70 A 的环路均衡电流。

7. 拆装高压熔断器必须由助理值班员操作，值班员监护。操作人和监护人均要穿绝缘靴、戴防护眼镜，操作人还要戴绝缘手套。

8. 带电更换低压熔断器时，操作人要戴防护眼镜，站在绝缘垫上，并要使用绝缘夹钳或绝缘手套。

9. 正常情况下，不应操作脱扣杆进行断路器分闸。电动操作的断路器，除操作机构中具有储能装置者外，禁止手动合闸送电。

10. 需供电调度下令进行倒闸作业的断路器和隔离开关，遇有危及人身安全的紧急情况，值班人员可先行断开有关的断路器和隔离开关，再报告供电调度，但再合闸时必须有供电调度员的命令。

1.2 接触网的倒闸作业

1. 接触网倒闸作业执行一人操作、一人监护制度。

2. 接触网隔离(负荷)开关的倒闸作业，具备远动功能的由供电调度员远动操作。不具备远动功能或远动功能失效时，由供电调度员发布倒闸命令，作业人员当地操作。

3. 远动操作时，供电调度员应通过调度端显示的遥信信号或视频监控对开关位置进行确认。现场有作业人员时，还应进行现场确认。

远动系统异常时，禁止远动倒闸操作。遇开关位置信号异常时，应立即安排人员现场确认。

4. 从事隔离(负荷)开关现场倒闸作业人员应由安全等级不低于三级人员担任。对车站、机务(折返)段、车辆段或路外厂矿等单位有权操作的隔离(负荷)开关的人员应经供电段培训、考试合格，签发合格证后方可担任此项工作。

【典型案例 10-1】

××年 9 月 10 日，××次列车计划于 12:00 到达××车站，并在二股道加挂两节装有木材的车辆，约 11:00 值班员甲问货运员乙说：“二股道两节木头车是否装完，要抓紧装，12:00××次列车要到站加挂。”乙说：“知道了，我去看看。”

碰巧装卸员丙到货运室，乙对丙说：“丙，你去看看，货装好没有，装好后把开关合上。”于是便把接触网隔离开关钥匙交给丙。丙手中拿着钥匙想：“这开关怎么操作？说不会吧怕人家笑话，试试看吧！”当走到接触网隔离开关跟前，看到木头车已经装完，其实他看见的前面一辆车装完，后面另一辆车上仍有人在装木头。丙只是草率地看一眼，没看见后面车上的两位装卸工正在用铁丝捆木头，便立即打开开关的锁合上开关，刚合上还没等上锁，就听见装卸车方向的人大喊：“电着人了！快拉开关……”，待丙又急忙把开关打开，大家上车顶上把两位装卸工抬下时都已经停止呼吸。接触导线也已经严重烧损,需要进行补强。

案例分析:

在《普速铁路接触网运行维修规则》中有明确要求:"分段绝缘器不应长时间处于对地耐压状态。雨、雪、雾、霾、冻雨等恶劣天气下,起电分段作用的隔离开关严禁处于分闸状态。隔离开关应在作业开始前 30 min 内断开,在作业间歇时间大于 30 min 时应闭合,继续作业时再断开,作业结束后应及时闭合"。电气化铁路装卸线的安全作业区两端分别设置有一台分段绝缘器,其中一端还设置了一台隔离开关,装卸货物时隔离开关打开,分段绝缘器处于对地耐压状态,所以本案例中货物装卸完成后要及时合上隔离开关是正确的,但货运员乙让未经过专门培训的装卸员丙代替其操作隔离开关是造成这起事故的重要原因。

5. 接触网作业人员进行隔离(负荷)开关倒闸时,必须有供电调度的命令;对车站、机务(折返)段、车辆段或路外厂矿等单位有权操作的隔离(负荷)开关,接触网作业人员在向供电调度申请倒闸命令之前,须向该站、段、厂、矿等单位主管负责人办理倒闸手续,并共同确认做好相应措施;对从接触网上引接的越级变压器的隔离开关,接触网作业人员在向供电调度申请倒闸命令之前,应确认二次侧不具备反送电条件(明显断开点或二次侧已接地)。

6. 在申请倒闸命令时,先由安全等级不低于三级的要令人向供电调度提出申请,供电调度员审查无误后发布倒闸命令;要令人受令复诵,供电调度员确认无误后,方可给命令编号和批准时间;每次倒闸作业,发令人将命令内容进行记录,受令人要填写"隔离(负荷)开关倒闸命令票"(格式见表 10-1)。

表 10-1 隔离(负荷)开关倒闸命令票

隔离(负荷)开关倒闸命令票　　　　第　　号
1. 把________车站(或区间)第________号隔离(负荷)开关闭合(或断开)。
2. 再将________车站(或区间)第________号隔离(负荷)开关闭合(或断开)。
发令人:________　受令人:________
批准时间:________时________分　日期:________年________月________日

当倒闸作业造成供电范围及行车限制条件发生变化时,应提前办理相关手续后,方可发布倒闸命令。

7. 操作人员接到倒闸命令后,必须先确认开关位置和开合状态无误,再进行倒闸。倒闸时操作人必须戴好安全帽和绝缘手套,穿绝缘靴,操作准确迅速,一次开闭到位,中途不得停留和发生冲击。

8. 倒闸作业完成,确认开关开合状态无误后,向要令人报告倒闸结束,由要令人向供电调度员申请消除倒闸作业命令。供电调度员要及时发布完成时间和编号并进行记录,要令人填写"隔离(负荷)开关倒闸完成报告单"(格式见表 10-2)。

表 10-2 隔离(负荷)开关倒闸完成报告单

隔离(负荷)开关倒闸完成报告单　　　　第　　号
根据第________号倒闸命令,已完成下列倒闸:
1. ________________车站(或区间)第________号隔离(负荷)开关已于________时________分闭合(或断开)。
2. ________________车站(或区间)第________号隔离(负荷)开关已于________时________分闭合(或断开)。
倒闸操作人:________　受令人:________　发令人:________
完成时间:________时________分　日期:________年________月________日

9. 遇有危及人身或设备安全的紧急情况，可以不经供电调度批准，先行断开断路器或有条件断开的负荷开关、隔离开关，并立即报告供电调度。但再闭合时必须有供电调度员的命令。

10. 严禁带负荷进行隔离开关倒闸作业。严禁利用隔离（负荷）开关对故障线路进行试送电。

隔离（负荷）开关可以开、合不超过 10 km（接触网延展公里）线路的空载电流，超过时，应经过试验，并经铁路局批准。

11. 要加强对带接地闸刀的隔离开关使用管理的检查，其主闸刀应经常处于闭合状态；对车站、机务（折返）段、车辆段或路外厂矿等单位有权操作的隔离开关，使用单位因工作需要断开时，当工作完毕须及时闭合。主闸刀和接地闸刀分别操作的隔离开关，其断开、闭合必须按下列顺序进行：

（1）闭合时要先断开接地闸刀，后闭合主闸刀。

（2）断开时要先断开主闸刀，后闭合接地闸刀。

12. 隔离（负荷）开关的机构箱或传动机构须加锁，钥匙不得相互通用并有标签注明开关号码，存放于固定地点并由专人保管。

除遵守以上规定外，高速铁路中为了充分保证进入高速铁路防护栅栏内当地倒闸作业人员的人身安全，采取的安全措施是比照接触网作业要求执行的，规定在高速铁路防护栅栏内进行当地倒闸作业时，必须在上、下行线路封锁或本线封锁、邻线列车限速 160 km/h 及以下进行。

1.3　铁路电力的倒闸作业

1. 倒闸作业票应根据工作票或调度命令由操作人填写，由工长或监护人签发。每张倒闸作业票只能填写一个操作任务。

2. 停电操作必须按照断路器、负荷侧隔离开关。电源侧隔离开关顺序操作。送电操作顺序与此相反。

3. 倒闸作业前，应按倒闸作业票记载的倒闸顺序与模拟图核对相符，如有疑问，不得擅自更改，经向电力调度或值班长报告，查清情况后再操作。远动倒闸作业由值班调度完成操作。倒闸作业必须由两人进行，一人操作，一人监护，每完成一项做一记号“√”。全部操作完毕后进行复查，并报告发令人。

4. 操作机械传动的隔离开关和绳索传动的柱上断路器应戴绝缘手套。操作非机械传动的隔离开关、跌落式熔断器和摘挂跌落式熔断器保险管时，应使用绝缘拉杆，戴绝缘手套，雨天应使用有防火罩的绝缘拉杆。

【典型案例 10-2】

小雨天气，某电力线路工准备处理 5 号变台变压器故障，可是由于绝缘工具都拿去做耐压试验了，现场无绝缘工具，于是该线路工找来一根干燥的竹竿将变台跌落开关拉开，在确定无大问题后，便再次用竹竿合跌落开关，结果造成触电事故。

案例分析：

该电力线路工操作跌落开关时未使用绝缘拉杆是造成触电事故的直接原因，雨天还应使用有防火罩的绝缘拉杆；操作人操作时未戴绝缘手套。

5. 更换变压器高压侧熔丝时，应先切断低压负荷，不准带负荷拉开 100 安及以上无消弧装置的低压开关。雷电时禁止倒闸作业(远动装置除外)和更换熔丝。

6. 下列项目应填入倒闸作业票：

(1)应拉合的断路器和隔离开关；

(2)检查断路器和隔离开关位置；

(3)检查接地线是否拆除；

(4)装、拆接地线；

(5)安装或拆除控制回路以及电压互感器回路的保险器；

(6)切换保护回路和检验是否确无电压等；

(7)其他需要检查、确认的项目。

7. 在发生人身触电时，可不经许可立即断开有关断路器和隔离开关。在未拉开有关开关和做好安全措施以前，抢救人员不得直接触及带电设备和触电人员，不得进入遮栏。

8. 下列工作可不用倒闸作业票：

(1)事故处理的操作。操作后记入工作日志并及时上报；

(2)拉、合线路开关或变压器一、二次开关。可根据工作票或口头命令进行；

(3)同一台开关柜内开关的单一拉、合操作。操作可根据工作票或调度命令进行，操作后记入工作日志，并报告发令人。

9. 倒闸作业票要有编号、依次序使用。作废和使用过的倒闸作业票，应注明“作废”和“已执行”的字样。倒闸作业票用后保存半年。

2　操作技能部分

2.1　接触网倒闸作业技能训练

接触网是一种特殊的供电线路，其特殊之处在于：供电臂供电范围大，停电影响线路长；露天无备用，受外界环境变化影响大；供电臂之间的电气分段多。当接触网发生故障或事故时，为了尽可能缩小事故范围和缩短停电时间，尽快恢复设备的正常运行状态，必须及时切断设备故障点与正常设备的电气连接，这就对需要枢纽、站场、区间接触网隔离开关进行倒闸作业。

2.1.1　接触网倒闸作业所需的工具材料

接触网倒闸操作中使用的安全用具主要有安全帽、绝缘手套、绝缘靴、绝缘操作手柄、验电器等。

2.1.2　实训准备

作业前按规程要求填写工作票，并交付工作领导人；工作领导人向作业组全体成员宣读工作票、分工，并进行安全预想。

2.1.3　接触网倒闸作业标准化程序

1. 在申请倒闸命令时，先由要令人向供电调度提出申请，供电调度员审查后，发布倒闸命令。

要令人：××工区，我是要令人×××，要令地点×××，申请打开（或闭合）××车站（或区间）××号隔离开关。

供电调度：×××（要令人），申请打开（或闭合）××车站（或区间）××号隔离开关。×××（供电调度）明白。

2. 要令人接受供电调度员发布的倒闸作业命令后，应填写“隔离开关倒闸命令票”，并进行复诵，有疑问时，应问清楚。

3. 供电调度员确认无误后，给予命令编号和批准时间（无命令编号和批准时间的命令无效）。发令人要将命令内容填入“倒闸操作命令记录”（表 10-3）中，要令人要填写“隔离开关倒闸命令票”。

供电调度：倒闸命令编号×××××，批准时间××时××分。

要令人：倒闸命令编号×××××，批准时间××时××分。

表 10-3　倒闸操作命令记录

命令号	时间（月日）	发令人	受令人	操作卡片	批准时间	完成时间	报告人	倒闸完成报告单	供电调度员

4. 要令人将填好的倒闸作业命令票中的内容通知监护人。

要令人：×××（监护人），我是要令人×××，倒闸命令已下达，打开（或闭合）××车站（或区间）××号隔离开关。

监护人：打开（或闭合）××车站（或区间）××号隔离开关，×××（监护人）明白。

5. 监护人监护操作人迅速进行倒闸。确认倒闸后开关状态良好并加锁。

6. 监护人通知要令人完成倒闸作业。

监护人：×××（要令人），我是监护人×××，倒闸作业已完成。

要令人：倒闸作业已完成，×××（要令人）明白。

要令人要立即填写“隔离开关倒闸完成报告单”，并向供电调度员汇报。

要令人（向供电调度汇报）：××工区，我是×××。×××××号倒闸命令已完成。

供电调度：×××（受令人），××××号倒闸命令已完成。×××（供电调度）明白。

7. 供电调度员给予该通知单完成时间和编号，并记入“倒闸操作命令记录”。

供电调度：倒闸编号×××××，完成时间××时××分。

要令人：倒闸编号×××××，完成时间××时××分。

8. 至此，本次倒闸作业方宣告结束。

2.2　牵引变电所停电、送电倒闸作业技能训练

牵引变电所倒闸作业是牵引变电所、开闭所、AT 所、开关站、分区所等处所常进行的作业项目之一。这里以某索引变电所 1 号馈线的停电送电为例来介绍索引变电所倒闸作业。进行标准化当地倒闸作业的值班员是指有人值班变电所值班员、无人值班变电所值守员，助理值班

员是指有人值班变电所助理值班员、无人值班变电所备守员。

2.2.1　牵引变电所倒闸作业所需的工具材料

牵引变电所倒闸操作中使用的安全用具主要有验电器、安全帽、绝缘手套、绝缘靴、绝缘操作杆等。

2.2.2　实训准备

1. 助理值班员提前 10 min 准备好验电器、安全帽、绝缘手套、绝缘靴、绝缘操作杆等，并检查其状态良好，打开 4G 无线终端。

2. 值班员准备好倒闸操作命令记录、倒闸操作卡片及需用的钥匙等。

3. 值班员和助理值班员完成安全用具的检查及穿戴。

2.2.3　停电倒闸操作

2.2.3.1　接受倒闸命令

值班员接调度电话，助理值班员在后台机确认无负荷。

调度命令下达后，值班员与助理值班员共同确认调度命令，值班员对“命令内容”“停电供电臂”“倒闸程序”内容逐项唱票，助理值班员进行确认，无需复诵。确认无误后，接受并打印倒闸命令。

2.2.3.2　停电倒闸

（1 号馈线保护盘前，不打开柜门）

值班员：1 号馈线停电。然后用手指分别指认断路器转换开关位置和隔离开关操作按钮位置。

助理值班员：1 号馈线停电。然后用手指分别指认断路器转换开关位置和隔离开关操作按钮位置。

（打开柜门。此时，助理值班员站在值班员的右侧，操作指位以手臂伸出去手指指向开关 4 cm左右。禁止指认时触碰开关）

值班员：断开 211 断路器。

助理值班员：断开 211 断路器（助理值班员说的同时手指指认开关位置，停顿 2 s 左右后执行操作）。

（信号灯红灯变绿灯后）

助理值班员：已确认。

值班员：断开 2111 隔离开关。

助理值班员：断开 2111 隔离开关（助理值班员说的同时手指指认开关位置，停顿 2 s 左右后执行操作）。

（信号灯红灯变绿灯后）

助理值班员：已确认。

值班员：室外确认。

（室外 2111 隔离开关处）

值班员：确认 2111 隔离开关状态。

助理值班员：2111 隔离开关在分位，分闸角度正确。

(此时单线区段的牵引变电所即可返回室内消令;复线区段的牵引变电所继续执行以下操作)

值班员:撤除 212 断路器重合闸(同步指认)。

助理值班员:撤除 212 断路器重合闸(同步指认)。

(助理值班员撤除重合闸后)

助理值班员:已撤除。

(消令;消令后悬挂"禁止合闸"标示牌、复归后台机信号)

2.2.4 送电倒闸

2.2.4.1 接受倒闸命令

调度倒闸命令下达后,值班员与助理值班员共同核对确认调度命令。值班员逐项唱票"命令内容""送电供电臂""倒闸程序"内容。助理值班员进行确认,无需复诵。确认无误后打印倒闸命令。

2.2.4.2 送电倒闸

(1 号馈线保护盘前,不打开柜门)

值班员说:1 号馈线送电。然后用手指分别指认断路器转换开关位置和隔离开关操作按钮位置。

助理值班员说:1 号馈线送电。然后用手指分别指认断路器转换开关位置和隔离开关操作按钮位置。

(打开柜门。此时,助理值班员站在值班员的右侧,操作指位以手臂伸出去手指指向开关 4 cm左右。禁止指认时触碰开关)

值班员:合上 2111 隔离开关(同步指认)。

助理值班员:合上 2111 隔离开关(助理值班员说的同时手指指认开关位置,停顿 2 s 左右后执行操作)。

(信号灯绿灯变红灯后)

助理值班员:已确认。

值班员:室外确认。

(室外 2111 隔离开关处)

值班员:确认 2111 隔离开关状态。

助理值班员:2111 隔离开关在合位,合闸角度正确。

(返回室内保护盘前)

值班员:合上 211 断路器(同步指认)。

助理值班员:合上 211 断路器(助理值班员说的同时手指指认开关位置,停顿 2 s 左右后执行操作)。

(信号灯绿灯变红灯后)

助理值班员:已确认。

值班员:室外验电。

(室外 2111 隔离开关处)

值班员:在 2111 隔离开关负荷侧验电。

助理值班员:在 2111 隔离开关负荷侧验电。

(用验电器验明有电后)

助理值班员:有电。

(此时单线区段的牵引变电所即可返回室内消令,复归后台信号;复线区段的牵引变电所继续执行以下操作)

值班员:投入212断路器重合闸(同步指认)。

助理值班员:投入212断路器重合闸(同步指认)。

(助理值班员投入重合闸后)

助理值班员:已投入。

(送电结束,进行消令。消令后复归后台机信号)

倒闸作业全部结束后,将安全用具收放至指定位置

综合练习

1. 单项选择题

(1)牵引变电所内需供电调度下令进行倒闸作业的断路器和隔离开关,遇有(　　),值班人员可先行断开有关的断路器和隔离开关,再报告供电调度。

A. 危及人身安全的紧急情况　　B. 设备一般故障等情况

C. 设备检修等情况　　D. 上级紧急要求的情况

(2)"铁路电力安规"规定:变、配电所和线路上停电作业,对一经合闸即可送电到工作地点的断路器或隔离开关的操作把手上,悬挂(　　)的标示牌。

A. 止步,高压危险　　B. 禁止合闸,有人工作

C. 在此工作　　D. 禁止攀登,高压危险

(3)牵引变电所倒闸操作中使用的安全用具主要有验电器、安全帽、绝缘手套、绝缘靴、绝缘操作杆等。按照"铁路电力安规"的规定,下列项目(或工作)不用填入倒闸作业票的是(　　)。

A. 应拉合的断路器和隔离开关　　B. 装、拆接地线

C. 切换保护回路和检验是否确无电压等　　D. 事故处理的操作

2. 判断题

(1)隔离开关的倒闸操作要迅速准确,中途不得停留和发生冲击。(　　)

(2)倒闸作业必须由值班员操作,助理值班员监护。(　　)

(3)值班员在接到倒闸命令后,要立即进行倒闸。用手动操作时操作人和监护人均必须穿绝缘靴,戴安全帽,同时操作人还要戴绝缘手套。(　　)

3. 简答与综合题

(1)什么叫倒闸操作?

(2)当牵引变电所某电气回路中未装断路器时可用隔离开关进行哪些操作?

学习情境 11　试验和测量

1　理论学习部分

铁路电力(牵引)供电系统的安全运行,直接关系到供电、用电的安全,例如"检规"规定:新建(牵引)变电所、配电所、接触网、电力线路等在投运前,必须对所有电气设备按国家及相关标准进行交接性试验;同时,对于使用中的电气设备,应定期测定其绝缘电阻;对于各种接地装置,应定期测定其接地电阻;对于安全用具、避雷器、变压器油及其他一些保护电器,也应定期检查、测定或进行耐压试验等,以保证设备安全和工作人员的作业安全。

电气试验和测量的主要目的,就是验证电气设备的各种性能是否符合国家规定的交接标准及厂家的技术条件,找出各种可能影响设备正常运行的缺陷并予以克服,为接收单位提供可靠、准确的试验数据,以便接收单位在预防性试验以及日常运行中能够进行分析和比较,从而保证设备的正常运转。

1.1　牵引变电所关于试验和测量工作的安全规定

1. 使用兆欧表测量绝缘电阻前后,必须将被测设备对地放电。放电时,作业人员要戴绝缘手套、穿绝缘靴。

2. 在有感应危险电压的线路上测量绝缘电阻时,将造成感应危险电压的设备一并停电后进行。

3. 使用兆欧表测量绝缘电阻前,必须将被测设备从各方面断开电源,经验明无电且确认无人作业时方可进行测量。

测量时,作业人员站的位置、仪表安设的位置及设备的接线点均要选择适当,使人员、仪表及测量导线与带电部分保持足够的安全距离。作业地点附近不得有其他人停留。测量用的导线要使用相应电压的绝缘线。

在高压设备上作业时,应派遣作业小组,其中一人安全等级不低于三级。

4. 使用钳形电流表测量电流时,其电压等级应符合要求。测量时可以不开工作票,但在测量前,须经值班员同意,并由值班员与作业人员共同到作业地点进行检查,必须时由值班人员做好安全措施方可作业。测量完毕要通知值班员。

在高压设备上测量时,应派遣作业小组,其中一人的安全等级不得低于三级。

5. 使用钳形电流表测量需拆除防护栅才能作业时,应在拆除防护栅后立即测量;测量完毕要立即恢复。

6. 测量时,作业人员与带电部分之间的距离要大于钳形电流表的长度,读表时身体不得弯向仪表面上。

在高压设备上使用钳形电流表测量时,测量人员要戴好绝缘手套、穿好绝缘靴并站在绝缘垫上作业。

7. 当测量电缆盒处各相电流时，只有在相间距离大于 300 mm 且绝缘良好时方准进行；当电缆有一相接地时，严禁作业。

在低压母线上测量各相电流时，要事先用绝缘板将各相隔开，测量人员要戴绝缘手套。

8. 钳形电流表要存放在盒内且要保持干燥，每次使用前要将手柄擦拭干净。

9. 除专门测量高压的仪表外，其他仪表均不得直接测量高压。测量用的连接电流回路的导线截面积要与被测回路的电流相适应；连接电压回路的导线截面积不得小于 1.5 mm^2。

10. 当使用携带型仪表、仪器是金属外壳时，其外壳必须接地。

在高压回路进行测量时，要在作业地点周围设围栅，悬挂相应的标示牌，人员与带电部分之间须保持足够的安全距离。

【典型案例 11-1】

××年 10 月 16 日某变电所在进行 201A、201B 断路器小车小修作业，将 201A、201B 拉至试验位，对 201B 流互进行放电时，因地线绝缘杆碰到带电的静触头上而产生电弧，将助理值班员的脸部烧伤，同时造成 201A、201B 跳闸。

案例分析：

本案例中断路器小车小修作业时未将 201B 断路器小车拉至检修位，也未放置绝缘挡板而直接对流互进行放电是造成事故的直接原因；助理值班员班前未充分休息，作业时精神恍惚，操作不当，误碰带电设备，产生电弧将自身烧伤也是造成事故发生的原因之一。本案例告诉我们：要高度重视检修作业的安全防护，全体作业组成员在岗时要保持旺盛的精力。

1.2 接触网关于试验和测量工作的安全规定

1. 各种受力工具和绝缘工具应有合格证并定期进行试验，做好记录，禁止使用试验不合格或超过试验周期的工具。

2. 各单位应制定受力工具和绝缘工具管理办法，专人负责进行编号、登记、整理，并监督按规定试验和正确使用。

此外，高速铁路中还特别规定：绝缘工具应粘贴反光标识，且反光标识应粘贴在明显且不影响绝缘性能的部位。

与试验记录对应的受力工具和绝缘用具上应有统一制定的编号标记（试验标准见表 11-1、表 11-2）。

表 11-1 常用工具机械试验标准

序号	名称	试验周期（月）	额定负荷（kg）	试验负荷（kg）	试验时间（min）	合格标准
1	车梯：1. 工作台 2. 工作台栏杆 3. 每一级梯凳	12	200 100 100	300 200 200	5 5 5	无裂损和永久变形
2	梯子：每一级梯凳	12	100	200	5	无裂损和永久变形
3	绳子（尼龙、棕、麻绳、钢丝绳）	12	P_H	$2P_H$	10	无破损和断股

续上表

序号	名称	试验周期（月）	额定负荷（kg）	试验负荷（kg）	试验时间（min）	合格标准
4	安全带	12	100	225	5	无破损
5	金属工具	12	P_H	$2.5P_H$	10	无破损和永久变形
6	非金属工具	12	P_H	$2P_H$	10	
7	起重工具	12	P_H	$1.2P_H$	10	
8	脚扣	12	100	120	5	无破损和永久变形

注：P_H额定负荷。

表 11-2　常用绝缘工具电气试验标准

序号	名称	试验周期（月）	使用电压（kV）	试验电压（kV）	试验时间（min）	合格标准
1	绝缘棒、杆	6	25	120	5	无发热、击穿和变形
2	绝缘挡板	6	25	80	5	
3	绝缘绳、线	6	25	105/0.5 m	5	
4	验电器	6	25	105	5	
5	绝缘手套	6	辅助	8	1	
6	绝缘靴	6	辅助	15	1	
7	接地用的绝缘杆	6	25	90	5	
8	专用除冰杆	12（入冬前）	25	120	5	

3. 绝缘工具应具有良好的绝缘性、绝缘稳定性和足够的机械强度，轻便灵活，便于搬运。

4. 绝缘工具应按下列要求进行试验：

(1)新购、制作(或大修)后，在第一次投入使用前进行机械和电气强度试验。绝缘工具的电气强度试验一般在机械强度试验合格后进行。机械强度试验应在组装状态下进行。

(2)使用中的绝缘工具要定期进行试验。

(3)绝缘工具的机、电性能发生损伤或对其怀疑时，应中断使用并及时进行相应的试验。

5. 接触网作业用的车梯和梯子必须符合下列要求：

(1)结实、轻便、稳固。

(2)车梯的三个车轮采取可靠的绝缘措施。

(3)按表 11-1 的规定进行试验。

6. 严禁带负荷进行隔离开关倒闸作业。严禁利用隔离(负荷)开关对故障线路进行试送电。

隔离(负荷)开关可以开、合不超过 10 km(接触网延展公里)线路的空载电流，超过时应经过试验，并经铁路局批准。

【典型案例 11-2】

供电段供电工区执行 09-08 接触网第三种工作票使用测杆进行接触网带电测量作业，工作领导人为工区副工长。

14时25分到达现场开始测量作业，当日作业最后一个测量点为K165＋500 m处073号接触网支柱。17时35分工作领导人带领测量人员到达K165＋500 m支柱处，为抢时间、赶进度，在未和驻站联络员、现场防护员联系的情况下擅自指挥两名作业人员上道测量。

17时39分列车接近，现场行车防护员使用对讲机向工作领导人通报列车运行情况时，发现没有回音(事后调查当日作业未携带对讲机备用电池。至事发时已作业3 h 14 min，对讲机电量已不足)。17时40分驾驶××次的列车司机发现线路上有人，在距离测量地点200 m处采取紧急制动，测量人员在慌忙中跳下股道，挂在接触线上的绝缘测杆被列车撞飞。17时41分列车越过测量地点400 m处停车，构成铁路交通一般D类事故。

案例分析：

此次事故的主要原因之一是工作领导人岗位职责不落实，简化作业程序，在没和驻站联络员、现场防护员通过呼唤应答的方式确认防护到位的情况下违章指挥两名接触网工上线测量。测量过程中工作领导人、驻站联络员、现场防护员之间没有定时联系，确认通话良好。

后续整改：一是事故发生后，铁路局供电管理部门配备了一批激光测量仪，进一步优化接触网测量作业方式，将使用测杆接触式测量改为非接触式测量。使用激光测量仪作业，不但降低劳动强度，提高了作业效率，还便于下道避车。二是研发列车接近无线防护预警系统，该防护系统全天候运行，为各单位上线作业人员实时提供列车运行准确位置和动态，并发出语音预警提示上线作业人员按规定距离及时下道避车。三是事故单位给现场防护员、驻站联络员和工作领导人配备了一批具有自动语音报警提示功能的对讲机，该对讲机每隔3 min发出声音报警，提醒驻站联络员和现场防护员及工作领导人之间相互联系。四是对上线作业防护办法进行了修订，规定上线作业需携带备用电池。明确了工作领导人、驻站联络员、现场防护员的岗位职责，作业过程中每隔3～5 min联系一次，联系中断立即停止作业，并组织人员下道。

【典型案例11-3】

供电段接触网大修队更换接触线、放线从243号支柱起锚，在189号支柱落锚。当放线车放新线到189号支杆，用接触网作业车的紧线柱紧新线张力符合标准后，作业人员用手扳葫芦将新线向下锚方向紧线。同时接触网作业车紧线柱放松新线，当新线向旧线侧并好，接触网作业车紧线器的大钩子尚未从新线摘下时，手扳葫芦突然松脱，险些发生人身伤害。

案例分析：

未按规定对手扳葫芦进行定期检查、试验。

【典型案例11-4】

供电段进行设备整治，在094号杆上进行正馈线由下向上倒悬挂作业，双支正馈线连同三片悬式绝缘子由原肩架上摘出，地面辅助人员用大绳通过滑轮将双支正馈线连同三片悬式绝缘子吊起，升至新肩架安装位置时，直径30 mm的大绳突然断裂，馈线线索及悬式绝缘子砸在正准备进行连接作业的接触网工甲左腿上，发生人身伤害事故。

案例分析：

未按规定对绳子进行机械拉力试验。

1.3　铁路电力关于试验和测量工作的安全规定

1. 当进行电气设备的高压试验时，工作领导人的安全等级不得低于三级。在作业地点的周围要设围栅，围栅上悬挂“止步，高压危险！”的标示牌(标示牌要面向作业场地外方)，并派人看守。

若被试设备较长时(如电缆),在距离操作人较远的另一端还应派专人看守。

因试验需要临时拆除设备引线时,在拆线前应作好标记,试验完毕恢复后要仔细检查确认连接正确,方可投入运行。

2. 在一个电气连接部分内,同时只允许一个作业组且在一项设备上进行高压试验。必要时,在同一个连接部分内检修和试验工作可以同时进行,作业时必须遵守下列规定:

(1)在高压试验与检修作业之间要有明显的断开点,且要根据试验电压的大小和被检修设备的电压等级保持足够的安全距离。

(2)在断开点的检修作业侧装设接地线,高压试验侧悬挂“止步,高压危险!”的标示牌,标示牌要面向检修作业地点。

3. 试验装置的金属外壳要装设接地线,高压引线应尽量缩短,必要时用绝缘物支持牢固。试验装置的电源开关应使用有明显断开点的双极开关。

试验装置的操作回路中,除电源开关外还应串联零位开关,并应有过负荷自动跳闸装置。

4. 在施加试验电压(简称加压)前,操作人和监护人要共同仔细检查试验装置的接线、调压器零位、仪表的起始状态和表计的倍率等,确认无误后且被试设备周围的人员均在安全地带,经工作领导人许可方准加压。

5. 加压作业要专人操作、专人监护,其安全等级:操作人不低于二级,监护人不低于三级。加压时,操作人要穿绝缘靴或站在绝缘垫(试验周期和标准比照绝缘靴)上,操作人和监护人要呼唤应答。

在整个加压过程中,全体作业人员均要精神集中,随时注意有无异常现象。

【典型案例 11-5】

××年 3 月,某变电站 110 开关 CT 及刀闸进行预试、检修等工作。9 时 00 分左右,工作执行人邓×办理好工作许可手续后,对工作人员进行了分工:胡×负责操作仪器及记录数据,赵×负责拆接试验接线,邓×负责监护,并在交代了有关安全注意事项后开始工作。这时,检修人员秦×(伤者)在没有征得试验负责人同意的情况下爬上了刀闸进行检修。由于 CT 至刀闸的连接线没有拆除,邓×喊秦×下来,但秦×说:“没关系的,你们加压时我让开就行了。”试验过程中加压、变更接线等环节都进行了呼唱,A、B 两相的试验都是一次加压试验后完成。在做 C 相介损试验时,秦×让到了刀闸的 B 相,第一次试验后,胡×发现试验结果不对,邓×怀疑是二次短接线接地不良,就喊赵×下来,自己爬上 CT 构架重新接线。此时,试验工作失去了监护。9 时 30 分左右,邓×接好线后,就喊胡×重新试验。胡×在未喊加压的情况下,就启动仪器进行加压。这时,站在刀闸上的秦×认为试验已结束,在没有询问试验人员的情况下,解开安全带移向 C 相,造成触电,从 2m 多高的构架上落下,导致手腕粉碎性骨折。

案例分析:

检修人员秦×急于完成自己的工作,在没有得到工作执行人的许可的情况下开始作业,给事故的发生埋下了重大隐患;试验人员没有严格执行《铁路电力安全工作规程》中对电气试验的有关规定,加压部分与检修部分之间没有断开点,更谈不上有足够的安全距离;没有执行《铁路电力安全工作规程》中对加压前的一系列规定,第二次加压前没有认真进行呼唤应答。

这次事故与有关人员思想麻痹,监护人未认真做好监护有很重要的关系。秦×认为,虽然 CT 在做试验,但只要不靠近加压部分就不会有事。邓×作为监护人对秦×的不安全行为监督不严,制止不力,工作中擅自放弃了监护职责,使试验工作失去了指挥和监护。

秦×没有良好的自我保护意识，没有意识到自己的不安全行为会带来什么样的后果，在移动工作位置时，也没有看清或询问自己有没有触及带电部分的危险。

6. 未装地线的具有较大电容量的设备应进行放电再加压。

当进行直流高压试验时，每告一段落或结束时应将设备对地进行放电数次，并进行短路接地。放电时操作人要使用放电棒并戴绝缘手套。

被试设备上装设的接地线，只允许在加压过程中短时拆除，试验结束要立即恢复原状。

7. 试验结束时，作业人员要拆除自装的接地线、短路线、检查被试设备、清理作业地点。

2　操作技能部分(电气试验)

2.1　电气试验的基本要求

2.1.1　对试验人员的要求

1. 电气试验人员应具有熟练的专业电气知识和试验技术，具有一定的专业技术水平和严肃认真的工作作风。

2. 熟悉各类试验设备、仪器、仪表的原理、结构、用途及使用方法，并能排除一般故障，使试验用仪器设备经常处于完好状态。

3. 每一项试验工作开始前，试验人员应做到：熟悉施工图纸及设备资料，编制调试大纲或试验方案(包括安全措施)，准备好试验用仪器设备及工具材料。

4. 试验人员安排试验工作应与其他维修或工程施工进度相配合，以减少现场不必要的设备拆装工作量。

5. 试验人员取得相应的资格证书后才能参加试验工作。

2.1.2　对试验用仪器仪表的要求

1. 试验仪器设备由试验负责人负责管理，注意维护，使仪器设备处于完好状态。

2. 仪器仪表必须经过周期检定(校准)合格后才能使用，应贴有检定(校准)合格标识。

3. 仪器仪表的存放，应符合干燥、防震、防尘的要求，要远离磁场、电场和腐蚀性气体。

4. 仪器的运输和搬运时，要轻拿轻放、严防强烈震动和撞击，对于长途运输的设备，应做好完善的包装措施。

5. 试验前，应根据试验内容及准确度要求，合理选择仪器仪表；试验时，严格按照仪器仪表操作规程进行操作。

2.1.3　电气试验技术要求

1. 电气装置安装工程交接试验试验包括：电气设备单体试验、电气分系统试验、电气整套启动试验。

2. 电气试验应遵循有关标准或规范的规定进行，电气设备单体试验主要依据标准《电气装置安装工程电气设备交接试验标准》(GB 50150—2016)，继电保护系统依据标准《继电保护和电网安全自动装置检验规程》(DL/T 995—2016)，其他分系统及整套启动试验应按照相关的标准或规定进行。

3. 电气设备应按照标准要求进行耐压试验，但对 110 kV 及以上电压等级的设备，当标准条款没有规定时，可不进行耐压试验。

交流耐压试验时加至试验标准电压后的持续时间，无特殊说明时，应为 1 min。

非标准电压等级的电气设备，其交流耐压试验电压值，当没有规定时，可根据标准规定的相邻电压等级按比例采用插入法计算。

进行耐压试验时，应尽量将连在一起的各种设备分离开来单独试验(制造厂装配的成套设备不在此限)，但相同试验电压的设备可以连在一起试验。已有单独试验记录的若干不同试验电压的电力设备，在单独试验由困难时，也可以连在一起进行试验，此时，试验电压应采用所连接设备中的最低试验电压。

充油电力设备在注油后应有足够的时间静置才可进行耐压试验，静置时间如无制造厂规定，则应依据设备的额定电压满足以下要求：

(1)220 kV 设备静置时间大于 48 h。

(2)110 kV 及以下设备静置时间大于 24 h。

4. 在进行与温度及湿度有关的各种试验时，应同时测量被试物周围的温度及湿度。绝缘试验应在良好天气且被试物及仪器周围温度不宜低于 5 ℃，空气相对湿度不高于 80%的条件下进行。对不满足上述温度、湿度条件情况下测得的试验数据，应进行综合分析，以判断电气设备是否可以投入运行。

试验时，应注意环境温度的影响，对油浸式变压器、电抗器及消弧线圈，应以被试物上层油温作为测试温度。标准中规定的常温范围为 10～40 ℃。

5. 测量绝缘电阻，应使用 60 s 的绝缘电阻值；吸收比的测量应使用 60 s 与 15 s 绝缘电阻值的比值；极化指数应为 10 min 与 1 min 的绝缘电阻值的比值。

6. 多绕组设备进行绝缘试验时，非被试绕组应予短路接地。

7. 测量绝缘电阻时，采用兆欧表的电压等级，在本标准未作特殊规定时，应按下列规定执行：

(1)100 V 以下的电气设备或回路，采用 250 V、50 MΩ 及以上兆欧表。

(2)100～500 V 的电气设备或回路，采用 500 V、100 MΩ 及以上兆欧表。

(3)500～3 000 V 的电气设备或回路，采用 1 000 V、2 000 MΩ 及以上兆欧表。

(4)3 000～10 000 V 的电气设备或回路，采用 2 500 V、10 000 MΩ 及以上兆欧表。

(5)10 000 V 及以上的电气设备或回路，采用 2 500 V 或 5 000 V、10 000 MΩ 及以上兆欧表。

8. 进行电气绝缘的测量和试验时，当只有个别项目达不到本标准的规定时，应根据全面的试验记录进行分析和综合判断，经综合判断认为可以投入运行者，可以投入运行。

2.2　电气试验组织措施

一个完整的检测质量活动由三个部分组成：检测准备、检测实施、检测结束。从准备过程的开始到现场检测实施再到检测活动的结束，均应遵守相关国家和行业标准以及试验室质量管理体系中的规定和要求，使每一项检测活动达到预定的质量目标。

2.2.1　检测准备

1.委托方依据工程的自身情况,填报《电气试验委托书》,技术负责人就《电气试验委托书》的内容进行审核,了解工程概况、明确工程名称、电气设备的数量、电压等级、工期安排、施工安装情况等内容,根据试验室检测能力范围,确定检测项目。

2.《电气试验委托书》经主管领导批准后,下达《检验任务书》,确定人员安排、仪器设备准备等内容。人员安排包括确定试验负责人、检验员、安全员等人员,仪器设备则根据检测项目的要求确定。

3.试验负责人依据委托方提供的各种图纸、设备出厂报告、设计整定书等技术资料编写《调试大纲》和《安全规程》等文件,编写《电气试验进度计划表》。

4.试验组和委托方进行技术交底和安全交底工作,就本次试验的整个过程提出要求、试验的注意事项、试验和施工的衔接、试验发现问题的处理和整改等。试验负责人根据交底情况,组织人员学习《调试大纲》和《安全规程》,使小组成员明确本次试验的目的、方法和职责。

5.检测前委托方的各项准备工作已经就绪,如现场通风照明情况良好、试验用电源稳定、直流屏安装调试完毕可供给电气设备直流电源、技术人员已经就电气设备、元器件、连接导体及母线上的螺母螺钉进行紧固。

2.2.2　检测实施

1.参与试验的人员严格遵守安全作业程序,试验负责人由经验丰富的人员担任,试验需有两个或两个以上的技术熟练的人员共同进行,一人操作一人监护。

2.电气设备的绝缘测试和耐压试验,应在干燥晴朗的良好天气情况下进行,不得在低温、高湿和阴雨等恶劣天气中进行。

3.对电气设备及元器件进行单体试验前,必须用绝缘电阻表进行绝缘电阻测试,只有在使用非破坏性的方法确认电气设备的绝缘性能良好的情况下,方可进行诸如介质损失角测试、直流耐压测试、交流耐压测试等的其他试验。

4.试验时,先对到达现场的设备作必要的检查工作,检查外观应完好无损,状态标识在有效期之内,保证仪器设备状态良好,选取的设备的量程和准确度等级能满足测试的要求。

5.试验负责人应控制好试验现场情况,尽量避免施工中的交叉影响现象存在,对试验协助人员进行业务和安全教育。

6.试验负责人认真组织好车辆的运输以及试验转场时仪器设备搬运工作,使车辆平稳驾驶,仪器设备不受损害,使用过程中损坏的仪器应尽快采取隔离措施,报试验室设备管理员,安排发送维修。

7.试验原始记录应按照试验室质量管理体系中的相关要求的格式填写,字迹清晰,不得漏记、补记、追记,不得涂改,出现错误时应杠改,并有改动人的签名或印章。

8.检测人员采集到的原始数据应按照数据分析规则进行分析。

9.试验过程中发现的问题,无法立即解决的或有共性现象存在的问题应及时向委托方技术主管发《试验通知单》,通知单应双方签字,并对整改后的情况进行跟踪验证。

10.检验报告的出具流程是试验负责人先组织审核员对原始记录和检验报告进行审核,审核员对报告中采用的格式、内容、计算数据、技术术语、设备等方面进行审核,将审核签字后的报告交授权签字人批准。经批准后的报告由试验负责人或资料管理员负责发送,发送时应详实填写《检验报告发送登记表》。

11. 试验全部结束后应对电气设备和系统进行一次全面的检查工作。检查完成后的电气设备若具备送电条件，由委托方或施工方采取保护措施，防止再有施工或其他人员触碰设备、改动接线、改动程序的现象发生。

12. 审核委托方或施工方送电及试运行方案，参与送电过程，采集送电过程中以及试运行过程中各种图形、数据及参数，验证电气设备以及子系统的正常工作，并积累送电运行的经验和数据。

2.2.3　检测结束

1. 检测结束后，试验负责人组织小组成员认真总结本次试验的经验和不足，编制工程总结，报技术负责人和部门负责人进行审核，使试验检测技术更趋完善。

2. 清查在项目检测中使用的仪器设备，同设备管理员做好仪器入库工作。做好相关技术资料移交工作，将原始记录和检验报告一并移交资料员入档保存。

2.3　电气试验的安全措施

2.3.1　电气试验的基本安全要求

1. 电气试验人员应严格按照表 11-3 中规程规范的要求进行试验工作。

表 11-3　电气试验人员应执行的规程规范

序号	标准名称
1	试验室《安全作业管理程序》
2	电业安全工作规程(发电厂和变电所电气部分)
3	高压试验室技术部分
4	电业安全工作规程(高压试验室部分)
5	铁路通信、信号、电力、电力牵引供电工程施工安全技术规程、安全工作规程

2. 试验负责人负责现场与检测安全活动相关的监督管理工作。

3. 凡电气试验工作，均应有两人或两人以上进行，并分工明确。试验负责人在工作前进行安全技术交底活动。

4. 做高压试验前，合理布置试验场地，应准备好接地线、放电棒、绝缘工具，在试验现场周围设备围栏并安装标志牌。

5. 高压试验必须引起试验人员的高度重视，并按以下程序进行：

(1)确认被试设备的额定电压和试验电压。

(2)试验设备的接地处必须可靠接地，高压引线应尽最缩短并用绝缘物支持牢固，试验区域内禁止与试验无关人员入内。

(3)接通电源前，试验设备的电源开关应断开，并将调压器置于零位。

(4)操作人员应按规定穿高压绝缘靴和戴绝缘手套。

(5)试验开始应自零电位开始升压，升压速度要均匀；禁止高电位合闸，以防被试设备受冲击电压而损坏。

(6)加压过程中应有专人监护并与操作人相互唱和确认。

(7)在对距离较长的电力电缆进行耐压试验时,电缆两端均应有人看守监护,并要有可靠的联络措施。

(8)试验结束时,试验人员应先对被试设备放电后再拆除接线,并检查和清理现场。

2.3.2 电气试验常见危险点分析及安全预防措施

1.电气试验管理安全预防措施(表11-4)

表11-4 电气试验管理安全预防措施

危险点分析	预防措施
没有对试验人员资质确认	确认人员资格符合要求。 试验人员不应少于2人,并应明确安全监护人和试验负责人
没有对测试设备状态及溯源确认	确认试验仪器均在鉴定有效期内且状态良好
没有对环境条件进行确认	被试物与环境温度不应低于5℃,空气相对湿度不应大于80%,遇有雷雨、大雾或6级以上大风时应停止高压试验
没有正确佩戴防护用品	试验负责人及安全员落实监督
没有进行班前安全讲话	全体参加试验的人员列队宣讲作业票,明确作业票所列工作内容、工作范围和安全措施
既有运行所试验没有办理作业票	认真执行工作票制度和保证安全的组织措施
监护不到位	工作负责人正确、安全地组织作业,作好作业全过程监护。作业人员做到相互监护、照顾和提醒
人身触电	作业人员必须明确当天的工作任务、现场安全措施和停电范围。 现场搬运工具、长大物件必须保持与带电设备安全距离并设置专人防护。 加压时操作人应站在绝缘垫上,要征得试验负责人的许可后方可加压,加压过程中应有监护人并准确发令。 现场要使用专用的试验电源,使用合格的电线开关,熔丝的规格应合适。 大电容设备及直流项目试验后要充分放电,非工作成员不得进入工作围栏内
高空坠落	高空作业必须系好安全带,安全带的长度及系的位置必须合适。 严禁上下抛掷物品,防止失手坠落。 按规程要求正确使用梯子

2.电力电缆试验安全预防措施(表11-5)

表11-5 电力电缆试验安全预防措施

危险点分析	预防措施
试验设备误接线 试验电压漏放电 试验电压感应电	注意试验装置的正确接线,试验装置的外壳应可靠接地,试验电源开关应有明显的断开点。 试验现场应装设遮栏或围栏,向外悬挂"止步,高压危险"标示牌,电缆的另一头应派专人看守,电缆连接其他设备时应分开试验,三芯电缆试验时其他两相应与外屏蔽一同接地。 加压前必须认真检查试验接线,试验仪表及调压起始状态正确无误后通知有关人员离开被试电缆,取得负责人许可后方可加压,加压过程中应有人监护并呼唱。 变更接线或试验结束后,应首先断开试验电源,对电缆进行反复放电,将升压部分的高压部分短路接地。 试验结束前禁止攀登户外电缆头所在的电杆

续上表

危险点分析	预防措施
人身触电	在试验前应将电缆先行放电。 每完成一相试验或试验结束要将设备对地放电数次并短路接地。 被试电缆另一端派专人看守，与非被试设备保持足够距离，架空线路应有地线。 试验人员要与试验设备和被试验设备保持足够的安全距离
误入带电间隔	没有许可前，工作成员禁止进入高压设备区。 高压试验不得少于两人，试验负责人应对全体试验人员详细布置试验中的安全注意事项

3. 变压器试验安全预防措施（表 11-6）

表 11-6　变压器试验安全预防措施

危险点分析	预防措施
人身触电	核对试验设备名称，防止走错间隔。 检查仪器设备的金属外壳接地可靠令实验引线尽量短，控制箱必须有明显断开的双极开关。 试验人员与带电部位要保持足够的安全距离，不得触碰高压引线和屏蔽线。 更改试验接线时加压端必须先放电并挂接地线。 每试验完毕一个项目，必须将被试设备放尽剩余电荷。 试验人员必须站在绝缘垫上进行操作。 使用的绝缘工具应检验合格。 试验人员必须高声呼唱即将执行的试验范围和内容，以便配合和监护。直流试验应先放电再接触加压设备
高空坠落	拆接引线必须系好安全带，并穿防滑绝缘鞋。 进入现场的人员必须戴安全帽。 使用梯子应防止牢靠并有人扶持。 严禁上下抛掷物品
人员冒进试验区	加压前必须清除与试验无关的人员在试验取作业或停留。 设置临时遮栏。 安排专人防护

4. 互感器试验安全预防措施（表 11-7）

表 11-7　互感器试验安全预防措施

危险点分析	预防措施
做 VA 时 PT 一次感应出高压，危及人员安全	加压前必须清除与试验无关的人员在试验区作业或停留。 设置临时遮栏。 安排专人防护
高压试验时误碰高压设备造成人员触电	加压前必须清除与试验无关的人员在试验区作业或停留。 设置临时遮栏。 安排专人防护
PT 短路引起人员触电	使用绝缘工具，站在绝缘垫上

续上表

危险点分析	预防措施
CT二次开路产生高压危及人员生命安全	不得将二次的永久接地断路。 工作时有人监护，使用绝缘工具，站在绝缘垫上
高空作业跌落	系好安全带。 正确使用梯子
高空坠物	地面人员戴好安全帽。 严禁上下抛掷物品

5. 其他单体试验安全预防措施(表 11-8)

表 11-8 其他单体试验安全预防措施

类型	危险点分析	预防措施
电容器	静电伤人	测量前后将电容器两极对地及极间放电数次。 严防误触碰带电部分。 与升压设备和被试品保持足够的安全距离
拆装引线、测试线	人员高处摔落	安全带绑在牢固的地方。 按规程要求检查梯子，使用时放置稳固，由专人扶持。 作业时必须戴好安全帽
	引线、工具高处坠落	地面人员躲避开下放和引线运动方向。 现场人员戴好安全帽
	感应电引发摔落	作业地点加装临时接地线。 作业人员应戴手套
低压临时用电	低压交流触电	低压电源应加装有漏电保护器。 接线端子的绝缘护罩齐全、导线接头应采取绝缘包扎措施
	设备外壳漏电	设备外壳应可靠接地
	更换熔丝时低压触电	更换熔丝时或在负荷侧接线时严防误合开关
	拉合开关时电弧烧伤	拉合低压开关应戴于套和护目镜。 严禁使用不合格的电线电缆和开关
绝缘测试	误碰试验设备电击伤害	清除与试验无关的人员，被试验设备周围装设临时遮栏或设专人看守。 测试线应采用绝缘导线，导线端头装设绝缘套。测试至少应有两人以上进行
	残余电荷引发伤害	测试完毕对被试品进行充分放电
拆低压、二次线	低压触电	拉开电源开关并在开关上挂“禁止合闸，有人工作”牌。 确认无压后方可工作
	交、直流回路短路	接地二次线拆线前做好标记，接线端头拆开后即采取绝缘包扎。所使用的工具必须与电源部分采取有效的绝缘隔离措施
测量微水	有毒气体毒害作业人员	室内开启强力通风装置进行通风。 开机前检查各管路接头是否密封。 作业人员身体站在上风口

续上表

类型	危险点分析	预防措施
取油样	工具使用不当造成伤害	使用活口扳手要卡牢

6.系统试验安全预防措施(表 11-9)

表 11-9 系统试验安全预防措施

类型	危险点分析	预防措施
保护装置绝缘测试	插件或芯片损坏	防止人身静电损坏芯片。 严禁带电插拔插件。 防止操作不当损坏插件。 防止带电遥测绝缘
二次接线检查	TA 开路,防止 TV 短路 误碰运行设备 直流短路 极性接反造成保护误动隐患	防止 TA 开路,防止 TV 短路。 防止误碰运行设备。 防止直流短路。 防止极性接反
开关量输入回路	直流回路短路接地 强电进入弱电回路损坏插件	防止直流回路短路接地。 防止强电进入弱电回路损坏插件
模数变换检查	电流热效应致使元件损坏	防止电压回路短路。 输入 10 倍额定电流时施加不能大于 2 s,输入 5 倍额定电流时施加不能大于 10 s
定值整定	定值错误	防止定值通知单内容与实际装置不一致或定值超出整定范围。 核对定值的正确性防止整定错误
做六角图	电流回路开路、电压回路短路 恢复接线错误 临时用电不安全因素	防止电流回路开路、电压回路短路。 防止恢复接线错误。 临时用电时,加强安全防护

2.4 安全工器具试验

2.4.1 绝缘手套试验

2.4.1.1 试验目的

判断绝缘手套是否符合使用条件,防止使用中的绝缘手套性能改变或存在隐患而导致在使用中发生事故,保证工作人员的人身安全。

2.4.1.2 试验方法

1.仪器选择

试验变压器及操作箱、毫安表。

2.试验接线

由电极引出一根导线,串入一个标准电流表,接至升压变压器高压头处,金属器皿与升压变压器高压尾短连接地，具体接线如图 11-1 所示。

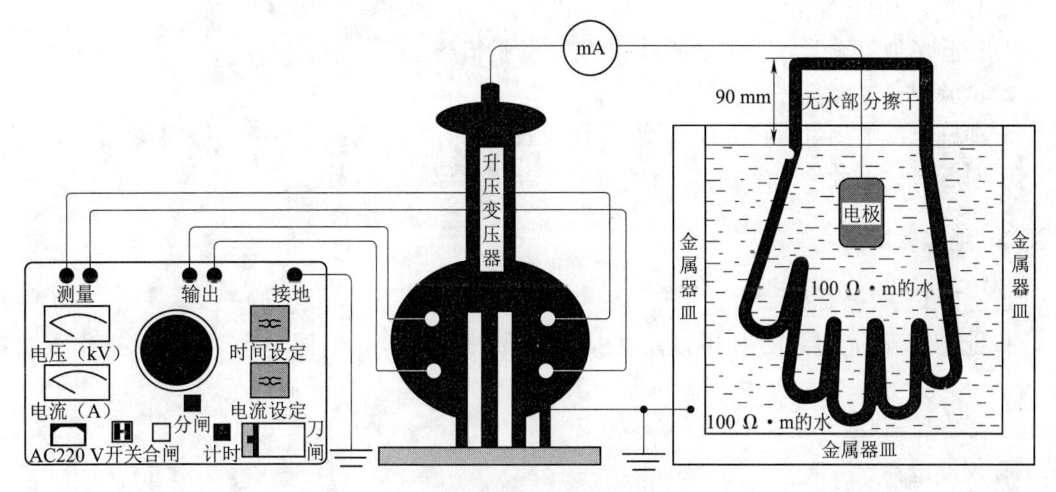

图 11-1　绝缘手套试验装置示意图

3. 试验步骤

在被试手套内部放入自来水，然后浸入盛有相同水的金属盆中，使手套内外水平面呈相同高度，手套应有 90 mm 的露出水面部分，这一部分应该擦干，试验接线如图 11-1 所示。以恒定速度升压至表 11-10 规定的电压值，保持 1 min。

2.4.1.3　试验标准

绝缘手套的试验项目、周期和要求见表 11-10。

表 11-10　绝缘手套的试验项目、周期和要求

项目	周期	要求			
工频耐压	半年	电压等级	工频耐压（kV）	持续时间(min)	泄漏电流(mA)
		高压	8	1	≤9
		低压	2.5	1	≤2.5

试验完毕后，试验人员应该及时出具试验报告，贴上《安全工器具试验合格证》不干胶标志牌。标志牌样式如图 11-2 所示。

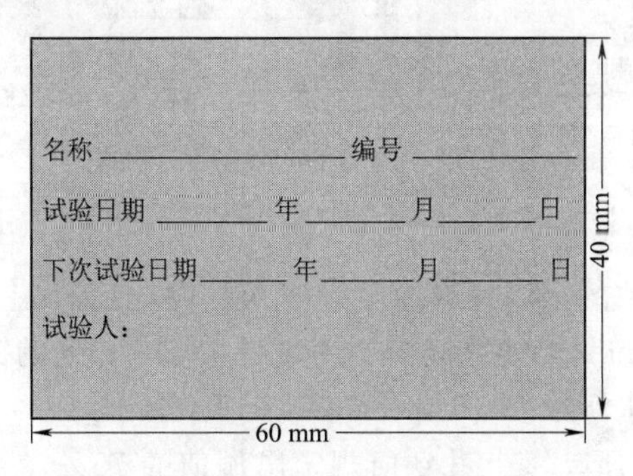

图 11-2　安全工器具试验合格证标志牌

2.4.1.4　试验结果判断

试验中被试验绝缘手套不发生电气击穿，泄漏电流测量值满足表 11-10 中规定的数值，即认为试验通过。

2.4.1.5　注意事项

1. 试验场地应设置好防护围栏，做好安全防护措施。

2. 试验设备要有良好的接地点。

3. 泄漏电流的测量应在高压端测量，毫安表的位置应距离操作者有足够的安全距离。

4. 对于试验不合格的试品，应当场做出不合格标记，防止误用。

2.4.2　绝缘靴试验

2.4.2.1　试验目的

保证绝缘靴的安保作用，用以防止接触电压、跨步电压、泄漏电流、电弧对操作人员的伤害。

2.4.2.2　试验方法

1. 仪器选择

试验变压器及操作箱、毫安表、绝缘靴专用试验支架。

2. 试验接线

由金属电极板引出一根导线串入一个标准电流表接至升压变压器高压头处，且金属电极板应贴近绝缘靴底部，表面覆盖一层钢珠，金属盘与升压变压器高压尾短连接地，具体接线如图 11-3 所示。

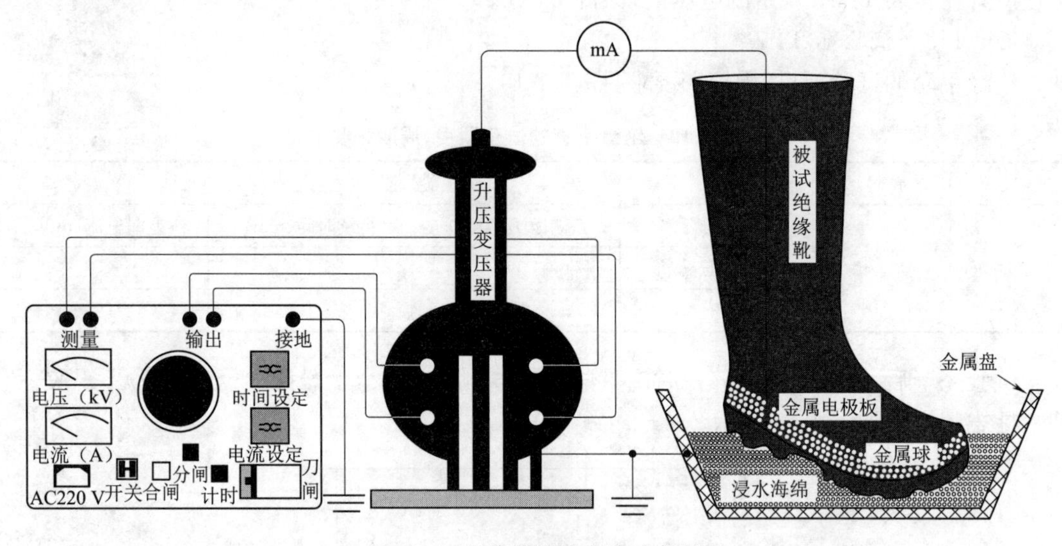

图 11-3　绝缘靴试验电路示意图

3. 试验步骤

将一个与试样鞋号一致的金属片为内电极放入鞋内，金属片上铺满直径不大于 4 mm 的金属球，其高度不小于 15 mm，外接导线焊一片直径大于 4 mm 的铜片，并埋入金属球内。外电极为置于金属器内的浸水海绵。

以 1 kV/s 的速度使电压从零上升到所规定电压值的 75%，然后再以 100 V/s 的速度升到规定的电压值，当电压升到表 11-11 规定的电压时，保持 1 min，然后记录毫安表的电流值。

2.4.2.3　试验标准

绝缘靴的试验项目、周期和要求见表 11-11。

表 11-11　绝缘靴的试验项目、周期和要求

项目	周期	要求		
工频耐压试验	半年	额定电压	持续时间	泄漏电流
		25 kV	1 min	≤10 mA

试验完毕后，试验人员应该及时出具试验报告，填写并贴上《安全工器具试验合格证》不干胶标志牌。

2.4.2.4　试验结果判断

试验中被试验绝缘靴不发生电击穿，泄漏电流测量值满足表 11-11 中规定的数值，即认为试验通过。

2.4.2.5　注意事项

1. 试验场地应设置好防护围栏，做好安全防护措施。
2. 试验设备要有良好的接地点。
3. 泄漏电流应在高压端测量，毫安表的位置应距操作者有足够的安全距离。
4. 对于试验不合格的试品，应当场做出不合格标记，防止误用。
5. 绝缘靴的试验应使用铁砂或小钢珠，不宜灌水。

2.4.3　绝缘杆试验

2.4.3.1　试验目的

判断绝缘杆是否符合使用要求，保证工作人员的人身安全。

2.4.3.2　试验方法

1. 仪器选择

试验变压器及操作箱。

2. 试验接线

可参照图 11-4 进行接线测试。

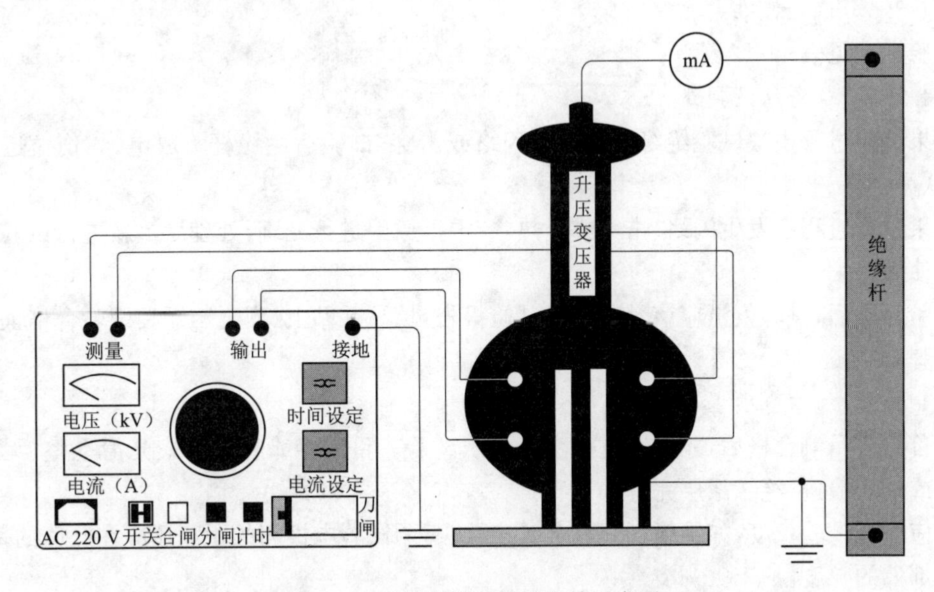

图 11-4　绝缘杆耐压试验电路示意图

3. 试验步骤

(1)试验电极的布置，试验电压应加在工作部分与握手部分之间。高压试验电极布置于绝缘杆的工作部分，接地极布置于握手部分上侧。接地极和高压试验电极以宽 50 mm 的金属销或用导线包绕。

(2)试验长度的选择，高压试验电极和接地极间的长度即为试验长度，根据表 11-12 中规定确定两电极间距离。

表 11-12 试验长度与试验标准等的规定

<table>
<tr><th>序号</th><th>项目</th><th>周期</th><th colspan="3">要求</th><th>说明</th></tr>
<tr><td>1</td><td>启动电压试验</td><td>1 年</td><td colspan="3">启动电压值不高于额定电压的 40%，不低于额定电压的 15%</td><td>电极应与试验电极接触</td></tr>
<tr><td rowspan="8">2</td><td rowspan="8">工频耐压试验</td><td rowspan="8">1 年</td><td>额定电压（kV）</td><td>试验长度（m）</td><td>工频耐压（kV/mm）</td><td>工频耐压时间</td></tr>
<tr><td>10</td><td>0.7</td><td>45</td><td rowspan="5">1 min</td></tr>
<tr><td>35</td><td>0.9</td><td>95</td></tr>
<tr><td>63</td><td>1.0</td><td>175</td></tr>
<tr><td>110</td><td>1.6</td><td>220</td></tr>
<tr><td>220</td><td>2.1</td><td>440</td></tr>
<tr><td>330</td><td>3.2</td><td>380</td><td rowspan="2">5 min</td></tr>
<tr><td>500</td><td>4.1</td><td>580</td></tr>
</table>

(3)施加电压，对于各个电压等级的绝缘杆，施加对应的电压。对于 10～220 kV 电压等级的绝缘杆，加压时间 1 min；对于 330～500 kV 电压等级的绝缘杆，加压时间 5 min。缓慢升高电压，以便能在仪表上准确读数，达到 0.75 倍试验电压值时，以每秒 2%试验电压的升压速率升至规定的耐压值，保持相应的时间，然后迅速降压，但不能突然切断。

2.4.3.3 试验标准

试验标准见表 11-12。

2.4.3.4 试验结果判断

如果试验过程中被试验绝缘杆不发生闪络或击穿，试验后绝缘杆无放电、灼伤痕迹，不发热，则认为合格。

如果试验过程中发生闪络、击穿或过热，应根据原因进行处理，处理后重新进行试验，合格后才能使用。

试验完毕后，试验人员应该及时出具试验报告，填写并贴上《安全工器具试验合格证》不干胶标志牌。

2.4.3.5 注意事项

1. 首先应目测合格后，才可以进行交流耐压试验。目测绝缘杆表面应光滑平整、无裂纹、无划痕或烧灼痕迹，绝缘漆层完好。

2. 应保证试验长度，如绝缘杆间有金属连接头，两试验电极间的距离还应在此值的基础上加金属部件的长度。

3. 可以同时对多根相同额定电压的绝缘杆进行试验。若其中一根发生闪络或放电等，应立即停止试验，剔除异常的绝缘杆，对其他的继续重新试验。

4. 绝缘杆之间应保持一定距离，便于观察试验情况。

5. 应使绝缘杆中间连接的金属部分相互对齐，以防止未对齐时两金属部分间产生悬浮电位差放电。

6. 若试验变压器电压等级达不到试验的要求，可分段进行试验，最多可分成 4 段，分段试验电压应为整体试验电压除以分段数再乘以 1.2 倍的系数，对于分段试验的绝缘杆，应注意加压部位的尺寸须符合规程规定。

2.4.4　验电器试验

2.4.4.1　试验目的

检查验电器声光报警的完好性，检查绝缘杆的绝缘强度是否符合要求，保证验电结果的正确性和操作者的人身安全。

2.4.4.2　试验方法

1. 仪器选择

试验变压器及操作箱。

2. 试验接线

可参照图 11-5 进行接线测试。

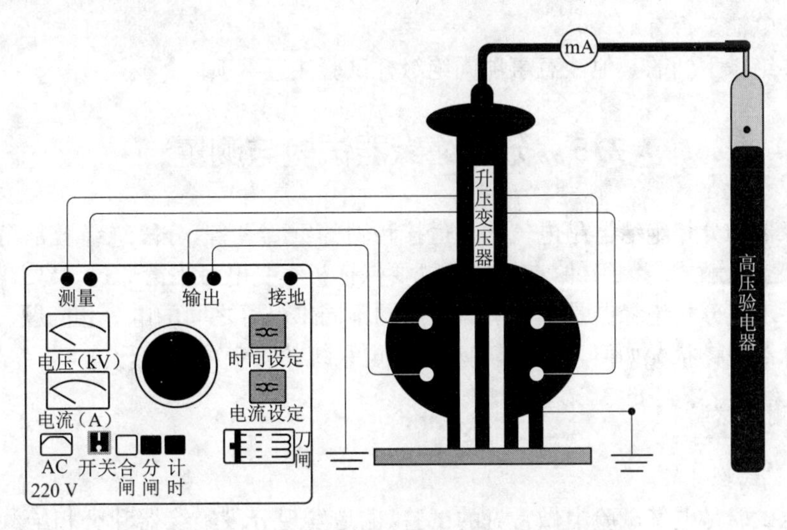

图 11-5　高压验电器启动电压试验电路示意图

3. 试验步骤

(1)验电器启动电压试验

将验电器的接触电极与试验变压器的高压电极相接触，逐渐升高试验变压器的电压，当验电器发出有电的信号时，如“声光”指示等，记录此时的启动电压值。

(2)验电器绝缘手柄工频耐压试验

参照绝缘杆的试验方法执行。

2.4.4.3　试验标准

验电器绝缘手柄工频耐压试验标准见表 11-13。

表 11-13 验电器绝缘手柄工频耐压试验标准

<table>
<tr><th>序号</th><th>项目</th><th>周期</th><th colspan="3">要求</th><th>说明</th></tr>
<tr><td>1</td><td>启动电压试验</td><td>1年</td><td colspan="3">启动电压值不高于额定电压的40%，不低于额定电压的15%</td><td>电极应与试验电极接触</td></tr>
<tr><td rowspan="6">2</td><td rowspan="6">工频耐压试验</td><td rowspan="6">1年</td><td>额定电压(kV)</td><td>试验长度(m)</td><td>工频耐压(kV/mm)</td><td rowspan="6"></td></tr>
<tr><td>10</td><td>0.7</td><td>45</td></tr>
<tr><td>35</td><td>0.9</td><td>95</td></tr>
<tr><td>63</td><td>1.0</td><td>175</td></tr>
<tr><td>110</td><td>1.6</td><td>220</td></tr>
<tr><td>220</td><td>2.1</td><td>440</td></tr>
</table>

2.4.4.4 试验结果判断

如果测量得到的启动电压在0.1～0.4倍额定电压之间，则认为启动电压符合要求。验电器绝缘手柄在耐压中应不发生闪络或击穿，试验后手柄应无放电、灼伤痕迹和发热现象。

试验完毕后，试验人员应该及时出具试验报告，贴上《安全工器具试验合格证》不干胶标志牌。

2.4.4.5 注意事项

1. 首先对验电器进行自检，自检完好后进行启动电压的测试，若验电器不能通过自检，应检查验电器的电池是否有电等。

2. 验电器绝缘手柄的其他注意事项同绝缘杆试验注意事项。

2.5 分段绝缘器试验与测量

分段绝缘器和分相绝缘器是电气化铁道接触网的重要设备，分段绝缘器是衔接相邻两个馈电区段的架空接触式绝缘组件，在结构上既要保证机车受电弓平滑通过，又要满足两端接触网电气隔离要求。分相绝缘器是用来解决接触网不同供电臂之间的电分相问题。故分段绝缘器和分相绝缘器绝缘状况如何，直接影响铁路供电系统的安全可靠运行。

2.5.1 交流耐压试验

2.5.1.1 试验目的

交流耐压试验是电气试验中做常见的试验，也是发现分段绝缘器和分相绝缘器等电气设备绝缘缺陷的最有效试验手段，故分段绝缘器也要进行此项试验。

2.5.1.2 试验方法

1. 仪器选择

现场采用高压试验变压器及控制箱。

2. 试验接线

可参照图11-6所示接线测试。

3. 试验步骤

(1)试验人员应穿好绝缘靴、戴好绝缘手套操作、站在绝缘垫上操作。

(2)连接被试绝缘器，检查调压器是否在零位，零位开关是否正常。

(3)接线前应用专用地线作良好接地，经工作负责人确认方可开始试验。

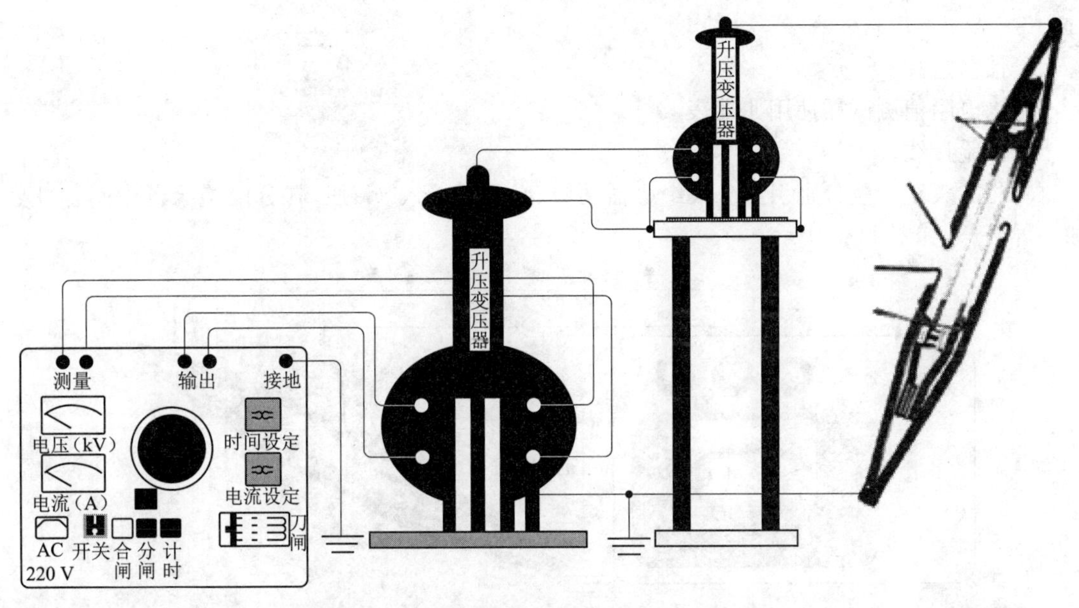

图 11-6　分段绝缘器交流耐压试验接线示意图

(4)接通电源后，试验负责人发出“将要合闸”命令，其他人员退至防护围栏以外，指定操作人员合上闸刀开关后开机，操作者一只手应放在开关板旁边，另一手速度均匀(2～3 kV/s)地将电压升至试验标准电压，为了避免“容升现象”，以阻容分压器指示为准。开始计时(一般要求 1 min)，时间到后，迅速均匀地将试验电压降至零，断开电源。试验过程中，其他试验人员应站在安全地带注意被试设备有无异常声音和弧光，如有异常现象，应高声呼喊“降压”，操作人应立即停止试验查找原因。

2.5.1.3　试验标准

试验电压设置为出厂试验电压的 80%。

2.5.1.4　注意事项

1. 测试前确认安全范围，拉好安全警戒带，挂好警戒标牌“高压危险”，并派专人防护好以防其他人员误入高压区。

2. 测试过程中测试人员应穿好绝缘靴，戴好绝缘手套，站在绝缘垫上进行。测试过程中精力集中，发现有异常情况赶紧切断电源。放电后再检查原因。

3. 试验过程中，电流表的指示突然上升或突然下降，电压表指示突然下降，都是被试品击穿的象征。

4. 试验过程中，若由于空气湿度或被试品表面脏污等影响，引起表面污闪放电，不应视为被试品不合格，应对被试品表面进行清擦、烘干处理后，再重新进行试验判断其合格与否。

2.5.2　测量绝缘电阻

2.5.2.1　试验目的

分段绝缘器常因装卸货物、设备检修等因素而处于对地耐压状态；分相绝缘器则承受两相间电压(正常运行时)或者对地耐压状态(接触网天窗时)。除了进行交流耐压试验外，也可通过测量绝缘电阻获知二者绝缘状况如何。

2.5.2.2　试验方法

1. 仪器选择

绝缘电阻值测试需使用兆欧表。

2. 试验接线

将兆欧表正负极分别引至分段绝缘器两极，必要时接入“G”段，在分段绝缘器中间瓷杆处加一屏蔽环，如图 11-7 所示。

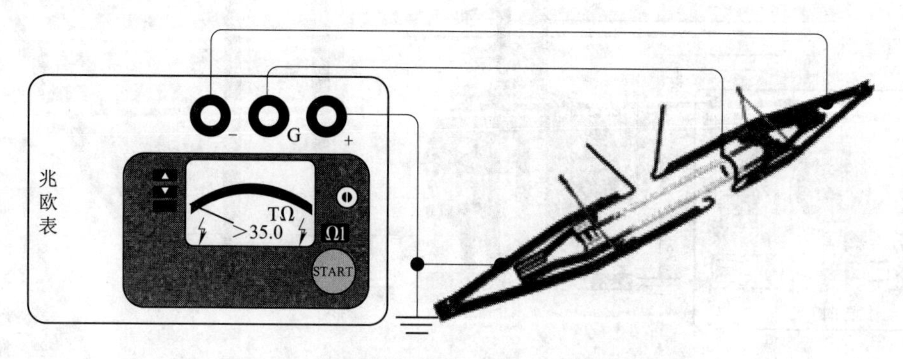

图 11-7　分段绝缘器绝缘电阻测试接线示意图

3. 试验步骤

(1)进行测试前应将绝缘器用干燥清洁的棉纱擦拭表面。

(2)应将兆欧表放在绝缘垫上，操作人应站在绝缘垫上，工作负责人负责安全防护。

(3)按“测试”键，至 60 s 时，记录绝缘电阻的数值(记录试验时环境温度、湿度)。

(4)读取数值后，按“停止”键停止测试，测试仪自动放电。

2.5.2.3　试验结果判断

绝缘子的绝缘电阻值受温度、湿度、绝缘子表面的清洁程度等影响很大，如果排除上述影响，绝缘子的绝缘电阻是很高的。一般绝缘子损坏、有裂纹时，其绝缘电阻也不会降低多少，只有当潮气、灰尘进入裂纹中时，绝缘电阻才会明显降低，由此可知，绝缘电阻的测试，并不能真正保证绝缘子的绝缘程度，但其数值对于实际绝缘的好坏程度，仍有一定的参考作用。

2.5.2.4　注意事项

1. 绝缘电阻试验应在良好的天气，且试品温度及周围环境温度一般不低于+5 ℃条件下进行。

2. 空气相对湿度较大时，绝缘体由于毛细管的作用，吸收较多水分，使得导电率增加，绝缘电阻下降，湿度对于表面的泄漏电流的影响更为明显，所以湿度也是影响绝缘电阻的因素之一，因此试验时应引起足够的重视并采取相应措施：如增加屏蔽环。

3. 兆欧表的引线要绝缘良好，还应与地绝缘，测量时“L”端与“E”端的引线不能碰在一起。如引线要经其他支持物连接时，支持物必须绝缘良好，否则影响测量结果的准确性。

综合练习

1. 单项选择题

(1)绝缘电阻试验应在良好的天气，且试品温度及周围环境温度一般不低于(　　)条件下进行。

A. +5 ℃　　B. 15 ℃　　C. 25 ℃　　D. 40 ℃

(2)一般清洁、干燥的绝缘子损坏、有裂纹时,其绝缘电阻(　　)。

A. 不会变化　B. 不会降低多少　C. 会明显降低　D. 会明显增大

(3)分段绝缘器绝缘电阻测试过程中,若由于空气湿度或被试品表面脏污等影响,引起表面污闪放电,可判定(　　)。

A. 应视被试品不合格

B. 应对被试品表面进行清擦、烘干处理后,再重新进行试验判断其合格与否

C. 需要立即再次进行测试

D. 应视被试品合格

(4)使用兆欧表测量绝缘电阻前后,必须将被测设备(　　)。放电时,作业人员要戴绝缘手套、穿绝缘靴。

A. 对设备外壳放电　B. 对零线或中性点放电

C. 对地放电　D. 正负极短接放电

(5)新建(牵引)变电所、配电所、接触网、电力线路等在投运前,必须对所有电气设备按国家及相关标准进行(　　)。

A. 预防性试验　B. 耐压试验　C. 冲击试验　D. 交接性试验

(6)在高压设备上测量时,应派遣作业小组,其中一人的安全等级不得低于(　　)。

A. 一级　B. 二级　C. 三级　D. 四级

(7)当测量电缆盒处各相电流时,只有在相间距离大于(　　)且绝缘良好时方准进行。

A. 100 mm　B. 300 mm　C. 500 mm　D. 700 mm

(8)测量用的连接电流回路的导线截面积要与被测回路的电流相适应;连接电压回路的导线截面积不得小于(　　)。

A. 1.0 mm^2　B. 1.5 mm^2　C. 2.5 mm^2　D. 4.0 mm^2

(9)当进行电气设备的高压试验时,在作业地点的周围要设围栅,围栅上悬挂(　　)的标示牌(标示牌要面向作业场地外方),并派人看守。

A.“有人工作,禁止合闸!”　B.“在此工作!”

C.“止步,高压危险!”　D.“已接地”

(10)测量接触网绝缘子的绝缘电阻时,采用(　　)兆欧表。

A. 250 V、50 MΩ及以上　B. 500 V、100 MΩ及以上

C. 1 000 V、2 000 MΩ及以上　D. 2 500 V、10 000 MΩ及以上

2. 判断题

(1)在高压设备上使用钳形电流表测量时,测量人员要戴好绝缘手套、穿好绝缘靴并站在绝缘垫上作业。(　　)

(2)测量电缆盒处各相电流,当电缆有一相接地时,接地相严禁作业,其他相允许继续进行测量。(　　)

(3)新购、制作(或大修)的绝缘工具在第一次投入使用前应在分体状态下进行机械强度试验。(　　)

3. 简答与综合题

(1)电气试验和测量的主要目的是什么?

(2)简述如何牵引变电所用绝缘靴进行交流耐压试验时内、外电极的设置方法。

学习情境 12　事故管理

1　理论学习部分

事故是发生在人们的生产、生活活动中的意外事件。事故这种意外事件除了影响人们的生产、生活活动顺利进行之外，往往还可能造成人员伤害、财物损坏或环境污染等其他形式的严重后果。

事故管理是安全管理中一项非常重要的工作，有些工作要求有很高的技术性和严格的政策性。搞好事故管理，对提高企业安全管理水平，防止重复事故发生，具有非常重要的作用。

本部分学习以现行的《铁路交通事故应急救援和调查处理条例》和中华人民共和国铁道部发布的《铁路交通事故调查处理规则》为依据，对文中出现的组织机构如铁道部、安全监管办等名称仍沿用规章中的名称，具体执行过程中请以现行的组织机构为准。

1.1　铁路交通事故调查处理规则

为了加强铁路交通事故的应急救援工作，规范铁路交通事故调查处理，减少人员伤亡和财产损失，保障铁路运输安全和畅通，国务院根据《中华人民共和国铁路法》和其他有关法律的规定，制定了《铁路交通事故应急救援和调查处理条例》(国务院令第 501 号，经 2007 年 6 月 27 日国务院第 182 次常务会议通过的，自 2007 年 9 月 1 日起施行，以下简称《条例》)，《条例》适应范围为铁路交通事故。铁道部为及时准确调查处理铁路交通事故，严肃追究事故责任，防止和减少铁路交通事故的发生，又依据《铁路交通事故应急救援和调查处理条例》制定了《铁路交通事故调查处理规则》(2007 年 8 月 28 日原铁道部令第 30 号公布，自 2007 年 9 月 1 日起施行)。

所谓铁路交通事故是指铁路机车车辆在运行过程中发生冲突、脱轨、火灾、爆炸等影响铁路正常行车的事故，包括影响铁路正常行车的相关作业过程中发生的事故；或者铁路机车车辆在运行过程中与行人、机动车、非机动车、牲畜及其他障碍物相撞的事故。国家铁路、合资铁路、地方铁路以及专用铁路、铁路专用线等发生事故的调查处理，均适用《铁路交通事故调查处理规则》。

铁路交通事故发生后，铁路运输企业和其他有关单位应当及时、准确地报告事故情况，积极开展应急救援工作，减少人员伤亡和财产损失，尽快恢复铁路正常行车。任何单位和个人不得干扰、阻碍事故应急救援、铁路线路开通、列车运行和事故调查处理。

铁道部、铁路安全监督管理办公室(以下简称安全监管办)要加强铁路运输安全监督管理，建立健全铁路交通事故调查处理工作制度，发生事故后应当按照法定的权限和程序，及时组织、参与事故的调查处理。

铁道部、安全监管办的安全监察部门负责铁路交通事故调查处理的日常工作。

铁道部、安全监管办派驻各地的安全监察机构，依据铁路交通事故调查处理规则的规定，分别承担铁道部、安全监管办指定的事故调查处理工作。

铁路运输企业及其他相关单位、个人应及时报告事故情况，如实提供相关证据，积极配合事故调查工作。

事故调查处理应坚持以事实为依据，以法律、法规、规章为准绳，认真调查分析，查明原因，认定损失，定性定责，追究责任，总结教训，提出整改措施。

【典型案例 12-1】

××年12月16日3时12分，某机务段司机马××、学习司机阎××，驾驶东风3型0194号内燃机车，牵引由西安到徐州的368次旅客列车，编组13辆，按照列车运行图规定，应在陇海东线杨庄车站停车6分，等会由南京开往西宁的87次旅客快车。由于司机、学习司机在行车中打瞌睡，运转车长王××擅离岗位，与别人聊天，当列车进入杨庄车站后，没有停车，继续以40 km/h的速度前进，以至越出出站信号机43 m，在1号道岔处与正在以65 km/h的速度进站通过的87次旅客快车第六位车厢侧面相撞，造成重大旅客列车伤亡事故。

图12-1　杨庄事故

事故损失：

旅客伤亡惨重。旅客死亡106人，重伤47人，轻伤171人。

经济损失重大。背侧面冲撞的87次客车的第6、7、8、9节车厢颠覆，第10节车厢脱轨，其中第8、9节车厢被撞碎，368次机车脱轨。中断行车9小时3分，影响客车36列、货车34列。机车中破1台，客车报废3辆、大破2辆，损坏钢轨14根、枕木308根、电动道岔一组，直接损失55.4万多元。

事故性质及处理：

造成杨庄事故中两列旅客列车高速相撞的根本原因，完全是由于担任乘务工作的司机、学习司机和运转车长严重违反劳动纪律。这表明当时劳动纪律的涣散程度，已经到了不可容忍的地步。

事后，当地中级人民法院召开杨庄事故案审判大会，根据我国有关法律规定，对重大事故直接责任人司机马××判处有期徒刑10年；判处事故直接责任人学习司机阎××有期徒刑5年；判处事故直接责任人运转车长王××有期徒刑3年，缓刑3年。同时国务院和原铁道部分别对有关部局、分局、站段的领导给予严肃的行政处分。

1.1.1 铁路交通事故分类

根据事故造成的人员伤亡、直接经济损失、列车脱轨辆数、中断铁路行车时间等情形，铁路交通事故等级分为特别重大事故、重大事故、较大事故和一般事故。

有下列情形之一的，为特别重大事故：

1. 造成 30 人以上死亡。

2. 造成 100 人以上重伤(包括急性工业中毒)。

3. 造成 1 亿元以上直接经济损失。

4. 繁忙干线客运列车脱轨 18 辆以上并中断铁路行车 48 h 以上。

5. 繁忙干线货运列车脱轨 60 辆以上并中断铁路行车 48 h 以上。

有下列情形之一的，为重大事故：

1. 造成 10 人以上 30 人以下死亡。

2. 造成 50 人以上 100 人以下重伤(包括急性工业中毒)。

3. 造成 5 000 万元以上 1 亿元以下直接经济损失。

4. 客运列车脱轨 18 辆以上。

5. 货运列车脱轨 60 辆以上。

6. 客运列车脱轨 2 辆以上 18 辆以下，并中断繁忙干线铁路行车 24 h 以上或者中断其他线路铁路行车 48 h 以上。

7. 货运列车脱轨 6 辆以上 60 辆以下，并中断繁忙干线铁路行车 24 h 以上或者中断其他线路铁路行车 48 h 以上。

有下列情形之一的，为较大事故：

1. 造成 3 人以上 10 人以下死亡。

2. 造成 10 人以上 50 人以下重伤(包括急性工业中毒)。

3. 造成 1 000 万元以上 5 000 万元以下直接经济损失。

4. 客运列车脱轨 2 辆以上 18 辆以下。

5. 货运列车脱轨 6 辆以上 60 辆以下。

6. 中断繁忙干线铁路行车 6 h 以上。

7. 中断其他线路铁路行车 10 h 以上。…

一般事故又可分为：一般 A 类事故、一般 B 类事故、一般 C 类事故、一般 D 类事故。

有下列情形之一，未构成较大以上事故的，为一般 A 类事故：

A1 造成 2 人死亡。

A2 造成 5 人以上 10 人以下重伤(包括急性工业中毒)。

A3 造成 500 万元以上 1 000 万元以下直接经济损失。

A4 列车及调车作业中发生冲突、脱轨、火灾、爆炸、相撞，造成下列后果之一的：

A4.1 繁忙干线双线之一线或单线行车中断 3 h 以上 6 h 以下，双线行车中断 2 h 以上 6 h 以下。

A4.2 其他线路双线之一线或单线行车中断 6 h 以上 10 h 以下，双线行车中断 3 h 以上 10 h 以下。

A4.3 客运列车耽误本列 4 h 以上。

A4.4 客运列车脱轨 1 辆。

A4.5 客运列车中途摘车 2 辆以上。

A4.6 客车报废 1 辆或大破 2 辆以上。

A4.7 机车大破 1 台以上。

A4.8 动车组中破 1 辆以上。

A4.9 货运列车脱轨 4 辆以上 6 辆以下。

有下列情形之一，未构成一般 A 类以上事故的，为一般 B 类事故：

B1 造成 1 人死亡。

B2 造成 5 人以下重伤(包括急性工业中毒)。

B3 造成 100 万元以上 500 万元以下直接经济损失。

B4 列车及调车作业中发生冲突、脱轨、火灾、爆炸、相撞，造成下列后果之一的：

B4.1 繁忙干线行车中断 1 h 以上。

B4.2 其他线路行车中断 2 h 以上。

B4.3 客运列车耽误本列 1 h 以上。

B4.4 客运列车中途摘车 1 辆。

B4.5 客车大破 1 辆。

B4.6 机车中破 1 台。

B4.7 货运列车脱轨 2 辆以上 4 辆以下。

有下列情形之一，未构成一般 B 类以上事故的，为一般 C 类事故：

C1 列车冲突。

C2 货运列车脱轨。

C3 列车火灾。

C4 列车爆炸。

C5 列车相撞。

C6 向占用区间发出列车。

C7 向占用线接入列车。

C8 未准备好进路接、发列车。

C9 未办或错办闭塞发出列车。

C10 列车冒进信号或越过警冲标。

C11 机车车辆溜入区间或站内。

C12 列车中机车车辆断轴，车轮崩裂，制动梁、下拉杆、交叉杆等部件脱落。

C13 列车运行中碰撞轻型车辆、小车、施工机械、机具、防护栅栏等设备设施或路料、坍体、落石。

C14 接触网接触线断线、倒杆或塌网。

C15 关闭折角塞门发出列车或运行中关闭折角塞门。

C16 列车运行中刮坏行车设备设施。

C17 列车运行中设备设施、装载货物(包括行包、邮件)、装载加固材料(或装置)超限(含按超限货物办理超过电报批准尺寸的)或坠落。

C18 装载超限货物的车辆按装载普通货物的车辆编入列车。

C19 电力机车、动车组带电进入停电区。

C20 错误向停电区段的接触网供电。

C21 电化区段攀爬车顶耽误列车。

C22 客运列车分离。

C23 发生冲突、脱轨的机车车辆未按规定检查鉴定编入列车。

C24 无调度命令施工，超范围施工，超范围维修作业。

C25 漏发、错发、漏传、错传调度命令导致列车超速运行。

有下列情形之一，未构成一般 C 类以上事故的，为一般 D 类事故：

D1 调车冲突。

D2 调车脱轨。

D3 挤道岔。

D4 调车相撞。

D5 错办或未及时办理信号致使列车停车。

D6 错办行车凭证发车或耽误列车。

D7 调车作业碰轧脱轨器、防护信号，或未撤防护信号动车。

D8 货运列车分离。

D9 施工、检修、清扫设备耽误列车。

D10 作业人员违反劳动纪律、作业纪律耽误列车。

D11 滥用紧急制动阀耽误列车。

D12 擅自发车、开车、停车、错办通过或在区间乘降所错误通过。

D13 列车拉铁鞋开车。

D14 漏发、错发、漏传、错传调度命令耽误列车。

D15 错误操纵、使用行车设备耽误列车。

D16 使用轻型车辆、小车及施工机械耽误列车。

D17 应安装列尾装置而未安装发出列车。

D18 行包、邮件装卸作业耽误列车。

D19 电力机车、动车组错误进入无接触网线路。

D20 列车上工作人员往外抛掷物体造成人员伤害或设备损坏。

D21 行车设备故障耽误本列客运列车 1 h 以上，或耽误本列货运列车 2 h 以上；固定设备故障延时影响正常行车 2 h 以上(仅指正线)。

铁道企业可对影响行车安全的其他情形，列入一般事故。

因事故死亡、重伤人数 7 日内发生变化，导致事故等级变化的，相应改变事故等级。

1.1.2　事故报告

1. 事故发生后，事故现场的铁路运输企业工作人员或者其他人员应当立即向邻近铁路车站、列车调度员、公安机关或者相关单位负责人报告。有关单位和人员接到报告后，应立即将事故情况向企业负责人和事故发生地安全监管办安全监察值班人员报告，安全监管办安全监察值班人员按规定向安全监管办负责人报告。

2. 铁路运输企业列车调度员要认真填写《铁路交通事故(设备故障)概况表》(安监报 1)，分别向事故发生地安全监管办安全监察值班人员、铁道部列车调度员报告。

事故发生地安全监管办安全监察值班人员接到“安监报 1”或现场事故报告后，要立即填写《铁路交通事故基本情况表》(安监报 3)，并向铁道部安全监察司值班人员报告。报告后要进一步了解事故情况,及时补报"安监报3"。

3.涉及其他安全监管办辖区的事故,发生地安全监管办安全监察值班人员应及时将"安监报3"传送至相关安全监管办的安全监察部门。

4.铁道部列车调度员接到事故报告后,应及时收取或填写"安监报1",并立即向值班处长和安全监察司值班人员报告;值班处长、安全监察司值班人员按规定分别向本部门负责人、铁道部报告,由部门负责人向上级领导报告。事故涉及其他部门时,由铁道部通知相关部门负责人。

5.发生特别重大事故、重大事故,由铁道部负责向国务院办公厅报告,并通报国家安全生产监督管理总局等有关部门。

发生特别重大事故、重大事故、较大事故或者有人员伤亡的一般事故,安全监管办应向事故发生地县级以上地方人民政府及其安全生产监督管理部门通报。

6.事故报告的主要内容:

(1)事故发生的时间、地点、区间(线名、公里、米)、线路条件、事故相关单位和人员。

(2)发生事故的列车种类、车次、机车型号、部位、牵引辆数、吨数、计长及运行速度。

(3)旅客人数,伤亡人数、性别、年龄以及救助情况,是否涉及境外人员伤亡。

(4)货物品名、装载情况,易燃、易爆等危险货物情况。

(5)机车车辆脱轨辆数、线路设备损坏程度等情况。

(6)对铁路行车的影响情况。

(7)事故原因的初步判断,事故发生后采取的措施及事故控制情况。

(8)应当立即报告的其他情况。

7.事故报告后,人员伤亡、脱轨辆数、设备损坏等情况发生变化时,应及时补报。

8.事故现场通话按"117"立接制应急通话级别办理。

"117"是铁路应急通信专用电话号码。铁路应急通信,顾名思义是应付紧急事件的通信,它必须是多功能,多手段,机动灵活,在各种情况下都能迅速实施的通信,一般在抢险救灾等情况下使用。发生自然灾害或行车事故时,铁路应急通信要保证现场与指挥中心迅速联络。按照规范要求,通信抢险救援人员到达事故现场后,应接通"117"抢险专用电话、行调电话,有条件的地方还要接通2部自动电话,并负责图像、视频的传送工作。

9.国铁集团、安全监管办、铁路运输企业应向社会公布事故报告值班电话,受理事故报告和举报。

1.1.3 事故调查

1.特别重大事故按《条例》规定由国务院或国务院授权的部门组织事故调查组进行调查。

2.重大事故由铁道部组织事故调查组进行调查。调查组组长由铁道部负责人或指定人员担任,安全监察司、运输局、公安局等部门和铁道部派出机构、相关安全监管办等部门(单位)派员参加。

3.较大事故和一般事故由事故发生地安全监管办组织事故调查组进行调查。调查组组长由安全监管办负责人或指定人员担任,安全监管办安全监察部门、有关业务处室、公安机关等部门派员参加。

铁道部认为必要时,可以参与或直接组织对较大事故和一般事故进行调查。

4.根据事故的具体情况,事故调查组还可由工会、监察机关有关人员以及有关地方人民政府、公安机关、安全生产监督管理部门等单位派人组成，并应当邀请人民检察院派人参加。事故调查组认为必要时，可以聘请有关专家参与事故调查。

5. 发生一般B类以上、重大以下事故(不含相撞的事故)，涉及其他安全监管办辖区时，事故发生地安全监管办应当在事故发生后12 h内发出电报通知相关安全监管办。相关安全监管办接到电报后，应当立即派员参加事故调查组。

6. 自事故发生之日起7日内，因事故伤亡人数变化导致事故等级发生变化，依照《条例》规定由上级机关调查的，原事故调查组应当及时报告上级机关。

7. 事故调查组履行下列职责：

(1)查明事故发生的经过、原因、人员伤亡情况及直接经济损失。

(2)认定事故的性质和事故责任。

(3)提出对事故责任者的处理建议。

(4)总结事故教训，提出防范和整改措施建议。

(5)提交事故调查报告。

8. 事故调查组在事故发生后应当及时通知相关单位和人员；一般B类以上、重大以下的事故(不含相撞的事故)发生后，应当在12 h内通知相关单位，接受调查。

9. 事故调查组到达现场前，组织事故调查组的机关可指定临时调查组组长，组成临时调查组，勘查现场，掌握人员伤亡、机车车辆脱轨、设备损坏等情况，保存痕迹和物证，查找事故线索及原因，做好调查记录，及时向事故调查组报告。

10. 事故调查组到达后，发生事故的有关单位必须主动汇报事故现场真实情况，并为事故调查提供便利条件。事故发生单位的负责人和有关人员在事故调查期间应当随时接受事故调查组的询问，如实提供有关资料和物证。

事故调查组有权向有关单位和个人了解与事故有关的情况，并要求其提供相关文件、资料，有关单位和个人不得拒绝。

11. 事故调查组根据需要，可组建若干专业小组，进行调查取证。

(1)搜集事故现场物证、痕迹，测量并按专业绘制事故现场示意图，标注现场设备、设施、遗留物的名称、尺寸、位置、特征等。

需要搬动伤亡者、移动现场物体的，应做出标记，妥善保存现场的重要痕迹、物证；暂时无法移动的，应予守护，并设明显标志。

(2)询问事故当事人及相关人员，收取口述、笔述、笔录、证照、档案，并复制、拍照。不能书写书面材料的，由事故调查组指定人员代笔记录并经本人签认。无见证人或者当事人、相关人员拒绝签字的，应当记录在案。

(3)对事故现场全貌、方位、有关建筑物、相关设备设施、配件、机动车、遗留物、致害物、痕迹、尸体、伤害部位等进行拍照、摄像。及时转储、收存安全监控、监测、录音、录像等设备的记录。

(4)收取伤亡人员伤害程度诊断报告、病理分析、病程救治记录、死亡证明、既往病历和健康档案资料等。

(5)对有涂改、灭失可能或以后难以取得的相关证据进行登记封存。

(6)查阅有关规章制度、技术文件、操作规程、调度命令、作业记录、台账、会议记录、安全教育培训记录、上岗证书、资质证书、承(发)包合同、营业执照、安全技术交底资料等，必要时将原件或复印件附在调查记录内。

(7)对有关设备、设施、配件、机动车、器具、起因物、致害物、痕迹、现场遗留物等进行技术分析、检测和试验，组织笔迹鉴定，必要时组织法医进行尸表检验或尸体解剖，并写出专题报告。

(8)脱轨事故发生后，在全面调查的基础上，必要时应对事故地点前后一定长度范围内的线路设备进行检查测量，并调阅近期内该段线路质量检测情况；对事故地点前方(列车运行相反方向)一定长度的线路范围内，有无机车车辆配件脱落、刮碰行车设备的痕迹等进行检查，对脱轨列车中有关的机车车辆进行检查测量，并调阅脱轨机车车辆近期内运行情况监测记录。

12. 事故调查中需要对相关的铁路设备、设施进行技术鉴定或者对财产损失状况以及中断铁路行车造成的直接经济损失进行评估的，事故调查组应当委托具有国家规定资质的机构进行技术鉴定或者评估。技术鉴定或者评估所需时间不计入事故调查期限。

13. 各专业小组应按调查组组长的要求，及时提交专业小组调查报告。调查组组长应组织审议专业小组调查报告，并研究形成《铁路交通事故调查报告》，由调查组所有成员签认。调查组成员意见不一致时，应在事故报告中分别进行表述，报组织调查的机关审议、裁定。

14. 事故调查中发现涉嫌犯罪的，事故调查组应当及时将有关证据、材料移交司法机关。

15.《铁路交通事故调查报告》应包括下列内容：

(1)事故概况。

(2)事故造成的人员伤亡和直接经济损失。

(3)事故发生的原因和事故性质。

(4)事故责任的认定以及对事故责任者的处理建议。

(5)事故防范和整改措施建议。

(6)与事故有关的证明材料。

16. 事故调查组应在下列期限内向组织事故调查组的机关提交《铁路交通事故调查报告》：

(1)特别重大事故的调查期限为 60 日。

(2)重大事故的调查期限为 30 日。

(3)较大事故的调查期限为 20 日。

(4)一般事故的调查期限为 10 日。

事故调查期限自事故发生之日起计算。

17. 事故调查组形成《铁路交通事故调查报告》，报组织事故调查的机关同意后，事故调查组的工作即告结束。铁道部、安全监管办的安全监察部门应在事故调查组工作结束后 15 日之内，根据事故报告，制作《铁路交通事故认定书》，经批准后，送达相关单位。

一般 B 类以上、重大以下事故(相撞事故为较大事故)的档案材料，应报国家铁路集团公司备案(3 份)。

18. 铁道部发现安全监管办对事故认定不准确时，应予以纠正。必要时，可另行组织调查。

19. 事故调查组成员在事故调查工作中应诚信公正、恪尽职守，遵守事故调查组的纪律，保守事故调查的秘密。未经事故调查组组长允许，调查组成员不得擅自发布有关事故的调查信息。

20. 调查事故应配备必要的调查设备和装备，保证调查工作顺利进行。调查设备和装备包括通信设备、摄影摄像设备、录音设备、绘图制图设备、便携电脑以及其他必要的装备。

21.《铁路交通事故认定书》是事故赔偿、事故处理以及事故责任追究的依据。

《铁路交通事故认定书》应按照铁道部规定的统一格式制作，内容包括：

(1)事故发生的原因和事故性质。

(2)事故造成的人员伤亡和直接经济损失。

(3)事故责任的认定。

(4)对有关责任单位及人员的处理决定或建议。

22. 事故责任单位接到《铁路交通事故认定书》后，于 7 日内，填写《铁路交通事故处理报告表》(安监报 2)，按规定报送《铁路交通事故认定书》制作机关，并存档。

1.1.4 事故责任判定和损失认定

1.1.4.1 事故责任判定

1. 事故分为责任事故和非责任事故。

事故责任分为全部责任、主要责任、重要责任、次要责任和同等责任。

2. 铁路运输企业或相关单位发布的文电，违反法律法规、铁路规章或铁路相关技术标准和作业标准等，直接导致事故发生的，定发文电单位责任。

3. 因设备管理不善造成的事故，定设备管理单位责任。

4. 因产品质量不良造成事故，属设计、制造、采购、检修等单位责任的，定相关单位责任；应采用经行政许可或强制认证的产品而采用其他产品的，追究采用单位责任；采购不合格或不达标产品的，追究采购单位责任。

5. 自然灾害原因导致的事故，因防范措施不到位，定责任事故。确属不可抗力原因导致的事故，定非责任事故。

【典型案例 12-2】

某车站 84 号柱为 AT 供电方式附加悬挂正馈线(AF 线)和保护线(PW 线)转角柱，正馈线悬式绝缘子串受转角 AF 线拉力作用，偏向钢柱 84 号柱方向，保护线与正馈线间连接跳线在前期施工调整时，跳线弛度过大，距正馈线较近(不足 300 mm)。3 月 19 日 14 时 10 分天气刮大风(风力达七级左右)，弛度过大的跳线在风力作用下与正馈线之间空气绝缘间隙时大时小，到 14 时 15 分当间隙不能保证绝缘需要时，空气间隙放电击穿，引起变电所保护动作，设备跳闸，14 时 16 分接触网工区接到电力调度员事故抢修通知。在受影响的 68 min 时间内连续跳闸三次，累计停电时间 61 min。影响列车 6 列(其中客车 1 列，货车 5 列)。

案例分析：

施工时正馈线和保护线间连接跳线与正馈线间空气绝缘间隙过小，有较大弛度的跳线在大风作用下使跳线与正馈线间空气绝缘间隙更小，以至于不能满足绝缘需要而放电直至击穿，引起变电所跳闸，中断供电，列设备管理单位责任跳闸事故。

【典型案例 12-3】

××年 2 月 28 日 2 时 05 分，由乌鲁木齐开往新疆南部城市阿克苏的 5807 次列车运行至南疆铁路珍珠泉至红山渠站间公里标 K42＋300 处时，因瞬间大风造成该次列车机后 9 至 19 位车辆脱轨，并造成 3 名旅客死亡，2 名旅客重伤，32 名旅客轻伤，南疆铁路被迫中断行车近 10 h。1 100 余名旅客分别乘坐救援列车和大轿车转往目的地，受伤人员也被及时送到事发地附近的吐鲁番和托克逊医院进行救治。

案例分析：

火车脱轨应为瞬时狂风所致。新疆地处我国西北部，常逢大风季节，火车在经过新疆多处铁路时常常会碰到“百里风区”。据当地铁路部门介绍，出事的地点正好处于这样的地区。来自中央气象台的监测资料显示，吐鲁番地区当时并未观测到沙尘暴天气，火车脱轨应是瞬时特大风力所致。中央气象台首席预报员杨贵名表示，根据吐鲁番地区两个观测站提供的气象资料分析，当时两个观测站只观测到浮尘天气，并没有沙尘暴的信息，因此如果火车脱轨是由于气象原因，应该是因为瞬时风力比较大。

图 12-2　瞬时狂风致火车脱轨

6. 营业线施工中发生责任事故，属工程建设、设计、监理、施工等原因造成的，定上述相关单位责任；同时追究设备管理单位责任。

已经竣工验收的设备，因质量问题发生责任事故，确属工程建设、设计、施工、监理等单位责任的，定上述相关单位责任；属设备管理不善的，定设备管理单位责任。

7. 涉嫌人为破坏造成的事故，在公安机关确认前，定发生单位责任事故；经公安机关确认属人为破坏原因造成的，定发生单位非责任事故。

8. 机车车辆断轴造成事故，由于探测、监测工作人员违章违纪或设备不良、管理不善等原因造成漏报、误报或预报后未及时拦停列车的，定相关单位责任。由于货物超载、偏载造成车辆断轴事故，定装车站或作业站责任。

9. 因列车折角塞门关闭造成事故，无法判明责任的定发生地铁路运输企业责任事故。

10. 错误办理行车凭证发车或耽误列车事故的责任划分：司机起动列车，定车务、机务单位责任；司机发现未动车，定车务单位责任；通过列车司机未及时发现，定车务、机务单位责任；司机发现及时停车，定车务单位责任。

11. 应停车的客运列车错办通过，定车站责任；在区间乘降所错误通过，定机务单位责任。

12. 因断钩导致列车分离事故，断口为新痕时定机务单位责任（司机未违反操作规程的除外），断口旧痕时定机车车辆配属或定检单位责任；机车车辆车钩出现超标的砂眼、夹渣或气孔等铸造缺陷定制造单位责任。

未断钩造成的列车分离事故根据具体情况进行分析定责。

13. 因货物装载加固不良造成事故，定货物承运单位责任；属托运人自装货物的，定托运人责任，货物承运单位监督检查失职的，追究货物承运单位同等责任。因调车作业超速连挂和“禁溜车”溜放等造成货物装载加固状态破坏而引发的事故，定违章作业站责任；因押运人员在运输途中随意搬动货物和降低货物装载加固质量而引发的事故，定押运人员所在单位责任，货物承运单位管理失职的，追究同等责任；货检人员未认真履行职责的，追究货检人员所在单位同等责任。因卸车质量不良造成事故，定卸车单位责任，同时追究负责检查的单位责任。

14. 自轮运转设备编入列车因质量不良发生事故时，定设备配属单位责任；过轨检查失职的，定检查单位责任；违规挂运的，定编入或同意放行的单位责任。

15. 因临时租(借)用其他单位的设备设施、人员，发生事故，定使用单位责任。

产权单位委托其他单位维修设备设施，因维修质量不良造成事故，定维修单位责任；产权单位管理不善的，追究其同等责任。

16. 凡经铁道部批准或铁路运输企业批准并报铁道部核备后的技术革新项目、科研项目在运营线上试验时，在限定的试验期限内确因试验项目本身原因发生事故，不定责任事故；但由于违反操作规程以及其他人为因素造成的事故，定责任事故。

17. 事故发生后，因发生单位未如实提供情况，导致不能查明事故原因和判定责任的，定发生单位责任。

18. 事故涉及两个以上单位管理的相关设备，设备质量均未超过临修或技术限度时，按事故因果关系进行推断，确定责任单位。

19. 事故调查组未及时通知有关单位接受事故调查，不得定有关单位责任。有关单位接到通知后，应派员而未派员接受事故调查的，事故调查组可以直接定责。

20. 铁路作业人员在从事与行车相关的作业过程中，不论作业人员是否在其本职岗位，由于违反操作规程、作业纪律，或铁路运输生产设备设施、劳动条件、作业环境不良，或安全管理不善等造成伤亡，定责任事故。具体情形按以下规定办理：

(1)乘务人员及其他作业人员在企业内候班室、外地公寓、客车宿营车等处候班、间休期间，因违章违纪、设备设施不良等造成伤亡，定有关单位责任。

(2)作业人员在疏导道口、引导或帮助旅客上下车、维持站车秩序过程中被列车撞轧而伤亡的，定作业人员所在单位责任。

(3)事故发生过程中，作业人员在避险或进行事故抢险时因违章作业再次发生伤亡，应按同一件事故定责；事故过程已终止，在事故救援、抢修、复旧及处理中又发生事故导致伤亡的，按另一件事故定责。

(4)铁路运输企业所属临管铁路发生的责任伤亡事故，定该企业责任事故。

(5)作业人员在工作或间歇时间擅自动用铁路运输设备设施、工具等导致伤亡的，定该作业人员所在单位责任事故，同时追究设备设施配属(或管理)单位的责任。

(6)作业人员因患有职业禁忌症而导致行为失控，造成伤亡的，定该作业人员所在单位责任。

(7)两个及以上铁路运输企业在交叉作业中发生伤亡，定主要责任单位事故；若各方责任均等，定伤亡人员所在单位责任，同时追究其他相关单位责任。若各方责任均等且均有人员伤亡，分别定责任事故。

21. 作业人员发生伤亡，经二级以上医院、急救中心诊断或经法医检验、解剖，证明系因脑出血、心肌梗死、猝死等突发性疾病所致，并按事故处理权限得到事故调查组确认的，不定责任事故。医院等级不够的，须经法医进行尸表检验或尸体解剖鉴定。法医尸检或解剖鉴定报告结论不确定的，定责任事故。

22. 作业人员伤亡事故原因不清，或公安机关已立案但尚无明确结论的，定责任事故。暂时不能确定事故性质、责任的，按待定办理。若跨年度仍不能确定或处理时间超过法定期限的，定伤亡人员所在单位责任。在年度统计截止前，该事故已查清并做出与原处理决定相反结论的，可向原处理部门申请更正。

23.铁路机车车辆与行人、机动车、非机动车、牲畜及其他障碍物相撞造成事故，按以下规定判定责任。

(1)事故当事人违章通过平交道口或者人行过道，或者在铁路线路上行走、坐卧造成人身伤亡，定事故当事人责任。

(2)事故当事人逃逸或者有证据证明当事人故意破坏、伪造现场、毁坏证据，定事故当事人责任。

(3)事故当事人违反国家法律法规，有明显过失的，按过错的严重程度，分别承担责任。

24.铁道部、安全监管办有关部门及其人员未能依法履行职责，发生下列情形之一的，应当追究其行政责任。涉嫌犯罪的，移送司法机关处理。

(1)违反国家公布的技术标准或铁道部颁布的规章、技术管理规程和作业标准，擅自公布部门技术标准，导致事故发生的，追究相关部门及其人员的责任。

(2)在实施行政许可、强制认证、技术审查或鉴定，以及产品设备验收等监督管理职责的过程中，违反法定权限、法定程序和有关规定，或对相关产品设备等监督检查不力，造成不合格、不达标产品设备等投入运用，导致事故发生的，追究相关部门及其人员的责任。

1.1.4.2　事故损失认定

1.事故相关单位要如实统计、申报事故直接经济损失，制作明细表，经事故调查组确认后，在《铁路交通事故认定书》中认定。

2.下列费用列入事故直接经济损失：

(1)铁路机车车辆、线路、桥隧、通信、信号、供电、信息、安全、给水等设备设施的损失费用。报废设备按报废设备账面净值计算，或按照市场重置价计算；破损设备设施按修复费用计算。

(2)铁路运输企业承运的行包、货物的损失费用。

(3)事故中死亡和受伤人员的处理、处置、医治等费用(不含人身保险赔偿费用)。

(4)被撞机动车、非机动车、牲畜等财产物资，造成的报废或修复费用。

(5)行车中断的损失费用。

(6)事故应急处置和救援费用。

(7)其他与事故直接有关的费用。

3.有作业人员伤亡的，直接经济损失统计范围、计算方法等按《企业职工伤亡事故经济损失统计标准》(GB 6721—1986)执行。

4.负有事故全部责任的，承担事故直接经济损失费用的100%；负有主要责任的，承担损失费用的50%以上；负有重要责任的，承担损失费用的30%以上、50%以下；负有次要责任的，承担损失费用的30%以下。

有同等责任、涉及多家责任单位承担损失费用时，由事故调查组根据责任程度依次确定损失承担比例。

负同等责任的单位，承担相同比例的损失费用。

1.1.5　事故统计、分析

1.国家铁路集团公司、安全监管办、铁路运输企业及基层单位应按照铁路交通事故调查处理规则规定，建立事故统计分析制度，健全统计分析资料，并按规定及时报送。

各级安全监察部门负责事故统计分析报告的日常工作，并负责监督指导有关部门(单位)做好事故统计分析报告工作。

2.事故的统计报告应当坚持及时、准确、真实、完整的原则。

3.事故的统计应按照事故类别、等级、性质、原因、部门、责任等项目分别进行统计。

4.每日事故的统计时间，由上一日18时至当日18时止。但填报事故发生时间时，应以实际时间为准，即以零点改变日期。

5.责任事故件数统计在负全部责任、主要责任的单位，非责任事故和待定责事故件数统计在发生单位，相撞事故统计在发生单位。

负同等责任或追究同等责任的，在总数中不重复统计件数。

6.一起事故同时符合两个以上事故等级的，以最高事故等级进行统计。

7.发生人员伤亡的事故应按以下规定统计：

(1)人员在事故中失踪，至事故结案时仍未找到的，按死亡统计。

(2)事故受伤人员因正常手术治疗而加重伤害程度的，按手术后的伤害程度统计。

(3)事故受伤人员经救治无效，在7日内死亡，按死亡统计；经医疗事故鉴定委员会确认为医疗事故的，或7日后死亡的，按原伤害程度统计。

(4)事故受伤人员在7日内由轻伤发展成重伤的，按重伤统计。

(5)未经医疗事故鉴定委员会确认为医疗事故的伤亡，按责任事故统计。

(6)相撞事故发生后，经调查确认为自杀、他杀的，不在伤亡人数中统计。

8.铁路各级安全监察部门应建立《铁路交通事故登记簿》(安监统1)、《铁路交通事故统计簿》(安监统2)、《铁路运输企业安全天数登记簿》(安监统3)、《铁路作业人员伤亡登记簿》(安监统4)和《铁路交通事故分析会记录簿》。

铁路运输企业专业部门、各基层站段应分别填记《铁路交通事故登记簿》(安监统1)，并建立《铁路交通事故分析会记录簿》。

以上台账长期保存。

9.有关部门、单位应按以下规定填写、传送、管理各种事故表报。

(1)各级安全监察部门须建立《铁路交通事故(设备故障)概况表》(安监报1)和《铁路交通事故基本情况表》(安监报3)的管理制度，规范统计、分析、总结、报送及保管工作。要及时补充填记“安监报3”各项内容，事故结案后，必须准确填写。

铁路运输企业调度部门应当及时、如实填写《铁路交通事故(设备故障)概况表》(安监报1)，建立登记簿，进行统计分析，并制定管理制度。

铁路运输企业的专业部门应当建立“安监报1”登记簿，认真统计分析。

(2)安全监管办须建立《铁路交通事故处理报告表》(安监报2)管理制度。基层单位按要求做好填记上报。“安监报2”保管3年。

(3)安全监管办于月、半年、年度后次月5日前填写《铁路交通事故报告表》(安监报4)，报国家铁路集团公司。“安监报4”长期保存。

(4)安全监管办于月、半年、年度后次月5日前填写《铁路交通事故路外伤亡统计分析表》(安监报5)，报铁道部。“安监报5”长期保存。

(5)有从业人员伤亡的事故，事故发生单位填写《铁路作业人员伤亡概况表》(安监报6—1)，上报安全监管办；一般B类以上事故，安全监管办填写《铁路作业人员伤亡概况表》(安监报6—1)，上报铁道部。

安全监管办于次月5日前(次年1月10日前)，填写《铁路作业人员伤亡统计报表》(安监报6—2)，报铁道部。

10. 铁道部所属铁路运输企业每月 27 日前将本月安全分析总结报铁道部安全监察司。企业内部各业务部门须按月、半年、年度，对本系统事故进行分析总结，向上级主管部门报告，并抄送安全监管办安全监察部门。

合资铁路、地方铁路、专用铁路须按月、半年、年度，对本单位事故进行分析，并报安全监管办。

1.1.6　罚则

1. 铁路运输企业及其职工违反法律、行政法规的规定，造成事故的，由铁道部或者安全监管办依法追究行政责任。构成犯罪的，依法追究刑事责任。

2. 铁路运输企业及其职工迟报、漏报、瞒报、谎报事故的，对单位，由铁道部或安全监管办处 10 万元以上 50 万元以下的罚款；对个人，由铁道部或安全监管办处 4 000 元以上 2 万元以下的罚款；属于国家工作人员的，依法给予处分；构成犯罪的，依法追究刑事责任。

3. 安全监管办迟报、漏报、瞒报、谎报事故的，由铁道部对直接负责的主管人员和其他直接责任人员依法给予处分；构成犯罪的，依法追究刑事责任。

4. 干扰、阻碍事故调查处理的，对单位，由铁道部或安全监管办处 4 万元以上 20 万元以下的罚款；对个人，由铁道部或安全监管办处 2 000 元以上 1 万元以下的罚款；情节严重的，对单位，由铁道部或安全监管办处 20 万元以上 100 万元以下的罚款；对个人，由铁道部或安全监管办处 1 万元以上 5 万元以下的罚款；属于国家工作人员的，依法给予处分；构成违反治安管理行为的，由公安机关依法给予治安管理处罚；构成犯罪的，依法追究刑事责任。

5. 在事故调查中，调查人员索贿受贿、借机打击报复或不负责任，致使调查工作有重大疏漏的，由组成事故调查组的机关给予处分，构成犯罪的，依法追究刑事责任。

1.2　电气化铁路接触网故障抢修规则

1.2.1　总则

1. 接触网是电气化铁路重要的行车设备，是向电力机车、电动车组等移动设备安全可靠供电的特殊输电线路，一旦故障停电，将直接影响行车秩序。为了规范和加强接触网故障（或事故，下同）抢修工作，依据《铁路交通事故应急救援和调查处理条例》（国务院令第 501 号），制定电气化铁路接触网故障抢修规则。

2. 电气化铁路接触网故障抢修规则适用于电气化铁路接触网故障、事故抢修及自然灾害和其他事故引起的接触网修复、配合工作。

3. 铁路各级管理部门应按照各自的职责和分工，组织、参与接触网故障抢修工作。

牵引供电运行各级主管部门，必须牢固树立为运输服务的思想，做到常备不懈，一旦发生故障，迅速出动，快速抢修，尽快恢复供电和行车。

4. 接触网抢修要遵循“先通后复”和“先通一线”的基本原则，以最快的速度设法先行供电、疏通线路并及早恢复设备正常的技术状态。

5. 为满足铁路运输需要，必须强化接触网抢修基地建设，纳入铁路应急救援体系规划。抢修基地应配备先进装备、机具和材料，不断提高接触网抢修速度和质量。积极推广和应用集设备运行、技术资料、信息传递、抢修预案等功能于一体的牵引供电抢修辅助决策系统，不断提高接触网应急抢修工作效率与管理水平。

6. 电气化区段所有职工发现接触网故障和异状，应立即报告邻近车站、供电段(含供电外委维修管理单位，下同)，并尽可能详细地说清故障范围和损坏情况，必要时应在故障地点采取防护措施。

1.2.2 抢修组织

1. 牵引供电运行各级主管部门要加强接触网故障抢修工作的领导，建立健全各级责任制。铁路局应成立接触网应急抢修领导小组，建立健全应急抢修机制，加强人员培训、装备配置、物资储备、预案演练等基础管理工作。供电段和供电车间要成立接触网故障应急抢修组织。

2. 每个接触网工区应以比较熟练的工人为骨干组成抢修组，抢修组现场负责人由工长或安全技术等级不低于四级的人员担当，组内应明确分工，有准备材料工具的人员、防护人员、驻站联络员、网上作业人员和地面作业人员等。抢修时现场负责人、驻站联络员和防护人员应佩戴明显的标志，各司其职。平时作业应尽量按抢修组的分工组成作业组，以加强协调配合，一旦故障停电，可以配套出动抢修，当人员变动时要及时调整和补充。

3. 每个接触网工区在夜间和节假日必须经常保持一个作业组的人员(至少 12 人)在工区值班。工区应有值班人员的宿舍和卧具，并经常保持清洁、安静，保证值班人员休息好。

4. 铁路局供电调度、供电专业管理部门应备有局接触网抢修领导小组有关人员和供电段车间主任及以上人员的固定、移动电话号码。供电段生产调度应有局接触网抢修领导小组有关人员、段接触网抢修领导小组及有关机构、人员的固定、移动电话号码。

5. 对于较大的接触网故障，铁路局抢修领导小组成员、供电段负责人、车间主任及故障抢修领导小组成员要及时赶赴调度台或现场组织指挥抢修，及时协调解决存在的问题。必要时，应要求通信部门启动应急通信，开通现场至铁路局间多路电话和图像通信设备。

1.2.3 抢修处置

1.2.3.1 故障判断与查找

1. 铁路局供电调度员得知接触网发生故障后，首先要根据故障的显示情况、保护动作类型及各方面信息，迅速判明故障地点和情况(当故障点标定装置失灵时，可采取分段试送电、派人巡视等方法查找)，必要时通知列车调度员，请邻线通过列车司机加强瞭望，帮助确定故障地点和状态，尽可能详细地掌握设备损坏程度和波及范围，及时与列车调度员办理接触网停电及行车限制有关事宜，迅速通知就近的接触网工区和供电段生产调度，组织调动抢修队伍，并报告铁路局供电主管部门、铁路局调度所值班主任和铁道部供电调度。

2. 复线区段，为防止故障扩大，当一个行别发生跳闸且重合失败时，供电调度员要立即根据故障点标定装置指示，将可能发生故障的地段通知列车调度员，列车调度员应迅速通知在线运行的邻线机车乘务员加强瞭望，必要时采取限速等安全措施。

3. 变电所馈线断路器跳闸重合失败后，为避免扩大故障范围，在未确认符合供电和行车条件，作业人员未撤至安全地带时，不准盲目强送电。

当故障跳闸重合失败后，在没有相应供电臂有关故障信息的情况下，为排除因电力机车短路接地等故障跳闸，供电调度员可通过列车调度员通知所在供电臂上的电力机车降下受电弓后，进行一次强送电。当变电所所在站区发生近点短路(故障点标定装置指示在 3 km 范围内)，自动重合失败后，若跳闸区段供电臂末端有分区亭并联断路器，不得用故障供电臂上的变电所断路器强送电，应用同方向另一供电臂通过分区所的并联断路器向故障供电臂试送电。设有馈线故障性质判断装置的变电所，强送电前，还应先投入故障性质判断装置，判断馈线有无永久性故障。有永久性故障，不得强送电。

4.接触网故障查找应以故标指示为依据，向两侧扩大查找。要按照供电调度员的指令，参考车务、机务、工务、电务、公安等人员反映的情况，结合天气、温度、运行环境等因素有重点地组织查找。

5.在发生供电设备故障时，机务、运输部门要密切配合。供电段抢修人员在步行查找接触网故障点的同时，也可通过车站值班员向列车调度员报告，采取临时要点登乘本线或邻线机车的查找方式，尽快确定故障点。

1.2.3.2 抢修出动

1.接触网工区接到抢修通知后，应按抢修组内部的分工，带好材料、工具等，白天15 min、夜间20 min内出动。工区值班人员及时将出动时间及相关情况报告铁路局供电调度、供电段生产调度和供电车间。

2.接触网抢修车辆应按救援列车办理。抢修车辆出动前，供电调度员应将车号及到达的地点通知列车调度员，列车调度员应优先放行，使之迅速到达故障现场。

3.复线区段，当故障线路有列车停留时，接触网抢修车辆可通过邻线运行到达故障现场。当故障现场有车辆占用时，接触网抢修人员应视情况登车顶处理，或请求列车调度员尽快安排腾空线路，为接触网抢修作业创造条件。

1.2.3.3 抢修方案

1.应本着先通后复的原则制定抢修方案，以最快的速度设法先行供电，疏通线路，必要时可采取迂回供电、越区供电、降弓通过或限制列车速度通过等措施，缩短停电、中断行车时间，并及时安排时间处理遗留工作，使接触网及早恢复正常技术状态。

在双线电化区段，除按上述先通后复的原则外，还应遵循先通一线的原则制定抢修方案，集中力量以最快的速度设法先通线，尽快疏通列车。

当故障停电区段有重点列车运行时，抢修方案还应遵循先重点，后一般的原则，首先使接触网脱离接地，尽快恢复送电，待重点列车离开故障供电单元时，再要点对故障地点进行恢复。

2.为保证快速抢通，允许接触网满足最低技术条件开通运行。在开通线路、疏通列车后再申请天窗停电，尽快处理使设备达到运行技术标准。常见接触网故障抢修方案见本学习情境中1.5部分。

3.降弓距离应满足列车惰行运行要求。故障地段降弓时间一般不宜超过24 h。

1.2.3.4 抢修指挥

1.接触网故障抢修工作必须服从铁路局供电调度员的统一指挥。抢修组设现场指挥一人，负责抢修方案的现场实施。所有参加现场抢修的人员都必须服从抢修指挥人员的统一指挥。当有两个及以上班组同时参加抢修时，应由供电段故障抢修领导小组指定一名人员任现场指挥。

2.故障查找人员找到故障点后，应立即报告现场指挥，说明故障的位置、性质、损坏范围等情况。现场指挥应立即对现场损坏范围等情况核查清楚，组织制定抢修建议方案报供电调度员。

3.供电调度员要根据故障破坏范围等情况及抢修组提报的建议方案、故障区段行车状况和运输要求，尽快确定抢修实施方案。抢修方案一经确定一般不应变动，确属必须变动时要经供电调度员同意，并通知有关部门和单位。

4. 在铁路局(供电段)设备分界附近发生故障时，相邻的铁路局(供电段)应积极协助抢修，在参加抢修中服从故障所在铁路局供电调度员和抢修指挥人员的指挥。

5. 在配合铁路交通事故救援时，接触网抢修指挥人员应服从事故现场负责人的调动，对接触网进行停电拆除或修复工作，并将工作情况及时报告事故现场负责人。事故救援结束，根据事故现场负责人的命令向供电调度员申请办理接触网送电事宜。

6. 在接触网抢修过程中，抢修组要指定专人与铁路局供电调度、供电段生产调度经常保持通信联络，随时报告抢修进度等情况，同时供电调度员要将运输要求及时传达给接触网抢修现场指挥。

1.2.3.5　开通线路

1. 接触网修复过程中，对接触网主导电回路及受电弓动态包络线等关键部位要严格把关，确认符合供电行车条件后方准申请送电。送电后要观察1～2趟车，确认运行正常后抢修组方准撤离故障现场。

2. 需封锁线路、降弓通过或限速运行时，抢修人员应向供电调度员报告起止位置(或范围)和列车运行注意事项，并按规定在相邻车站登记，现场设置标志或显示手信号。接触网限速值应由现场指挥人员根据抢修后接触网技术状态确定。

1.2.3.6　安全作业

1. 在整个抢修工作中，要坚持安全作业，严格遵守普速铁路接触网安全工作规程和有关规定，防止扩大故障影响范围和发生意外事故。

2. 抢修过程中要坚持设置行车防护，防护人员要思想集中，坚守岗位，履行职责，及时、准确地传递信号。

3. 抢修作业可以不开具工作票，但必须办理停电作业命令，采取安全措施。抢修指挥在抢修作业前要向作业人员宣布停电范围，划清设备带电界限。对可能来电的关键部位和抢修作业地段，要按规定设置可靠足够的接地线。

4. 在拆除接触网作业时，要防止支柱倾斜及线索断线、脱落等；在抢修恢复作业中，对安装的零部件特别是受力件要紧固牢靠，防止松脱、断线引起故障扩大。

接触线、载流承力索(含大电流区段非载流承力索)、供电线(正馈线)、加强线等主导电回路线索断线采取临时紧起送电方案抢修时，须加装短接线，短接线截面不得小于被连接导电线索截面。

5. 在线间距不足6.5 m的地段进行故障抢修作业时，邻线列车应限速至160 km/h以下，并按规定进行防护。

1.2.3.7　后勤保障

为保证抢修工作的顺利进行，所在铁路局、供电段和供电车间必须做好后勤服务工作，保证抢修人员的饮食供应，必要的御寒衣物等并及时送到故障现场。

1.2.4　机具材料

1. 新建和改造电气化铁路，应结合线路运行要求和接触网设备特点，将抢修机构设置及人员、交通、通信工具、机具、材料配置纳入工程设计。开通前，人员、机具、材料应配置到位。

2. 为保证接触网故障抢修指挥人员能及时赶赴现场组织抢修，供电段、供电车间应配备故障抢修指挥汽车。

3. 供电段应设置抢修基地，配备接触网抢修车列。每组接触网抢修车列由放线车、轨道吊车各1台，平板车、综合检修作业车各2台组成。抢修列车的抢修半径一般为200运营公里。

综合检修作业车应具有邻线或桥支柱下部等全方位的作业功能，以适应邻线有货物列车滞留时其上部接触网抢修的需要。提速干线的放线车应具备恒张力放线的功能。

4. 接触网工区应配置2台接触网作业车、1台平板车、1辆电力抢险工程车（以保证当接触网作业车无法及时到达故障现场时，人员、机具能先行到达）。铁路枢纽接触网工区的作业应有1台为带高空作业吊篮的高空作业车；负责铁路大型客站接触网维护的工区还应配置高空作业汽车。

5. 接触网工区所在地、抢修车辆应配置通信手段，以适应管内接触网抢修的通信需要。

6. 供电段、供电车间、接触网工区均应配置夜间故障抢修用照明灯具，照度及数量应分别满足抢修线路2 000 m、1 000 m、200 m的充足照明需要（平均照度达到100 lux以上，4 h内连续使用）。个人照明工具应满足夜间作业需要。

7. 交通机具是保证迅速出动抢修的先决条件，应有专人管理，做好日常维修保养，时刻处于良好状态，保证有足够的燃料，随时能出动抢修。

接触网抢修用轨道车辆、汽车，必须停放在能够保证迅速出动的指定地点。如必须变更停放地点，工区值班员要及时报告供电调度员和供电段生产调度员。

冬季取暖的地区，车库应有采暖设施，保证及时出动。

8. 铁路局供电调度员和供电段生产调度员必须随时掌握抢修列车和接触网工区交通机具的停放地点、整备情况，交接班时进行交接，接班后要复查。

9. 供电段、接触网工区及抢修基地（抢修列车）应按规定的标准配齐抢修材料、工具、备品、通信和防护用具等，并随时注意补充。供电车间抢修用工具、材料原则上存放于所在班组料库。

10. 抢修用料应尽量组装成套，并与日常维修用料分别造册登记，分架存放。对较小的零部件（如线夹等）应集中装箱存放在固定地点。

11. 接触网工区值班员应有材料库的钥匙，交接班时交接并清点抢修用料具，以便随时取出抢修用料具。用后抢修人员应负责将料、具及时放回原处。消耗的材料、零部件列出清单，交给值班员和材料员各一份，并共同确认。对抢修用料具，接触网工区工长每旬检查一次，车间主任每月检查一次，供电段材料、安全科（室）应组织抽查。

1.2.5 情况报告和总结

1. 接触网故障抢修过程中，铁路局供电调度员应按《铁路供电设备故障调查处理办法》，及时填写《牵引供电、电力故障速报》（表12-1）电传或网络传送铁道部供电调度和铁路局供电专业管理部门，并实时汇报抢修进度。

表12-1 牵引供电、电力故障速报

故障所在铁路局：　　　　供电段：　　　　编号：

<table>
<tr><td rowspan="5">故障概况</td><td>线别</td><td></td><td>种类</td><td></td><td>天气</td></tr>
<tr><td>地点</td><td colspan="2"></td><td colspan="2">发生时间：___月___日___时___分</td></tr>
<tr><td>停电范围</td><td colspan="2"></td><td colspan="2">发现时间：___月___日___时___分</td></tr>
<tr><td>影响范围</td><td colspan="2"></td><td colspan="2">通知抢修时间：___月___日___时___分</td></tr>
<tr><td colspan="5">影响行车：客车：　　列，货车：　　列，累计：列。</td></tr>
</table>

续上表

<table>
<tr><td rowspan="6">故
障
抢
修</td><td>最早出动班组</td><td></td><td>时间</td><td></td><td>人数</td><td></td></tr>
<tr><td>最早达到班组</td><td></td><td>时间</td><td></td><td>人数</td><td></td></tr>
<tr><td>抢修负责人</td><td></td><td>职务</td><td></td><td>总人数</td><td></td></tr>
<tr><td colspan="6">停电时间：自___月___日___时___分至___月___日___时___分，共计___时___分</td></tr>
<tr><td colspan="6">抢修时间：自___月___日___时___分至___月___日___时___分，共计___时___分</td></tr>
<tr><td colspan="6">当前运行方式：</td></tr>
<tr><td colspan="7">设备损坏及人员伤亡情况：</td></tr>
<tr><td colspan="7">故障原因：</td></tr>
<tr><td rowspan="13">抢
修
情
况
记
录</td><td>时　间</td><td colspan="5">抢修内容记录</td></tr>
<tr><td>时　分</td><td colspan="5"></td></tr>
<tr><td>时　分</td><td colspan="5"></td></tr>
<tr><td>时　分</td><td colspan="5"></td></tr>
<tr><td>时　分</td><td colspan="5"></td></tr>
<tr><td>时　分</td><td colspan="5"></td></tr>
<tr><td>时　分</td><td colspan="5"></td></tr>
<tr><td>时　分</td><td colspan="5"></td></tr>
<tr><td>时　分</td><td colspan="5"></td></tr>
<tr><td>时　分</td><td colspan="5"></td></tr>
<tr><td>时　分</td><td colspan="5"></td></tr>
<tr><td>时　分</td><td colspan="5"></td></tr>
<tr><td>时　分</td><td colspan="5"></td></tr>
</table>

供电调度员：　　　　　　　　　　　　　　　　　　　时间：　年　月　日　时　分

2. 注意保存接触网故障及抢修工作的原始资料，供电调度员应对故障处理过程中的通话进行录音，待故障调查处理结束一个月后方可消除。

3. 接触网抢修指挥人员要指定专人负责故障情况及其修复过程的写实，包括必要的拍照，有条件时可进行录像，收集并妥善保管故障拉断或烧坏的线头、损坏的零部件等，以利故障分析。

供电段应对典型故障的照片、故障报告、损坏的线头、零部件等作为档案资料长期保存。

4. 铁路局供电主管部门要对每件事故、故障按《铁路交通事故调查处理规则》和《铁路供电设备故障调查处理办法》认真分析原因，制定防范措施，逐级上报，同时还要分析抢修工作中的经验教训。对好人好事要及时表彰和奖励；对贻误时机，工作不得力者要严肃批评；对玩忽职守，不服从指挥者要给予处分。抢修中采用的先进方法、机具等应及时推广，存在的问题要认真研究制定改进措施，不断完善抢修组织、方法与抢修预案，提高工作效率。

1.2.6　人员培训

1. 供电段要加强抢修队伍的定期培训，积极开展故障预想和日常演练，务必使每个人都能掌握各类故障的抢修方法。每半年组织各级抢修领导小组成员、工区抢修指挥人员进行一次轮训，讲解故障抢修知识，学习有关规章命令，分析典型案例，总结经验教训，制定改进措施，不断提高指挥抢修能力。

2.各工区应充分利用工余时间，发挥技术骨干传、帮、带的作用，经常进行各类故障抢修方法的训练，每季组织一次故障抢修出动演习(包括按时集合、整装出动和携带工具、材料等)。

供电车间每半年组织管内各工区进行一次故障抢修演习。供电段主管段长对上述规定的工作应经常督促检查。在学习、竞赛中取得优异成绩者，要适时给予表扬。

3.为做好故障抢修的日常演练，供电段及接触网工区应设有供训练用的场地和必要的实物。

1.3 常见接触网故障判断查找方法

根据接触网运营管理部门多年的运行经验，这里列举一些故障的判断查找和临时供电抢修方法，鉴于线路条件、设备类型、故障情况不尽相同，各单位可根据当时当地的具体情况随机应变，灵活机动地采取相应最佳措施。

1.永久性接地。变电所断路器跳闸，重合闸和强送均不成功(故障报告表现:电压低(17 000 V以下)电流较大(1 000 A以上)阻抗角在45°～75°之间)。可能由于接触网、正馈线或供电线断线接地、绝缘子击穿、隔离开关处于接地状态下的分段绝缘器击穿、隔离开关引线脱落或断线、较严重的弓网故障、机车故障等。供电调度要根据故标显示状况，有重点地通过行调、车站询问列车乘务员等，以便进一步判断确定。

2.断续接地。变电所断路器跳闸重合成功，过一段时间又跳闸，可能是接触网或电力机车绝缘部件闪络，货车绑扎绳等松脱，列车超限，树木与接触网放电、接触网与接地部分距离不够，接触网断线但未落地，弓网故障等。

3.瞬时性接地。变电所跳闸后重合成功，一般是绝缘部件瞬时闪络、电击人或动物等。

4.过负荷跳闸。故障报告表现为，故障电压较高(20 000 V以上)电流较小(1 000 A左右)阻抗角在40°以下，故测仪指示数值超出供电范围，一般可以判断为过负荷。

5.机车闯分相。故障报告表现为，故障电压较高(20 000 V以上)电流较大(2 000 A左右)阻抗角在0°附近，则有可能为机车带电过分相，此时故标指示数据不正确，不能作为查找故障点的依据。

6.上下行同时跳闸，两个馈线跳闸报告基本一致，则可能发生上跨电力线或其他高空金属物同时坠落在上下接触网上并接地。

7.跳闸报告中谐波含量较大且出现二次谐波，则可能是机车内部故障。

8.同所同行(上行或下行)同时跳闸(阻抗角根据各所情况分析)，则可能为机车带电闯该所AB相分相。

9.两相邻所同行(上行或下行)同时跳闸(阻抗角根据各所情况分析)，则可能为机车带电闯两所间分区所处。

10.连续跳闸，故标指示沿某电力列车运行方向变化，可判定为机车故障。

11.故障电流小，电压为零，且能重合成功，变电所发电压(PT)回路断线信号，可判定为电压回路断线。

12.重合或强送失败的跳闸报告数据一般较为准确，应相信故测指示数值。

13. 在 AT 供电区段接触网(包括接触线和承力索)或正馈线断线且一端接地时,AT 供电网络短路电流的流通通道将发生变化,故障点的指示会产生很大的误差,最大可达一个 AT 区间。因为接触网第一次短路的瞬间,发生断线的可能性较小,若第一次跳闸与强送电跳闸故测仪指示存在较大差别,则可粗略判断接触网或正馈线发生断线事故,在此情况下,先以第一次跳闸故测仪指示为准。

14. 由于倒闸操作、检修试验等原因将某个 AT 撤除运行时,AT 供电网络短路电流的流通通道同样可能发生变化,故障点的指示也会产生很大的误差,最大可达一个 AT 区间。调度应准确掌握 AT 的运行情况,一般情况下,一个供电臂不得同时解列两台 AT。

15. 查找故障应根据季节、设备所处的环境有针对性地进行,例如大雾、阴雨及雨雪交加时易发生绝缘闪络故障,应重点查找隧道及污秽严重处所。

1.4　常见接触网故障抢修方案

常见的接触网故障抢修预案按照铁路局故障抢修应急预案执行。供电段要结合人员、工机具和设备的具体情况,针对不同区段的设备特点及外部环境、故障点下方停有不同机车、车辆以及车辆装载有不同高度货物等情形,补充制定抢修预案,增强预案的针对性和实用性。

1.4.1　接触线断线

当发生导线断线时,首先应查明断线发生的确切位置,断口两侧的损坏情况,断线波及的范围等情况。

1. 导线断线损坏范围较小,断口两侧无较大损伤、变形,可以直接紧线对接。导线严重损伤在一个跨距以内,必须加换一段导线,这时可在地面上先做好一个接头,网上将新旧线紧起后作另一个接头。

2. 导线断线损坏范围较大时,可视具体情况确定方案,如果列车惰行可以通过故障区段时,可将接触网脱离接地采取降弓通过的方法,先行送电通车。具体应遵循如下原则:

(1)站场侧线断线,可先将线索紧起,保证咽喉区行车,送电先开通正线。站场正线或区间断线,可将线索紧起,采取降弓通过的办法送电通车。

(2)利用紧线方式送电时,必须加装分流短接线,严禁利用受力工具导通电流回路。

3. 导线断线处理后,必须将该锚段全部巡视一遍,特别是中心锚结、线岔、补偿装置、锚段关节等设备,同时应考虑季节、气温变化时对设备的影响,确定是否可以送电通车。

1.4.2　承力索断线

承力索断线可用紧线工具将承力索紧起后即送电通车,必要时降弓通过。载流承力索或大电流区段必须安装分流短接线。

承力索断线抢修后,应对整锚段进行巡视测量,特别要注意中心锚结、线岔、绝缘锚段关节等处是否达到要求。

1.4.3　支柱折断

支柱折断是接触网比较严重的故障,一般破坏比较严重,抢修难度大。抢修时一般是临时抢通,降弓通过,正式恢复时重新立支柱。断杆处有附加悬挂,要视具体情况采取措施保证安全距离，恢复送电。

1. 锚柱折断

(1)若相邻两锚段长度不大，可在两转换柱间将两锚段承力索和导线分别合并，合并后要保证张力平衡，必要时可取消一个中心锚结。在断杆处立抢修支柱，将悬挂挑起。

(2)如相邻两锚段长度均比较大，不宜延长锚段时，可借助附近容量足够的支柱下锚，但必须注意要上紧拉线。临时下锚可做硬锚，其下锚拉线紧固良好，且在受力方向上。

处理此类故障时必须注意，紧起后的导线高度必须达到规定要求值以上，锚段关节处的过渡要保证受电弓顺利通过，不能保证时要采取降弓措施，两条馈线间的绝缘锚段关节抢修后不能保证绝缘要求的可将其短接。要注意保证电气连接可靠，回路畅通。

2. 中心柱、转换柱折断：可立抢修支柱或利用附近建筑物挑起悬挂，降弓通过。当两悬挂间不能保证规定的绝缘距离时，可暂不作绝缘锚段关节用。

3. 中间柱折断

(1)直线区段的中间柱折断，接触悬挂高度在规定值以上时，可不立杆，接触悬挂在此处不悬挂，不定位，即可送电。否则，需立抢修支柱，挑起悬挂。

(2)曲外支柱折断，在保证接触悬挂高度和电气安全距离条件下，可不立支柱。否则，需立抢修支柱挑起悬挂。在保证接触悬挂和电气安全距离条件下恢复供电。

曲内支柱折断，一般需立支抢修支柱，挑起悬挂。

(3)连续两根及以上中间支柱折断。承力索、接触线均断线或一支断线时，可适当降低所断线索的补偿张力后采取增设抢修支柱、将断线紧起或固定到另一行腕臂上等方案，保证行车限界、电气安全以及本线机车惰性运行距离的前提下，降弓通过。条件允许时，本锚段应限速通过。

4. 软(硬)横跨支柱折断

(1)当软横跨处在直线上时，可拆除该软横跨保证接触悬挂高度在规定值以上即可送电。

(2)当软横跨处在曲线上时，接触悬挂必须定位，此时在折断的支柱处立抢修支柱，将上下部固定索紧起，保证接触线高度满足行车要求后，即可送电。

(3)当可以封锁侧线股道时，可以在正线外侧立临时抢修支柱，优先保证正线行车。

注意事项：紧混凝土支柱软横跨上下部定位索时，应在支柱田野侧打多根临时拉线后进行，并在紧线时注意支柱和拉线受力时的变化，以防发生意外。

硬横跨支柱折断时一般视情况在拆除该组硬横梁及其支撑定位后比照软横跨支柱折断抢修方案(1)和(3)处理。

软(硬)横跨钢柱被撞弯或撞斜，可在其弯斜的反方向装两根拉线，维持其稳定后，提升邻近两侧各股道承力索悬挂点，机车降弓通过，调整接触网参数，临时恢复供电、开通。

1.4.4 供电线、加强线断线

1. 供电线断线时，优先考虑甩掉故障的供电线或将供电线脱离接地，越区供电。

2. 供电线断线后，不能实行越区供电时，则必须将供电线接通。

3. 加强线断线后，将线紧起，采用同型号的线索，保证电气联结可靠，保证与接触网导电回路的畅通。

4. 供电电缆故障

(1)变电所馈线电缆故障

打开所内对应断路器、隔离开关及对应上网隔离开关，甩开故障电缆，闭合上、下行联络隔离开关供电方式供电，同时调整保护定值，限制列车对数。

(2)分区所馈线电缆故障

打开所内对应断路器、隔离开关及对应上网隔离开关，甩开故障电缆，开环运行。

(3)变电所上下行馈线电缆同时故障

打开所内对应断路器、隔离开关及对应上网隔离开关，甩开故障电缆，采取相邻变电所越区供电方式供电，同时调整保护定值，限制列车对数。

(4)AT所馈线电缆故障

打开所内对应断路器、隔离开关及对应上网隔开，甩开故障电缆，AT所退出运行。

1.4.5　正馈线断线

正馈线断线除可采取供电线断线抢修接通方案外，也可采用以下临时方案：

1.将故障锚段正馈线撤除运行。在有故障的正馈线锚段末端下锚处，分别断开该锚段与相邻锚段正馈线对向下锚间的连接线，使该正馈线锚段撤出运行。条件允许时，也可只剪除故障跨距内正馈线。

2.恢复送电。恢复送电时，同时闭合该供电臂末端分区亭或开闭所的上下行并联开关，实现末端并联供电。

3.安全措施

正馈线故障所在供电臂，在正馈线没有恢复之前，邻线不得进行V停作业。

1.4.6　隔离开关故障

1.常开开关故障时，可将引线甩掉送电。

2.常闭开关故障时，拆除引线将其短接后送电。

3.使用权不属供电部门的开关处理后要及时通知相关单位并在相关记录上签认。

1.4.7　分段绝缘器故障

分段绝缘器故障可视情况降弓通过或停电更换。

1.4.8　绝缘子故障

1.绝缘子表面因脏污引起闪络，擦拭后送电。

2.绝缘子内部击穿和严重破损的，必须更换。

1.4.9　补偿绳断线

补偿绳断线的，一般可将相应线索紧起后临时做硬锚。

1.4.10　分相绝缘器故障

1.器件式电分相故障

(1)分相绝缘器接口处导线抽脱的，一般用紧线工具紧起后即可送电降弓通过，但主绝缘一般不少于两节。

(2)主绝缘烧损的，如果满足不了绝缘和机械要求，则必须更换。

(3)分相处打碰弓严重的，可临时降弓通过。

2. 锚段关节式电分相

(1)当分相关节处发生打碰弓等不影响供电的故障时，采取机车降弓通过的办法，机车可临时降弓通过。

(2)当发生断线、断杆等故障，应尽快争取恢复一组绝缘锚段关节，设置机车降弓区域后送电。

1.4.11　隧道内埋入杆件破坏

1. 个别悬挂点或定位点损坏时，若不侵入限界，且不影响送电的，可暂不处理。否则，降弓通过或停电处理。

2. 若必须修复悬挂、定位装置、杆件等，可用铁线将绝缘子固定在原杆件上，恢复悬挂和定位，若埋入杆件整体脱出或已松脱，可用高标号的快干水泥灌注。

3. 对短时间难以修复的故障，可设置无电区或无网区。

4. 隧道内下锚棘轮固定底座脱落

(1)如果线路未受到损坏且为单根下锚棘轮固定底座时，在两转换柱间将两锚段承力索或接触线分别合并，合并后要保持张力平衡，必要时可取消一个中心锚结，同时保证接触线高于规定最低允许高度，降弓通过。

(2)如果是列车脱轨造成线路受损且下锚固定底座脱落、故障影响较大时，采用一次性恢复的方法与工务的线路抢修同步进行，增加抢修人员。

5. 隧道内吊柱折断

(1)锚段关节处隧道吊柱折断

锚段关节处隧道吊柱折断可将接触线绑到承力索上，拆除腕臂及定位装置保证接触线高于规定最低允许高度，降弓通过。

(2)一般隧道吊柱折断、弯曲

将接触线绑到承力索上，拆除腕臂及定位装置，也可利用邻线吊柱将悬挂临时固定，保证接触线高于规定最低允许高度，降弓通过。

1.4.12　其他故障

1. 接触网零部件脱落或损坏，影响受电弓正常运行但不影响送电的情况下可降弓通过，否则需进行处理。

2. 接触网设备大面积损坏，不能满足电力机车降弓惰行条件时，要利用开闭所、分区所、站场两端锚段关节，采取越区供电等措施最大限度减小停电范围，满足列车降弓运行条件。否则，可采取整区间接触网停电，依靠内燃机车牵引方式尽快恢复重点列车运行。

3. 当因覆冰、强风等原因引起接触悬挂舞动时，可根据频率及振幅大小采取限速措施，必要时登记《行车设备检查登记簿》，停止电力机车运行，采取内燃机车牵引过渡措施。

4. 当跨越电力线脱落搭接接触网时，供电调度应通知地方电力调度办理停电手续，同时搭接电力线时，还应联系办理电力线停电手续。接触网故障抢修应在地方电力抢修人员清除搭接接触网的电力线后，方可进行。

【典型案例12-4】

××年4月27日，某接触网工区检修到××车站下行线135号支柱，发现定位器锈蚀严重，有断的可能，即把该定位卸掉，而没有安装新的定位器。135～137号支柱跨距为65 m，

135～133 号支柱跨距为 70 m，这样 137～133 号支柱间形成了一个两定位器间离达 135 m 的长大跨距。

当 3115 次列车的机车通过该车站下行线，由 137 号支柱运行到 135 号支柱时，因 135 号支柱处无定位，137 号拉出值已拉到 475 mm。133 号支柱之字值是 300 mm，而且 137 号与 133 号都拉向线路中心同一侧。一方面是拉出值大，另一方面是跨距大，接触导线受风吹及机车震动后的摆动量很大。再遇大风接触导线摆动量更大，所以当跨中导线摆动量超过受电弓的有效长度时，使受电弓钻到导线上方，造成停电、刮弓事故。事故最终造成 139 号支柱处线岔刮坏，受电弓刮坏，135 号、134 号柱下部定位绳刮掉落地，135 号支柱左右导线都刮伤痕迹。

案例分析：

××车站下行线 135 号支柱无定位器，133—137 号支柱间过大跨距适遇大风，引起 135 号支柱处导线摆动量过大是造成这起事故的主要原因。

设备故障处理或者事故处理中，一般要遵守“先通后复、先通一线、先行供电”等原则。但在实施过程中也要核查故障或事故现场的实际情况，综合分析，正确配置故障处理或事故抢修方案，不能盲目行事。比如处理中要考虑以下情况：

(1)虽然在直线上但也不能轻易把定位器去掉，更不能两相邻定位器拉向同一侧。

(2)设计支柱跨距时虽已考虑到风的影响，但还应向维修单位了解当地情况，在多风或风速大的地方两定位点之间的定位器不能轻易去掉。

(3)路基情况对拉出值影响很大，如：路基一侧软弱，一侧坚石，雨季时路基可能发生不均匀下沉病害，虽不致翻车掉道，但却会影响受电弓的偏移值，此值过大时同样也使受电弓钻到导线上方形成刮网事故。因此路基不良地段导线拉出值更应注意调整至正确数值，并在下雨天加强巡视观测。

(4)在小半径曲线地段，不但要注意定位点的拉出值，还要注意跨中的拉出值，跨中也要进行测量，曾发生多起因跨中拉出值过大而钻弓的事故。

(5)四跨锚段关节，因拉出值不合格多次出现刮弓断线。四跨处的拉出值以工作支为主，但同时要注意非工作的导线在受电弓的工作面上的拉出值不能过大。

【典型案例 12-5】(抢修组织优秀之一)

××年 6 月 3 日 11 点，一辆农用车通过一无人看守的平交道口时不执行停车瞭望制度，与下行通过的货物列车相撞。造成农用车报废，农用车上所有人员死亡，机车前部排障器和附属物损坏严重，19—27 号 5 根接触网支柱全部从根部折断，断线区段将近 400 m(接触线和承力索均断线)，锚段两侧补偿装置均已落地，波及范围整个锚段。该事故区段位于复线曲线区段，线路状况为路堑区段，线路两侧灌木丛生，瞭望困难。

事故发生后，××变电所 4 号馈线于 6 月 3 日 11 时跳闸重合失败，电调通知 A 接触网工区和 B 接触网工区分别出动抢修。事故区段部分平面布置图如图 12-3 所示(全部处于曲线区段)。

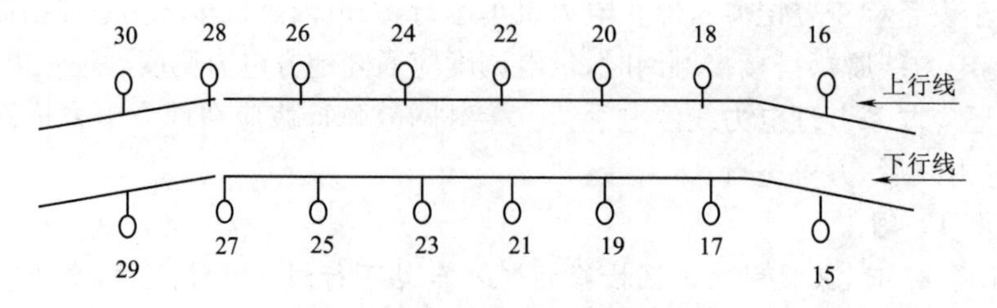

图 12-3　事故区段部分平面布置

事故抢修组织方案：

事故区段自然状况，所有折断支柱位于曲线内侧，支持定位装置为反定位，曲线外侧为上行正线。

根据现场情况，采用不立支柱，利用上行线支柱设立单拉定位进行临时性恢复。分两组人员进行线索接头，其中先作接头的作业组结束后检查并恢复悬挂的吊弦布置及安装单拉组人员的辅助工作；分两组人员作补偿装置的恢复工作（在作完接头工作之后进行，事先每组各派一人带通信工具观察接头时补偿装置状态的变化，其余人员制作吊弦，为吊弦的布置做好准备）；专门有一组人员在上行支柱上安装单拉定位，并解决好上下行的绝缘和下行定位点的技术数据问题；另外有两组人员专门分别从锚段关节处向事故点检查悬挂情况及其定位的恢复工作，此次抢修用时 1 h 40 min 恢复供电通车，且不采用降弓通过的方式恢复。

本次抢修优秀之处在于：

(1)抢修善于因地制宜，利用自然线路状况，这是最值得借鉴的经验。

(2)施工组织安排合理，包括施工作业人员操作的搭配。

(3)各小组作业有条不紊，互不影响，又能相互辅助。

【典型案例 12-6】

1. 事故时间和地点

××年 12 月×日阴雨天，××变电所 4 号馈线于 12 月×日凌晨 2 时跳闸重合失败，故障标定地点在××车站，电调通知 A 接触网工区出动抢修，事故站场布置平面图如图 12-4 所示。

A 接触网工区接到电调命令后，立即组织人员，分一组人员准备工具和材料准备前往事故现场，另一组人员向××车站巡视，途中向××车站信号楼值班员询问车站有无异常情况，得知运转室外勤在跳闸时刻注意到运转室后面有火球，亦曾外出查看，但火球过后接触网没什么异常情况。

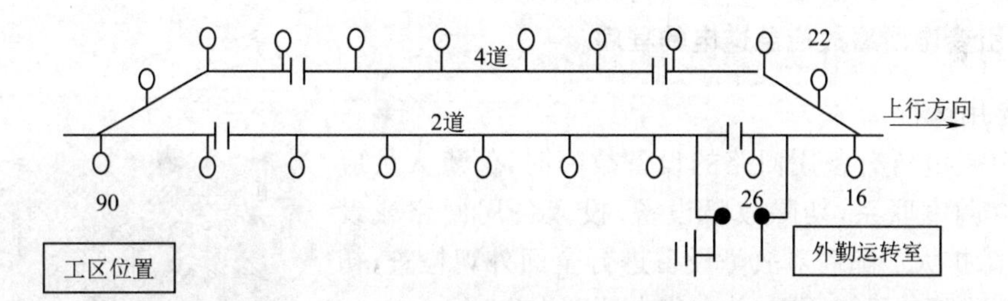

图 12-4 事故站场部分平面布置

抢修组得到此消息后，立即判断故障点在分段绝缘器处，因为白天该股道有装卸作业，且当时正在下雨。工区立即派两人带上绝缘手套、操作棒和隔离开关钥匙向××车站运转室后面分段绝缘器处跑去检查，结果发现该分段绝缘器处的隔离开关处于分闸位置。随后抢修组向供电调度申请停电检查分段绝缘器的状态是否正常，检查后将带接地闸刀的隔离开关合闸。该故障处理恢复时间仅用 15 min。

案例分析：

装卸线带接地闸刀的隔离开关在装卸作业结束后未及时合闸，仍保持分闸位，导致分段绝缘器主绝缘长时间处于对地耐压状态是造成这次分段绝缘器绝缘击穿跳闸的主要原因。

该次故障处理的优秀之处在于：

(1)最值得借鉴的经验是遇事不慌，故障点判断准确、迅速、果断。

(2)善于对故障区段的有关人员进行询问。

(3)工区抢修人员各执其事,安排有序。

(4)先通后复,减少抢修时间(这一点在抢修中真正做到很不容易)。

1.5 牵引变电所故障(事故)处理

牵引变电所是牵引供电系统的唯一动力源,一旦发生故障,会造成行车中断或运输能力下降,直接影响着运输生产,所以牵引变电所发生故障后应尽快处理,恢复供电。除遇到危及人身、设备安全的紧急情况外,应急处置应在供电调度的统一指挥下进行,值班人员可根据现场实际情况向供电调度提出建议。应急处置过程中应注意做好人身安全防范措施。

1.5.1 牵引变电所处理故障(事故)的原则

1. 牵引变电所故障发生后的处理要遵循“先通后复”的原则:有备用设备,首先考虑先投备用,采用简便、易行、正确、可行的方案,沉着、冷静、迅速、果断地进行处理和事故抢修,以最快的速度及时向电力调度和段生产指挥中心汇报,在供电调度的统一指挥下,设法先行送电恢复正常运行状态。

2. 变电所发生故障时,首先要解除音响信号,确认柜(屏)、故障性质,能复归的灯光信号应及时复归(如闪光信号),在发生重大事故时要及时切除事故处两侧的电源,尽量控制事故范围扩大,同时应消除事故可能危及人身及设备产生的威胁。

3. 故障处理及事故抢修,由当班值班员或所长任事故抢修总指挥,其余人员则任组员,服从指挥。指挥长在处理事故前应简要向组员说明抢修方案,其余人员有不同见解,可当场提出,指挥长可适当考虑。

1.5.2 牵引变电所事故应急送电的程序

1. 倒备用运行

当牵引变电所有备用回路的设备故障时,值班人员应及时与供电调度联系,切除故障设备,投入备用回路或设备,以防故障扩大。随后对故障设备进行全面外观检查,初步分析判断故障位置和原因,并向供电调度报告。

2. 当地操作

当远动操作失灵时,值班人员应按供电调度命令在牵引变电所监控屏、控制盘上进行操作,如图 12-5 所示。若仍然不行,可在开关柜本体上手动操作。

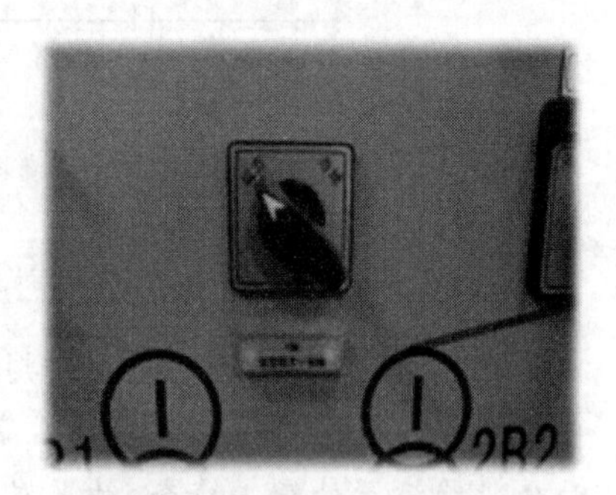

图 12-5 控制方式转换手柄

3. 越区供电

当牵引变电所设备故障跳闸后不能倒备用运行,致使不能正常向接触网供电时,应及时与供电调度联系,由两相邻牵引变电所经分区所向无电区间越区供电。

1.5.3 牵引变电所故障判断的一般方法步骤

1. 一般方法:

现阶段我国电气化铁路牵引变电所主要开关设备控制均为远动操作,且主变压器、馈线断路器及开关等为100%备用。因此,要求供电调度和各变电所值班人员根据指示仪表、灯光显示、事故报告单,以及设备巡视、外观等情况,综合分析判断。

2.一般步骤

(1)根据断路器的位置指示灯,确定是哪台断路器跳闸。

(2)根据继电保护装置动作指示灯显示,或信号继电器的掉牌及事故报告单确定是哪个设备的哪套保护动作。

(3)根据事故报告单及继电保护范围,推断出故障范围,明确是所内故障,还是所外故障。

(4)结合设备外观检查情况,确定故障设备是否需要退出,否则投入备用设备。

1.6 牵引变电所设备事故应急处置方案

1.6.1 变电所全所失压停电故障

当变电所全所进线失压造成牵引变电所全所停电时,值班人员应根据仪表的指示,信号显示、继电保护、自动装置动作情况,断路器的位置信号等,及时判断是否全所失压停电。

1.当供电的110 kV或220 kV进线失压时,牵引变电所失压保护动作,自动倒入至另一路进线及变压器。

2.若失压保护未启动,值班员应立即报告电调,由电调远动操作完成倒进线程序。当远动操作失灵时,变电所值班人员按照电调下达的倒闸命令,在控制盘上操作倒闸。

3.当备供进线失压,电调立即与地方电力调度联系,了解原因,请求尽快恢复送电,同时通知相关部门。

4.当牵引变电所两路进线全部失压时,由两相邻牵引变电所经分区所向无电区间越区供电。

5.做好各项记录,通知供电段生产调度、技术科和供电车间,待段上相关技术人员赶到后,再进行事故恢复。

1.6.2 牵引变压器故障

1.当发现主变有下列情况时,需要向电调汇报,立即停止运行,并在供电调度(以下简称电调)的指挥下进行故障处理。

(1)内部声响很大,且不均匀,或有爆裂声。

(2)油枕、瓦斯继电器、防爆筒喷油或压力继有信号显示。

(3)大量漏油,造成油面很低或无油面。

(4)冷却装置完好而油温异常,并迅速不断上升。

(5)油色变化过甚,油内出现炭质。

(6)套管引线接头处严重过热,有烧损情况。

(7)套管有严重破损及放电现象。

(8)重瓦斯保护动作而未出口或开关未动。

(9)过流保护动作而开关未动。

(10)差动保护动作而开关未动。

2.瓦斯保护动作时,值班员应对变压器进行外观检查,做好记录,并通过段生产调度通知检修(变电)车间。

(1)轻瓦斯动作时的检查项目：

①变压器油面是否降低。

②检查瓦斯继电器中是否有气体，如图 12-6 所示。

③检查二次回路是否有故障及瓦斯继电器本体是否有故障。

(2)当重瓦斯动作跳闸时，在未查明保护动作原因并确认变压器状态正常前，不得投入运行，其动作原因可分为：

①变压器内部故障。

②油面下降或上升太快。

③二次回路故障。

图 12-6　瓦斯继电器

④主变检修或补油后大量空气进入。

(3)在瓦斯保护动作后，若瓦斯继电器内有气体，应用排水集气法收集的气体，并据下列现象判断：

①气体为黄色，不易燃，为木质故障。

②气体为淡灰色有强烈臭味可燃，为纸质故障。

③气体为灰色或黑色易燃，为油质故障。

④气体为无色、无味不可燃时，为空气侵入。

如判断为变压器内部故障后，化验人员应马上赶到现场采集气体，取油样进行化验分析，判断故障原因。段主管领导和技术人员，根据化验结果和各项检查结果进行分析，判断事故原因，决定处理意见。

3.差动保护

(1)值班员应做好记录，对变压器进行外观检查，通过生产调度通知检修(变电)车间。

(2)差动保护动作后，在未查明原因之前或未接到主管技术人员的通知时，不得将主变合闸受电。

(3)应进行下列检查工作：

①仔细检查差动保护范围内的各电气设备的外观有无异常，主变油位，油温是否正常，瓦斯继电器有无气体。

②主变两侧母线有无短路迹象。

③差动保护二次回路有无故障。

④及时将检查情况向供电调度、生产调度汇报。

(4)主管技术人员根据初步检查情况，组织有关部门人员及时赶到现场进行必要的检查试验。

①主变有问题时，应做绝缘电阻、变比、直阻、介质损失角、泄漏电流的试验项目，并取油样、气样化验。

②主变一次侧断路器出现故障时，应对其进行绝缘电阻，泄漏电流的试验，对断路器 SF_6 气体进行微水测量，2×27.5 kV SF_6 气体绝缘开关柜出现故障时，进行绝缘电阻检查，必要时，进行交流耐压试验。

(4)低压启动过电流保护

①低压启动过流保护是主变和馈线的后备保护，当保护动作后，应做好记录，在未查明原

因之前，不得投入运行。

②当一次侧过电流保护动作时，检修人员应检查：主变一、二次侧设备有无短路点；对主变进行详细外观检查，判断差动、瓦斯保护有无拒动，瓦斯继电器中是否有气体存在；主变二次断路器有无异常；了解馈线列车情况，区间有无短路处；当上述检查未发现异常时，检查二次回路。

在未查明原因之前不得将主变投入运行，检修人员应记好有关记录，写出书面报告。

③当主变低压侧过电流保护动作时，检修人员应检查：馈线断路器有无异常，区间有无短路处；检查保护回路，当确认保护回路故障，专业人员处理前又没有备用断路器时，征得电调同意，可将 27.5 kV 母线过流保护撤除运行；在保护撤除运行期间，派专人对主变及 27.5 kV 断路器进行监视。

如果检查设备未发现问题，在确认馈线断路器在断开位置后，可将主变 27.5 kV 断路器进行空载投入，运行 10 min 未见异常可正式向馈线送电。

(5)过负荷保护

过负荷保护动作后，应进行以下工作：①停止音响信号，记录负荷值(各馈线电流及主变一次电流值)，记录时间；②了解线路列车运行情况；③加强设备监视。

(6)主变过热保护

主变过热保护动作，应做好下列工作：①停止音响信号；②检查温度控制器的温度指示，并与负荷、环境温度进行比较，若确认温度表故障时，值班人员可临时将过热保护退出，然后通知检修车间组织更换；③检查主变散热片蝶阀位置是否正常。

上述检查均正常时，应通知检修车间对二次回路及本体保护插件进行检查，对主变进行必要项目的试验和油样的化验，以判断主变内部是否存在故障。

1.6.3 开关设备故障

1. 110 kV 或 220 kV 断路器故障

(1)当 110 kV 或 220 kV 断路器拒绝合闸时，值班员应立即向电调申请切换运行方式，将故障断路器退出运行。

(2)当 110 kV 或 220 kV 断路器拒绝分闸时，应先用手动使断路器分闸，如断路器仍分不下闸时，值班员应向电调申请变电所所有馈线停电，断开所有馈线断路器和隔离开关，使主变压器空载。然后分开主变压器两侧的隔离开关，使断路器退出运行。

2. 主变二次侧断路器故障

当断路器拒绝合闸时，值班员应建议电调切换运行方式；当断路器拒绝分闸时，值班员应先用手动使断路器分闸。

3. 变电所馈线断路器故障

(1)当上(下)行馈线断路器故障时，按照倒闸操作程序，合上接触网上、下行之间的联络开关，用下(上)行馈线断路器带上、下馈线运行，将故障 GIS 柜退出运行。此时，一定要注意馈线保护的整定值的大小是否满足运行要求。

(2)如果变电所上、下行馈线断路器同时故障，建议电调组织越区供电，同时将保护整定值切换到相应区域，限制列车对数。

4. 无人所断路器故障

可直接将故障断路器退出运行。如断路器无法分闸时，由电调通知供电段组织人员到现场处理，用手动使断路器分闸。如断路器仍无法分闸时，申请断路器两侧线路停电，然后分开故障断路器两侧的隔离开关，将故障断路器退出运行。

5. GIS 柜故障

(1)气室压力低下时，值班人员应用压力表进行压力测试，若测试压力低于标准压力值时，表明高压柜存在漏气现象，值班人员应做好下列工作：

①请求电调改变运行方式，将该高压柜停止运行，并汇报相关部门。

②做好气体防毒工作。启动高压室及电缆夹层的轴流风机，打开高压室窗户及大门进行通风。

③必须检查 GIS 柜时，值班人员应佩戴防毒面罩。

若测试气室压力正常时，应为误报信号，此时应对压力传感器的对接插头及压力报警二次回路进行检查。

(2)断路器拒动

①进行断路器分合闸操作时，若合闸(分闸)铁芯不动作，应检查断路器合闸闭锁回路及二次分合闸回路操作条件是否满足要求。

②进行断路器分合闸操作时，若合闸(分闸)铁芯动作但断路器拒合(拒分)，应检查合闸(分闸)回路是否存在故障。

③检查高压柜内的控制回路电源空开是否脱扣。

④检查机构回路及储能回路是否正常。

(3)三工位开关拒动

三工位开关、接地开关拒动时，可先采取手动操作，如图 12-7 所示，然后进行检查。

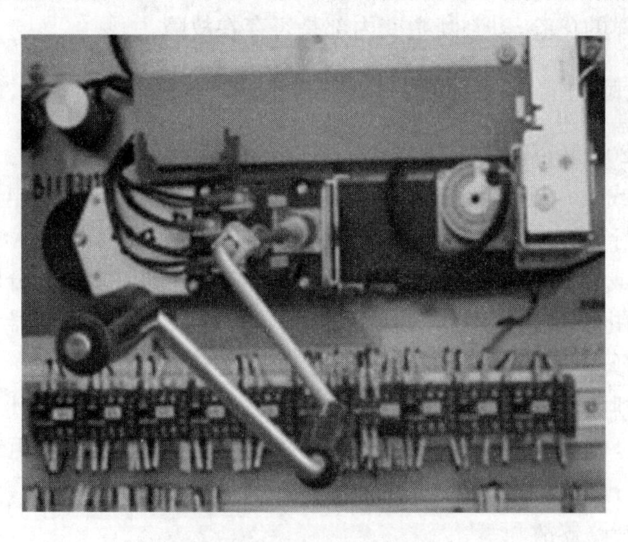

图 12-7　三工位手动操作

①检查直流电源(控制、电机)的电压是否正常。若不正常，从直流盘馈出到断路器端子箱顺序查找。

②检查控制、电机回路的空气开关有无烧损或接触不良。更换空气开关。

③检查控制、电机回路是否断线、接触不良。紧固端子和接线。

④检查操作机构辅助开关、限位开关转换是否到位，调整或更换辅助开关、限位开关，如图 12-8所示。

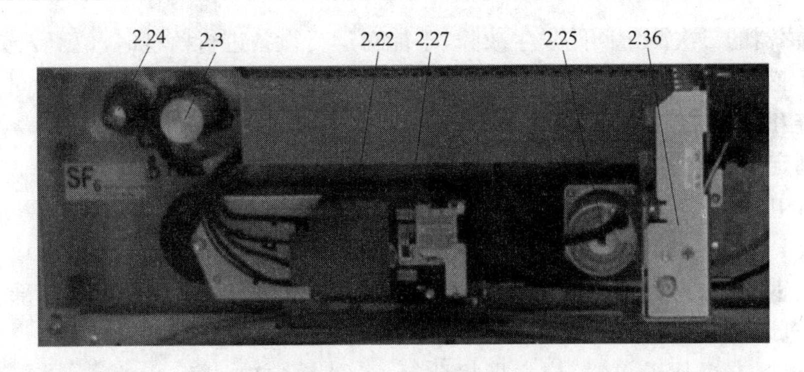

图 12-8　三工位操作机构

2.22—活页盖板；2.24—气压表插孔；2.25—驱动电机；2.27—三工位开关分合闸指示；
2.3—气体压力传感器(密度传感器)；2.36—辅助开关

⑤检查分合闸接触器是否烧毁,有异味。更换分合闸线圈。

⑥检查电机是否烧毁,有异味。更换电机。

⑦检查二次接线是否错误(新安装或检修变更二次接线后,首次投入时出现)。改正错误接线。

⑧检查机构有无卡滞现象。注润滑油,处理卡滞处所;检查操作机构各轴连接销子是否脱落,安装连接销子。

⑨端子排(图中为 X20、X30)接线是否松动。

(4)压互绝缘击穿

①牵引变电所的 GIS 柜压互发生绝缘击穿时,主变二次侧低压过流保护将动作跳闸,此时必须实施半边越区供电。

②分区所(AT 所)的 GIS 柜压互发生绝缘击穿时,牵引变电所的馈线保护将动作跳闸并重合失败,此时必须断开分区所(AT 所)的馈线上网隔开,然后恢复正常供电。

1.6.4　27.5 kV 母线失压

1. 27.5 kV 母线失压的原因:

(1)牵引网故障时馈线保护拒动造成 27.5 kV 母线断路器跳闸;

(2)主变压器二次侧低电压起动过电流保护误动;

(3)由 220 kV 系统失压而造成的。

2. 27.5 kV 母线失压后,应建议供电调度立即将故障点首先进行隔离或临时处理,然后恢复送电,最后进行故障修复。

1.6.5　馈线失压

1. 馈线跳闸重合成功时,应确认并记录断路器跳闸时间、各种显示信号。

2. 馈线跳闸未重合成功时,可建议电调强送一次;重合闸未投或未动时可强送两次。强送后又跳闸不允许再强送。

1.6.6　互感器故障

1. 当互感器的油位过高或过低时,应及时向电调、生产调度汇报,派检修人员进行充放油处理。

2. 当互感器的二次测量回路发生故障，不能对运行设备进行监视时，值班人员应及时查找原因，电流互感器一般在停电后才能检查二次回路，以免开路产生高压，伤害人员和设备。

(1)检查互感器二次回路有无断线，各连接部位有无接触不良之处。

(2)如判定属于仪表本身问题，汇报电调、生产调度派检修人员处理。

(3)检查电压互感器时，必要时取下二次保险(或断开二次 MCCB(塑壳熔断器)，防止压互二次短路。

(4)如发生互感器一次侧绝缘损伤、放电、严重漏油、溢油、看不见油位、内部音响异常时，应立即通知电调、生产调度。

①当互感器有爆炸着火时，应立即撤除运行，然后向电调汇报，并做好记录及事故经过报告。

②当电压互感器一次熔断器(图 12-9)熔断时，未查明原因前可更换试合一次，若再次熔断，在未查明原因前不准投入运行。

图 12-9 高压熔断器

1.6.7 隔离开关故障

1. 拒合

(1)电动操作隔离开关拒合时，在机构无异常的情况下，根据供电调度的命令，可以手动操作机构进行合闸。

(2)手动操作隔离开关拒合时，一般应停电检修，紧急情况下，根据供电调度的命令，进行临时修复或紧急处理后具备合闸条件，可以强行扳动其传动连杆进行合闸。紧急情况如强行合闸仍然合不上，根据供电调度命令，可以停电将该隔离开关短接，先保证送电事后再进行处理。

2. 拒分

(1)电动操作隔离开关拒分时，在机构无异常的情况下，根据供电调度命令，可以手动操作机构进行分闸。

(2)手动操作隔离开关拒分时，一般应停电检修，紧急情况下，根据供电调度命令，进行临时修复或紧急处理后具备分闸条件，可以强行扳动其传动连杆进行分闸。

3. 合闸不到位

电动操作隔离开关进行合闸时，如合闸不到位，应立即手动操作使合闸到位，以防止烧坏触头。手动操作隔离开关合不到位时，应观察具体的刀闸位置，如相隔甚远未引起烧损时，可以再分开；如已引起触头烧损时，应设法将其合到正常位置，以防止烧坏触头，紧急情况下，可以将其停电，然后再进行检修处理。

4. 分闸不到位

电动操作隔离开关进行分闸时，如分闸不到位，应立即手动操作使分闸到位。手动操作隔离开关分不到位时，应观察具体的刀闸位置，如相隔甚远未引起烧损时，可以进行临时修复或紧急处理，使其具备分闸条件，再进行分闸；如相隔不远且引起触头烧损时，应立即将其合上去，以防止烧坏触头，然后再进行停电检修。

1.6.8 电缆故障

1. 主变压器次边高压电缆(高压电缆头)击穿

(1)差动保护动作，自动倒入至另一路进线及变压器。

(2)若差动保护动作未启动,值班员根据运行主变差动保护动作的现象,立刻对所内全部设备进行巡视,重点为运行流互至主变压器低压侧高压电缆之间的设备,找出故障设备,并将故障情况迅速向电调进行汇报。由电调远动操作完成倒进线程序。当远动操作失灵时,变电所值班人员按照电调下达的倒闸命令,在控制盘上操作倒闸。

(3)做好各项记录、通知段生产调度、技术科和车间,待段上相关人员赶到后,再进行事故恢复。

2. 变电所馈线电缆故障

(1)若上行或下行馈线电缆发生故障时,应断开所内对应断路器、隔离开关及对应上网隔离开关,甩开故障电缆,通过闭合上、下行联络隔离开关供电方式供电。

(2)若变电所上下行馈线电缆同时发生故障,则断开所内对应断路器、隔离开关及对应上网隔离开关,甩开故障电缆,采取相邻变电所越区供电方式供电,同时调整保护定值。

3. 分区所馈线电缆故障

打开所内对应断路器、隔离开关及对应上网隔离开关,甩开故障电缆,开环运行。

4. AT 所馈线电缆故障

打开所内对应断路器、隔离开关及对应上网隔开,甩开故障电缆。

1.6.9　避雷器故障

避雷器经常出现的故障有绝缘套管破裂或爆炸。当发现绝缘套管有破损和裂纹时,在天气正常的情况下,应将该避雷器退出运行并及时更换。在雷雨天气,若避雷器出现瓷套绝缘套管裂纹造成闪络放电严重或避雷器发生爆炸时,应立即停用该避雷器并在天气正常时及时更换。在切断有故障的避雷器前,应检查有无接地现象。若有接地现象,则不能直接用隔离开关将避雷器退出运行,而应用电源侧断路器断开电源后,方可拉开隔离开关或拆卸避雷器的引线。

1.6.10　母线故障

母线(引线)故障主要有过热、断股、局部烧伤。当发现母线(引线)故障后,首先要先将该段母线(引线)退出运行,然后采取措施恢复部分或全部母线(引线)供电(投入备用设备),再对故障母线(引线)予以检修处理。

1.6.11　直流系统故障

1. 部分整流模块、监控系统、电压调整系统等故障

牵引变电所值班人员先行进行手动充电,同时密切监视蓄电池电压情况,然后再组织抢修。

2. 变电所全所直流失压

应及时手动断开各断路器,对接触网实行越区供电,之后迅速检查整流装置、直流系统总保险、蓄电池等恢复正常供电;若部分控制、保护直流电流失压,应迅速检查分支回路保险丝或试投自动空气开关、检查断路器机构箱保险,若故障仍未消除,应断开有关断路器,投入备用设备。

3. 直流接地

发生直流接地(永久接地)故障时,值班人员应首先根据直流系统当时的运行方式、操作、

检修及气象情况等进行综合分析，然后按下列方法进行排查处理：

(1)使用万用表分别测试正、负极对地电压，若电压正常时，可判断为直流绝缘监察装置故障，应对装置进行检查处理。

(2)若测试正、负极对地电压异常时，应按下列步骤进行查找：

①在直流屏上依次分合直流馈出回路空气开关(图 12-10，对双回路环供的直流回路应同时分断)，判别接地点所处的总回路名称。每条回路的拉合试验时间不超过 3 s。

图 12-10　直流馈出回路

②依次分合综自屏内各直流回路空开，进一步判别接地点所处的支路名称。

③通过分段甩线的方法，逐段排查出接地点并进行绝缘处理。排查时应遵循先室外后室内、先低压后高压、先备用后运行的原则。

1.6.12　回流与接地故障

牵引变电所地回流远大于轨回流时，应检查集中接地箱，观察流互二次有无开路、回流线示温片有无变色现象。如有不正常如端子松动，应穿绝缘靴、戴绝缘手套，使用戴绝缘手柄的螺丝刀紧固端子；若流互故障或集中接地箱示温片变色，主变回流线和流互故障，或回流线接头不良，应及时通知变电车间检查处理；若以上均无异常、集中接地箱示温片无变色，应考虑回流线接触网侧接头接触不良或断线，应及时报告电调通知接触网处理。若轨回流远大于地回流时，排除上述流互及二次回路和集中接地箱内接头原因外，应考虑地回流线锈断，应立即通知检修人员判断确认，进行加固补强处理。

1.6.13　综自设备故障

1. 如保护装置告警灯亮，事件显示 RAM、ROM 出错，采样出错、出口出错、定值出错、采样电压异常、CAN 通信异常信号时，将闭锁保护，值班人员应立即通知电调倒至备用断路器或主变运行，并通知变电车间处理。

2. 事件显示控制回路断线时，检查各插件是否松动，检查控制回路。

3. 事件显示馈线装置出现 PT 断线时，先检查压互回路空气开关、保险、电缆等，如仍不消失，则可能为交流插件故障，此时进行必要的倒闸，通知变电车间检查处理。

4. 当遇到雷击时，装置会出现过压保护，装置电源无输出，此时应关机，30 s 后再打开即可。

1.6.14　电气设备发生火灾时的应急处置

1. 值班人员立即将发生火灾的设备电源切断。

2. 根据火灾类型及火情选择有效措施进行灭火。若变电所无能力自行控制火情时，应立即拨打消防急救电话，请求专业消防队进行灭火。在等待救援期间，值班人员应对火情进行监控，并提前做好消防车入所灭火的各项准备工作。

3. 将火灾发生的时间、地点、设备编号、影响范围、当前采取的措施等情况详细汇报供电调度等有关部门，并做好有关记录。

【典型案例12-7】

某日11时××变电所执行合闸操作时，能够完成合闸操作，但是，当万能转换开关打到“合位”时，信号盘显示接地故障。技术人员发现此现象后，根据故障现象判断故障点应在合闸线圈“负极”上。试验组立即将SF_6断路器合闸线圈固定盖打开，立即发现合闸线圈“负极”引线在安装时没有入线槽，负极引线像胶皮被固定盖压破造成永久性接地。正确安装后再次试验此现象消除。该故障的判断处理时间仅用20 min。

案例分析：

造成本次接地故障的主要原因是变电施工人员未按规定和工艺操作。

本次故障排除处理优秀之处在于：

(1)技术人员对段管内变电所二次接线图掌握熟练(可以全部背诵)。

(2)故障点的判断准确、迅速、果断。

(3)对设备关键、薄弱、易发生异常的部位心中有数。

1.7　列车事故配合救援中的接触网处置

在电气化铁路区段，列车冲突、脱轨、线路塌方等事故，都可能造成接触网被破坏。有时虽然接触网没有破坏，但在救援过程中也需要对接触网进行变动。随着铁路电气化的发展，行车事故救援与接触网抢修配合问题越来越引起人们的重视。列车事故配合救援处置要遵守以下要求：

1.接触网配合起复时可不开工作票，但接触网所有的停送电必须取得供电调度命令。

2.配合救援的接触网工作领导人应服从故障救援总指挥人的指挥。

3.因配合需要，接触网需临时送电时，必须在故障救援总指挥人的统一指挥下，通知所有现场单位及作业人员，然后向供电调度消除作业命令，当再次停电作业时，仍须按停电程序重新办理停电手续，不得简化。

4.一般情况下，不允许改变涉及故障现场的供电运行方式。因救援或运输特别需要，需调整供电方式且又涉及故障现场时，供电调度应与现场接触网抢修指挥联系，在征得事故救援总指挥同意并采取相应措施后方可执行。

5.在配合故障救援中，应尽量减少接触网的拆改工作量，力争故障救援工作结束，以最快速度达到送电开通条件。

6.需要接触网停电的救援工作完毕，接触网送电应取得故障救援总指挥的同意后方可执行。

2　操作技能部分

2.1　事故原因分析

铁路交通事故或牵引供电事故发生后，其原因分析是事故调查的重要内容，也是事故责任界定和做出处理决定的前提和依据。

2.1.1　事故原因的类别

1. 直接原因

直接原因是在时间上最接近事故发生的原因，亦即直接导致事故发生的原因。直接原因通常是一种或多种不安全行为、不安全状态或者环境因素，或者多种组合共同作用的结果，也称为一次原因。直接原因又可分为三类：

(1)物的原因，指直接形成或能导致事故发生的物质条件。一般为由于设备不良所引起的，也称为物的不安全状态。所谓物的不安全状态是使事故能发生的不安全的物体条件或物质条件。包括设备、设施、机械、工具等潜在的危险因素。

(2)人的原因，是指造成事故的人为错误，即事故是由于人的不安全行为而引起的。所谓人的不安全行为是指违反安全规则和安全操作原则，使事故有可能或有机会发生的行为，包括违章、违纪行为。它是事故的激发条件。

(3)环境原因，指由于环境不良所引起的。

2. 间接原因

导致事故发生的直接原因的各方面因素。间接原因主要有技术的原因、教育的原因、身体的原因、精神的原因。主要有：

(1)技术的原因，包括：主要装备、机械、建筑的设计，建筑物竣工后的检查保养等技术方面不完善，机械装备的布置，工厂地面、室内照明以及通风、机械工具的设计和保养，危险场所的防护设备及警报设备，防护用具的维护和配备等所存在的技术缺陷。

(2)教育的原因，包括：与安全有关的知识和经验不足，对作业过程中的危险性及其安全运行方法无知、轻视不理解、训练不足，坏习惯及没有经验等。

(3)身体的原因，包括：身体有缺陷或由于睡眠不足而疲劳、酩酊大醉等。

(4)精神的原因，包括怠慢、反抗、不满等不良态度，焦燥、紧张、恐怖、不和等精神状况，偏狭、固执等性格缺陷。

(5)管理原因，包括：企业主要领导人对安全的责任心不强，作业标准不明确，缺乏检查保养制度，劳动组织不合理等。

3. 主要原因

在造成某次事故的直接原因和间接原因中，对事故发生起了主要作用的原因即为主要原因。但值得注意的是，主要原因既可以是直接原因，也可以是间接原因。

直接原因和间接原因主要是从事故发生时间上接近事故发生的原因，时间上最接近事故发生的原因即为直接原因。主要原因则是从对事故发生所起作用大小来衡量。

2.1.2　事故原因分析表

事故发生后，如何进行有效的分析，找到事故最真实的最根本的原因，才能采取有效的措施，从而防止再发生，事故原因分析表(表 12-2)从人的因素、物的因素、环境因素、管理因素等进行分析。

表 12-2　事故原因分析表

类别	项目	具体内容
人的因素	身体条件	指身体自身存在的且短时间内难以克服的固有缺陷或疾病。主要包括：1. 视力缺陷（上岗前已存在、上岗后伤病所致、上岗后视力持续下降）；2. 听力缺陷（上岗前已存在、上岗后伤病所致、上岗后听力持续下降）；3. 其他感官缺陷（上岗前已存在、上岗后伤病所致）；4. 肢体残疾（上岗前已存在、上岗后伤病所致）；5. 呼吸功能衰退（原有伤病所致、上岗后伤病所致）；6. 间歇发作且具有突发性质的身体疾病；7. 身材矮小；8. 力量不足；9. 学习能力低（上岗前已存在、上岗后伤病所致）；10. 对物质敏感；11. 因长期服用毒品、药物或酒精导致的能力下降；12. 其他因素
	身体状况	指身体因自身因素或外界环境因素导致的短期的或暂时性的不适、身体障碍或能力下降。主要包括：1. 以前的伤病发作；2. 暂时性身体障碍；3. 疲劳（因工作负荷过大、因缺乏休息、因感官超负荷）；4. 能力（体能、大脑反应速度及准确性）下降（因极限温度、因缺氧、因气压变化）；5. 血糖过低；6. 因使用毒品、药物或酒精致使身体能力短期内或暂时性的下降；7. 其他因素
	精神状态	指对事故的发生有着直接影响的意识、思维、情感、意志等心理活动。主要包括：1. 注意力不集中（其他问题分散了注意力、打闹、嬉戏、暴力行为、受到药物或酒精的影响、不熟悉环境且未收到警告/警示、不假思索的例行活动、其他）；2. 高度紧张、慌张、焦虑、恐惧等致使反应迟钝、判断失误或指挥不当；3. 忘记正确的做法；4. 情绪波动（生气、发怒、消极怠工、厌倦等）；5. 遭受挫折；6. 受到毒品、药物或酒精的影响；7. 精神高度集中以致忽略了周围不安全因素；8. 轻视工作或工作中漫不经心；9. 其他
	行为	指导致事故发生的当事人、指挥者/管理者的行为。主要包括：1. 不当的操作（省时省力、避免脏、累或不适、吸引注意、恶作剧）；2. 操作过程出现偏差（作业时用力过度、作业或运动速度不当、举升不当、推拉不当、装载不当、其他操作偏差）；3. 关键行为实施不力（正确的方式受到批评、不适当的同事压力、不适当的激励或处罚制度、不当的业绩反馈）；4. 习惯性的错误做法；5. 冒险蛮干；6. 违章操作（个人违章、集体违章）7. 不采取安全防范措施而进行危险操作；8. 不听从指挥；9. 偷工减料；10. 擅自离岗；11. 擅自改变工作进程；12. 未经授权而操作设备；13. 未经许可进入危险区域；14. 指挥者违章指挥；15. 指挥者不当的指挥或暗示；16. 指挥者不当的激励或处罚；17. 误操作；18. 其他因素
	知识技能水平	指对事故的发生和危险危害因素的处置有着直接影响的知识技能水平。主要包括：1. 缺乏对作业环境危险危害的认识；2. 没有识别出关键的安全行为要点；3. 技能掌握不够（技能基础知识掌握不够、技能实际操作培训不足、技能操作方法不正确）；4. 技能实践不足；5. 其他因素
	工具、设备、车辆、材料的存储、堆放、使用	指工具、设备、车辆、材料的使用过程中人的不当行为。主要包括：1. 设备使用不当；2. 工具使用不当；3. 车辆使用不当；4. 材料使用不当；5. 设备选择有误；6. 材料工具选择有误；7. 车辆选择有误存；8. 材料选择有误；9. 明知设备有缺陷仍使用；10. 明知工具有缺陷仍使用；11. 明知车辆有缺陷仍使用；12. 明知材料有缺陷仍使用；13. 工具、设备、车辆、材料放置或停靠的位置不当；14. 工具、设备、车辆、材料储存、堆放或停靠的方式不正确；15. 工具、设备、车辆、材料的使用超出了其使用范围；16. 工具、设备、车辆、材料由未经培训合格的人员使用；17. 使用已报废或超出使用寿命期限的工具、设备、车辆、材料；18. 其他因素

续上表

类别	项目	具体内容
人的因素	安全防护技术、方法、设施的运用	指安全防护技术、方法、设施的运用过程中人的不当行为。主要包括：1. 安全防护技术、方法运用不当；2. 安全防护设施使用不当；3. 个体防护用品使用不当；4. 个体防护用品选择不当；5. 未使用个体防护用品；6. 明知安全防护设施有缺陷仍使用；7. 明知个体防护用品有缺陷仍使用；8. 安全防护设施、个体防护用品放置位置不当；9. 安全防护设施、个体防护用品的使用超出了其使用范围；10. 安全防护设施、个体防护用品由未经培训合格的人员使用；11. 其他因素
	信息交流	主要包括：1. 同事间横向沟通不够；2. 上下级间纵向沟通不够；3. 不同部门间沟通不够；4. 班组间沟通不够；5. 作业小组间沟通不足；6. 工作交接沟通不足；7. 沟通方式、方法不妥；8. 没有沟通工具或沟通工具不起作用；9. 信息没有被传达(被忘记；人为故意；设备、网络故障)；10. 信息表达不准确；11. 指令不明确；12. 没有使用标准的专业术语；13. 没有"确认/重复"验证；14. 信息太长；15. 信息被干扰；16. 其他因素
物的因素	保护系统	指因设计、制造、施工、安装、维护、检修以及设备、材料自身原因所导致的各种事故原因。主要包括：1. 防护或保护设施不足；2. 防护或保护设施缺失；3. 防护或保护设施存在缺陷或失效；4. 防护或保护设施被解除或拆除；5. 防护或保护设施设置不当(位置设置不当、参数设置不当)；6. 个体防护用品不足；7. 个体防护用品缺失；8. 个体防护用品存在缺陷或失效；9. 个体防护用品配备不当；10. 报警不充分；11. 报警系统存在缺陷或失效；12. 报警被解除或报警系统被拆除；13. 报警系统设置不当(位置设置不当、参数设置不当)；14. 无报警系统；15. 其他因素
	工具、设备及车辆	主要包括：1. 设备有缺陷；2. 设备不够用；3. 设备未准备就绪；4. 设备故障；5. 工具有缺陷；6. 工具不够用；7. 参数设置不当；8. 工具未准备就绪；9. 工具故障；10. 车辆有缺陷；11. 车辆不符合使用要求；12. 车辆未准备就绪；13. 车辆故障；14. 工具、设备、车辆超期服役；15. 工具和设备的不当，拆除或不当替代；16. 其他因素
	工程设计、制造、安装、试运行	主要包括：1. 设计缺陷(又可分为：设计基础或依据过时、设计基础或依据不正确、无设计基础或依据、凭经验设计或随意篡改设计基础、设计计算错误、未经核准的技术变更、设计成果未经独立的设计审查、设计有遗漏、技术不成熟、设备选型不对、设备部件标准或规格不合适、人机工程设计不完善、对潜在危险性评估不足、材料选用不当或设备选型不当、因资金原因删减安全投人或降低安全标准、其他因素等)；2. 制造缺陷(未执行或未严格执行设计文件、制造技术不成熟、制造工艺有缺陷、制造工艺未被严格执行、材质缺陷、焊接缺陷、其他因素等)；3. 施工安装缺陷(又可分为：施工安装设计图纸未被严格执行、施工安装工艺未被严格执行、施工监督不到位、施工安装工艺有缺陷、强行安装、设备未固定或安装不牢靠、焊接缺陷、其他因素等)；4. 开工方案有缺陷；5. 运行准备情况评估不充分初期运行监督不到位；6. 对新技术、新工艺、新装备不熟悉或不适应；7. 其他因素
环境因素	工作质量受到外在不良环境的影响	主要包括：1. 火灾或爆炸；2. 作业环境中存在有毒有害气体、蒸气或粉尘；3. 噪声；4. 辐射；5. 极限温度；6. 作业时自然环境恶劣(风沙、雨水、雷电、蚊虫、野兽、地形、地势)；7. 自然灾害；8. 地面湿滑；9. 高处作业；10. 维护运行中的带能量设备(机械装置、带电设备、压力设备、高温设备、装有危险物质的设备)；11. 其他因素

续上表

类别	项目	具体内容
环境因素	工作环境自身存在不安全因素	主要包括：1. 拥挤或身体活动范围受到限制；2. 照明不足或过度；3. 通风不足；4. 脏、乱；5. 作业环境中有毒有害气体或蒸气浓度超标；6. 设备厂房布局不合理；7. 安全间距不足；8. 疏散通道设置不合理；9. 消防通道设置不合理；10. 疏散指引标识缺失；11. 疏散指引标识设置不合理；12. 安全警示标志等安全信息缺失；13. 安全警示标志等安全信息设置不合理；14. 安全控制设施设置位置不合理，难于操作；15. 作业位置不在监护的视野或触及范围内；16. 其他因素
管理因素	知识传递和技能培训	包括：1. 知识传递不到位（教员资质不合格、培训设备不合格或数量不足、信息表达不清、信息被误解等）；2. 没有记住培训内容（培训内容未能在工作中强化再培训频度不够）；3. 培训达不到要求（培训课程设计不当、新员工培训不够、新岗位培训不够、评价考核标准不能满足要求）；4. 未经培训；5. 其他因素
	管理层的领导能力	包括：1. 职责矛盾（报告关系不清楚、报告关系矛盾、职责分工不清、职责分工矛盾、授权不当或不足）；2. 领导不力（无业绩考核评估标准、权责不对等、业绩反馈不足或不当、专业技术掌握不够、对政策、规章、制度、标准、规程执行不力、能力不足）；3. 管理松懈（明知管理有漏洞而放任之、放任违章违纪行为而不制止/规章制度不落实、处罚力度太轻而不足以遏制违章违纪行为、缺乏监督检查）；4. 对作业场所存在的危险危害因素识别不充分；5. 对作业场所存在的事故隐患排查不充分或者发现不及时；6. 对作业场所存在的事故隐患不能及时整改或防范；7. 作业组织不合理；8. 频繁的人事变更或岗位变更；9. 不当的人事安排或岗位安排；10. 组织机构不健全；11. 监管机制不健全；12. 奖罚机制不健全；13. 责任制未建立或责任不明确；14. 国家有关安全法规得不到贯彻执行；15. 上级或企业自身的安全会议决定或精神得不到贯彻执行；16. 消极管理；17. 其他因素
	承包商的选择与监督	包括：1. 没有进行承包商资格审查；2. 资格审查不充分；3. 承包商选择不妥；4. 使用未经批准的承包商；5. 没与承包商签订安全管理协议；6. 承包商进入危险区域作业前未对其进行安全技术交底；7. 未对承包商的安全技术措施进行审核；8. 缺乏作业监管；9. 监管不到位；10. 其他因素
	采购、材料处理和材料控制	主要包括：1. 下错订单；2. 接收不符合订单要求的物件；3. 未经核准的订单变更；4. 未进行验收确认；5. 产品验收不严；6. 材料包装不妥；7. 材料搬运不当；8. 运输方式不妥；9. 材料储存不当；10. 材料装填不当；11. 材料过了保存期；12. 物料的危险危害性识别不充分；13. 废物处理不当；14. 其他因素
	设备维护保养和检修	主要包括：1. 未按设备使用说明书进行维护保养；2. 无相应的检修规程或参考资料；3. 无检修经验或经验不足；4. 检修维修质量差（评估不充分、计划不充分、技术不过关、与使用单位沟通不够、没有责任心、未严格执行检修规程）；5. 未按检修计划进行定期检修；6. 无检修、维护计划；7. 检修过程缺少监护；8. 未与相关单位协调一致；9. 用工不当；10. 其他因素
	工作守则、政策、标准、规程、规则等	主要包括：1. 没有作业规程；2. 错误的作业规程；3. 过时的作业规程或其修订版本；4. 作业规程不完善（缺乏作业过程的安全分析、作业过程安全分析不充分、与工艺/设备设计及使用方没有充分协调、编制过程中没有一线员工参加、作业规程有缺项或漏洞、形式和内容不方便使用和操作）；5. 作业规程传达不到位（没有分发到作业班组、语言表达难于理解、没有充分翻译组织成合适的语言、作业规程编制或修订完成后没有及时对员工进行培训）；6. 作业规程实施不力（执行监督不力、岗位职责不清、员工技能与岗位要求不符、内容可操作性差、内容混淆不清、执行步骤繁杂、技术错误/步骤遗漏、执行过程中的参考项过多、奖罚措施不足、矫正措施不及时）；7. 其他因素

2.2 事故调查处理的基本原则

铁路交通事故或牵引供电事故的调查处理是一项政策性、法规性、技术性和专业性很强的工作。其总体要求是应坚持以事实为依据，以法律、法规、规章为准绳，认真调查分析，查明原因，认定损失，定性定责，追究责任，总结教训，提出整改措施。

开展事故的调查处理，必须遵循以下几项基本原则：

2.2.1 依法调查的原则

必须按照《中华人民共和国安全生产法》《中华人民共和国铁路法》、《铁路安全管理条例》《生产安全事故报告和调查处理条例》《铁路交通事故应急救援和调查处理条例》《铁路交通事故调查处理规则》等法律、法规及规章的有关要求进行事故的调查处理。

2.2.2 实事求是、尊重科学的原则

在事故调查中要调查事故要以事实为依据，如实调查，事故调查中所采信的事实，要反复论证，认真确认，并应经得起事实和时间的考验。对事故原因的分析要以科学的理论为基础，借助于必要的、可靠的技术手段开展事故调查。

2.2.3 及时、全面、公正的原则

接到事故通报后，要迅速出动尽快赶到，争取查看第一事故现场；对事故的调查，是对事故产生全过程的调查，必须全面调查、缺一不可；事故调查要客观公正不能带有倾向，但是要有侧重点；要立足在查明事故原因的基础上调查事故，不能站在业务部门的立场上调查事故。

2.2.4 注重证据的原则

证据是确定事故原因的基本依据，对事故有关证据的采集必须以原始证据为主，收集的证据要和证言、证物形成证据链。在事故调查处理工作的整个过程中，应注意证据的使用和保管。

2.2.5 协调配合的原则

事故现场的调查工作是在特定的条件下，政策性、技术性比较强的综合性的特殊的复杂的任务。因此在事故调查中，所有人员要服从分工、听从指挥，严格执行事故调查中的纪律，不能隐瞒事故的实际情况，尽快按要求完成调查任务。各调查小组要相互配合，发现相互间的难点、疑点要及时沟通，消除遗漏和失误，保证事故调查的统一和完整。

2.2.6 “三不放过”的原则

“三不放过”，即事故原因分析不清不放过，事故责任者和群众没有受到教育不放过，没有防范措施不放过。

2.3 事故原因分析基本程序

在分析事故原因时，应从直接原因(指直接导致事故发生的原因)入手，即从机城、物质或

环境的不安全状态和人的不安全行为入手。确定导致事故的直接原因后，逐步深入到间接原因方面(指直接原因得以产生和存在的原因，一般可以理解为管理上的原因)进行分析，找出事故的主要原因，从而掌握事故的全部原因，分清主次，进行事故责任分析。

事故原因分析基本程序：

勘查现场→听取汇报→查证资料→调查事故关系人→临场讨论→完成事故分析报告。

2.4　事故分析报告格式

××事故报告

一、事故简要经过

×××(主要内容包括：事故发生的时间、地点，事故涉及的人及其性别、所属部门和工种，事件发生经过及伤情结果)。

二、事故原因分析

1. 直接原因(导致事故发生的直观原因)

(1)×××××××××××××；

(2)×××××××××××××。

……。

2. 间接原因(剔除直观原因以外的因素)

(1)××××××××××××××××××××××××；

(2)××××××××××××××××××××××××；

……。

3. 主要原因

(1)××××××××××××××××××××××××；

(2)××××××××××××××××××××××××；

……。

三、整改防范措施(针对以上各个要因提出对策措施)

(1)××××××××××××××××××××××××；

(2)××××××××××××××××××××××××；

……。

四、事故处理结果

(1)××××××××××××××××××××××××；

(2)××××××××××××××××××××××××；

……。

2.5　牵引供电、电力故障速报和故障分析报告

2.5.1　牵引供电、电力故障速报提报部门与提报时间

供电调度是铁路运输调度系统的重要组成部分，是铁路供电设备安全运行、改善供电质

量、快速抢修供电故障的指挥中心。按照国铁集团的规定，当发生牵引供电设备、电力设备故障时，铁路局集团公司供电调度应在故障抢修结束后立即向国铁集团供电调度进行汇报，并于抢修结束后 1 小时内提报故障“速报”。

《普速铁路供电调度规则》中要求：对影响行车的较大故障（断线、断杆、弓网故障等）报告应分三阶段进行：

(1)故障发生后立即报告并保持联系，以便随时补充报告故障抢修、处理情况，并填写故障速报（见表 12-3 样表）。

(2)配合追踪调查、了解故障原因，12 h 内上报初步分析情况。

(3)配合供电处落实故障责任。

表 12-3　牵引供电、电力故障速报样表

牵引供电、电力故障速报(样表 1)

故障所在铁路局：××铁路局　　　供电段：××供电段　　　编号：03-01

<table>
<tr><td rowspan="5">故障概况</td><td>线别</td><td>××线</td><td>种类</td><td>供电</td><td>天气</td><td>强风、雷雨</td></tr>
<tr><td>地点</td><td>××－××区间上行
K821＋300</td><td colspan="4">发生时间： 03 月 19 日 11 时 04 分</td></tr>
<tr><td>停电范围</td><td>××－××区间上行
K819＋300－K823＋315</td><td colspan="4">发现时间： 03 月 19 日 11 时 24 分</td></tr>
<tr><td>影响范围</td><td>××－××区间上行
K819＋300－K823＋315</td><td colspan="4">通知抢修时间： 03 月 19 日 11 时 05 分</td></tr>
<tr><td colspan="6">影响行车：客车：　1 列，货车：　2 列，累计：　3 列。</td></tr>
<tr><td rowspan="8">故障抢修</td><td>最早出动班组</td><td>××供电工区</td><td>时间</td><td>11:10</td><td>人数</td><td>10</td></tr>
<tr><td>最早达到班组</td><td>××供电工区</td><td>时间</td><td>11:24</td><td>人数</td><td>10</td></tr>
<tr><td>抢修负责人</td><td>李××</td><td>职务</td><td>工长</td><td>总人数</td><td>10</td></tr>
<tr><td colspan="6">停电时间：自 03 月 19 日 11 时 04 分至 03 月 19 日 11 时 56 分，共计 0 时 52 分</td></tr>
<tr><td colspan="6">抢修时间：自 03 月 19 日 11 时 25 分至 03 月 19 日 11 时 56 分，共计 0 时 31 分</td></tr>
<tr><td colspan="6">当前运行方式：承力索脱离接地后，对承力索断头处设置电连接进行电气沟通、正馈线烧伤处做电气和机械补强。根据现场实际情况，机车需要降弓通过</td></tr>
<tr><td colspan="6">设备损坏及人员伤亡情况：××－××区间上行××隧道东口 K821＋300 承力索断线落地，烧伤多股，承力索断头有部分有拉伸径缩断线现象；对应正馈线烧伤多股，线索无受拉径缩现象。无人员伤亡</td></tr>
<tr><td colspan="6">故障原因：3 月 19 日故障发生地区天气状况为强风雷雨天气，风力（偏东北风）达到 9 级以上，断线处位于隧道口关节式分相开关到上网开关间，正馈线由隧道外向隧道内（××隧道东口，756 号支柱线路外侧向 758 号支柱线路内侧）过渡，因此正馈线与非支承力索在跨中交叉。当天气温变化较大，气温骤升（6℃升至 28℃）后，线索驰度增大，加之当天强风作用，造成跨中正馈线与承力索舞动、动态绝缘距离不能满足电气要求，是造成断线的主要原因</td></tr>
</table>

续上表

	时间	抢修内容记录
抢修情况记录	11时04分	××牵引变电所213、214断路器馈线断路器跳闸，213断路器重合成功，214断路器重合失败。故障测距位置：××至××间上行K821＋299
	11时05分	通知行调故障测距位置，要求邻线限速，并注意加强瞭望
	11时05分	通知××供电工区、×××供电工区巡视设备
	11时05分	通知供电调度长、××供电段生产调度，落实添乘巡视
	11时24分	××供电工区汇报××－××区间上行××隧道东口K821＋300处承力索断线落地756号支柱与758号支柱间(距756号支柱东侧16 m)
	11时25分	发布抢修命令，通知××供电工区抢修
	11时27分	××供电工区汇报承力索断头有部分有拉伸径缩断线现象；对应正馈线烧伤多股，线索无受拉径缩现象
	11时27分	批准××供电工区抢修方案
	11时56分	××供电工区抢修结束、消令
	11时57分	通知行调接触网已送电，可开通上行线路。并发降弓通过通知书
	时　　分	
	时　　分	

供电调度员：×××　　　　时间：××××年03月19日12时45分

牵引供电、电力故障速报(样表2)

故障所在铁路局：××铁路局　　供电段：××高铁基础设施段　　编号：07-01

故障概况	线别	××高铁	种类	供电	天气	强风、雷雨
	地点	A变电所 A变电所－B分区所上下行 A变电所－C分区所上下行	发生时间：07月31日12时38分			
	停电范围	A变电所－B分区所上下行 A变电所－C分区所上下行 K675＋368－K723＋787	发现时间：07月31日12时38分			
	影响范围	A变电所－B分区所上下行 A变电所－C分区所上下行 K675＋368－K723＋787	通知抢修时间：07月31日12时39分			
	影响行车：客车：1列，货车：0列，累计：1列					
故障抢修	最早出动班组		时间		人数	
	最早达到班组		时间		人数	
	抢修负责人		职务		总人数	
	停电时间：自___月___日___时___分至___月___日___时___分，共计___时___分					
	抢修时间：自___月___日___时___分至___月___日___时___分，共计___时___分					
	当前运行方式：正常。					

续上表

<table>
<tr><td rowspan="2">故障抢修</td><td colspan="2">设备损坏及人员伤亡情况：A 变电所 4 号牵引变压器低压侧 F 相 F2 电缆头击穿。无人员伤亡</td></tr>
<tr><td colspan="2">故障原因：A 变电所 2、4 号主变比率差动保护动作，211、212、213、214 馈线低电压保护动作</td></tr>
<tr><td rowspan="13">抢修情况记录</td><td>时间</td><td>抢修内容记录</td></tr>
<tr><td>12 时 38 分</td><td>12:38，A 变电所 2、4 号主变比率差动保护动作，202、204、102 跳闸，101、201、203 自投成功，211、212、213、214 馈线低电压保护动作，A 变电所－B 分区所上下行供电臂（编号 GT04、GT03）及 A 变电所－C 分区所上下行供电臂[（编号（GT06、GT05）]无电，通知××高铁行调跳闸情况</td></tr>
<tr><td>12 时 39 分</td><td>通知××供电工区跳闸情况，通知××牵引变电所巡视设备，通知供电调度长、行调高铁值班主任、××高铁基础设施段生产调度</td></tr>
<tr><td>12 时 40 分</td><td>分析跳闸报文，询问××牵引变电所设备情况</td></tr>
<tr><td>12 时 41 分</td><td>A 变电所 211、212、213、214 馈线送电成功，通知××高铁行调 GT03、04、05、06 供电臂恢复供电，不需限速</td></tr>
<tr><td>12 时 43 分</td><td>通知××高铁基础设施段立即派人检查、维修设备</td></tr>
<tr><td>时　　分</td><td></td></tr>
<tr><td>时　　分</td><td></td></tr>
<tr><td>时　　分</td><td></td></tr>
<tr><td>时　　分</td><td></td></tr>
<tr><td>时　　分</td><td></td></tr>
<tr><td>时　　分</td><td></td></tr>
<tr><td>时　　分</td><td></td></tr>
</table>

供电调度员：××、×××　　　　时间：××××年 07 月 31 日 13 时 25 分

2.5.2　牵引供电、电力故障分析报告

牵引供电、电力故障抢修结束后，铁路局集团公司供电部应于当日或次日 8 时前上报初步分析报告。

对原因简单、情况直观的一般性故障，及时组织进行技术分析，形成正式分析报告，两日内报总公司供电调度；对需进一步调查取证、进行产品质量检验、召开专题分析会等的故障，铁路局集团公司供电部应在相关工作完成后，及时形成分析报告报总公司供电调度，一般不超过一周。

初步分析报告可根据初步信息掌握情况，进行内容简化上报。故障正式分析报告应包含且不仅限于以下内容：

1. 故障概况（故障发生的时间、地点、天气情况、行车影响等）。

2. 跳闸数据（包括电压、电流、电抗、电阻、阻抗角、故标及故标误差等）、保护动作情况分析。

3. 故障处置过程(包括人员集结、抢修出动、应急处置、登销记、临时措施、现场抢修情况等内容)。

4. 现场调查情况(包括现场设备情况,检修维护、监测检测信息,零部件检验报告、故障现场照片或录像、断线和零部件故障特写照片等)。

5. 故障原因分析(包括技术原因和管理原因两方面内容,根据需要注明供电系统图、故障示意图等)。

6. 应急处置情况评价。

7. 存在的问题(包括环境适应性、设备质量、设计方案、管理制度、应急处置存在的问题)。

8. 经验教训(设备接管介入、技术管理、日常运营维护、故障抢修等方面)。

9. 改进措施(包括技术措施和管理措施两方面内容)。

综合练习

1. 单项选择题

(1)造成100万元以上(　　)万元以下直接经济损失,未构成一般A类以上事故的,为一般B类事故。

A. 200　　B. 300　　C. 400　　D. 500

(2)事故调查组有权向有关单位和个人了解与事故有关的情况,并要求其提供相关文件、资料,有关单位和个人(　　)。

A. 有权保持沉默　　B. 根据上级指示办理

C. 不得拒绝　　D. 要维护好工作单位和自身的利益

(3)牵引供电事故中,接触网停电时间超过(　　)列为重大事故。

A. 5 h　　B. 3 h　　C. 30 min　　D. 10 min

(4)每个接触网工区在夜间和节假日必须经常保持一个作业组的人员至少(　　)人在工区值班。工区应有值班人员的宿舍和卧具,并经常保持清洁、安静,保证值班人员休息好。

A. 24　　B. 18　　C. 12　　D. 6

(5)电气化区段所有职工发现接触网故障和异状,应立即报告有关单位,并尽可能详细地说清故障范围和损坏情况,必要时应在故障地点采取防护措施。这里的有关单位不包括(　　)。

A. 邻近车站　　B. 供电段

C. 供电外委维修管理单位　　D. 电网公司

(6)为保证接触网事故抢修的顺利进行,接触网工区材料库的钥匙,除了工区材料员外,(　　)也应有材料库的钥匙,以便随时取出抢修用料具。

A. 接触网工区工长　　B. 接触网工区值班员

C. 事故抢修工作领导人　　D. 供电车间主任

2. 判断题

(1)车站部分股道或专用线的接触网停电,该站仍能接发电力牵引的列车,不算接触网中断供电。　　(　　)

(2)因事故死亡、重伤人数7日内发生变化,导致事故等级变化的,相应改变事故等级。（　）

(3)《铁路交通事故调查处理规则》仅适用于国家铁路、合资铁路和地方铁路等发生事故的调查处理,对于专用铁路、铁路专用线等发生事故的调查处理则不适用。（　）

3.简答与综合题

(1)什么是“三不放过”?

(2)什么是铁路交通事故?

(3)《铁路交通事故调查报告》应包括哪些内容?

(4)在一建筑工地,操作工王某发现潜水泵开动后漏电开关动作,便要求电工把潜水泵电源线不经漏电开关接上电源。起初电工不肯,但在王某的多次要求下照办了。潜水泵再次启动后,王某拿一条钢筋欲挑起潜水泵检查潜水泵是否沉入泥里,当王某挑起潜水泵时,即触电倒地,经抢救无效死亡。试分析说明造成这起事故的直接原因和重要原因。

(5)通过网络报刊、书籍等途径搜集电气化铁路牵引供电故障或电力故障资料,按照本学习情境中要求的事故分析报告格式,分别完成一份“××事故报告”和“牵引供电、电力故障速报”。

参考文献

[1] 张道俊,王汉兵.牵引供电规程与规则[M].北京:中国铁道出版社,1999.

[2] 张振波.接触网与电力安全警示案例分析[M].北京:中国铁道出版社,2011.

[3] 韩保全,韩红强.牵引供电规程与规则[M].北京:化学工业出版社,2013.

[4] 中国铁路总公司.牵引变电所安全工作规程[S].北京:中国铁道出版社,1999.

[5] 中国铁路总公司.高速牵引变电所安全工作规则[S].北京:中国铁道出版社,2015.

[6] 中国铁路总公司.普速铁路接触网安全工作规则[S].北京:中国铁道出版社,2017.

[7] 中国铁路总公司.高速铁路接触网安全工作规则[S].北京:中国铁道出版社,2015.

[8] 中国铁路总公司.铁路电力安全工作规程[S].北京:中国铁道出版社,1999.

[9] 中国铁路总公司.铁路电力安全工作规程补充规定[S].北京:中国铁道出版社,2015.

[10] 北京华电万通科技有限公司.读案例学安规反违章:《电力安全工作规程》案例警示教材(线路、配电部分)[M].北京:中国电力出版社,2017.

[11] 编委会.铁路接触网安全工作规则学习与案例分析[M].北京:中国铁道出版社有限公司,2020.